国家职业资格培训教材
技能型人才培训用书

钢筋工（初级）

第 2 版

国家职业资格培训教材编审委员会　组编
廖克斌　任世贤　编

机械工业出版社

本书是依据《国家职业标准钢筋工》（初级）的知识要求和技能要求，按照岗位培训需要的原则编写的。本书的主要内容包括：建筑力学和钢筋混凝土结构常识，识图基本知识，钢筋常识和钢筋施工常用机具，钢筋加工，钢筋绑扎和安装，检查与整理等。书末附有与之配套的试题库和答案，以便于企业培训、考核鉴定和读者自测自查。

本书主要用作企业培训、职业技能鉴定的教材，也可作为高级技工学校、技师学院、高职和各种短训班的教学用书，还可供工程技术人员和相关专业人员自学和参考使用。

图书在版编目（CIP）数据

钢筋工：初级/廖克斌，任世贤编；国家职业资格培训教材编审委员会组编．—2版．—北京：机械工业出版社，2014.8（2023.7重印）

国家职业资格培训教材 技能型人才培训用书

ISBN 978-7-111-47352-7

Ⅰ.①钢… Ⅱ.①廖…②任…③国… Ⅲ.①建筑工程-钢筋-工程施工-技术培训-教材 Ⅳ.①TU755.3

中国版本图书馆CIP数据核字（2014）第152940号

机械工业出版社（北京市百万庄大街22号 邮政编码100037）

策划编辑：侯宪国 责任编辑：侯宪国

责任校对：纪 敬 封面设计：鞠 杨

责任印制：郜 敏

中煤（北京）印务有限公司印刷

2023年7月第2版第3次印刷

169mm×239mm · 14.25印张 · 261千字

标准书号：ISBN 978-7-111-47352-7

定价：29.80元

电话服务

客服电话：010-88361066

010-88379833

010-68326294

网络服务

机 工 官 网：www.cmpbook.com

机 工 官 博：weibo.com/cmp1952

金 书 网：www.golden-book.com

机工教育服务网：www.cmpedu.com

国家职业资格培训教材（第2版）

编 审 委 员 会

第2版序

在“十五”末期，为贯彻落实“全国职业教育工作会议”和“全国再就业会议”精神，加快培养一大批高素质的技能型人才，机械工业出版社精心策划了与原劳动和社会保障部《国家职业标准》配套的《国家职业资格培训教材》。这套教材涵盖41个职业工种，共172种，有十几个省、自治区、直辖市相关行业200多名工程技术人员、教师、技师和高级技师等从事技能培训和鉴定的专家参加编写。教材出版后，以其兼顾岗位培训和鉴定培训需要，理论、技能、题库合一，便于自检自测，受到全国各级培训、鉴定部门和广大技术工人的欢迎，基本满足了培训、鉴定和读者自学的需要，在“十一五”期间为培养技能人才发挥了重要作用，本套教材也因此成为国家职业资格鉴定考证培训及企业员工培训的品牌教材。

2010年，《国家中长期人才发展规划纲要（2010—2020年）》、《国家中长期教育改革和发展规划纲要（2010—2020年）》、《关于加强职业培训促就业的意见》相继颁布和出台，2012年1月，国务院批转了“七部委”联合制定的《促进就业规划（2011—2015年）》，在这些规划和意见中，都重点阐述了加大职业技能培训力度、加快技能人才培养的重要意义，以及相应的配套政策和措施。为适应这一新形势，同时也鉴于第1版教材所涉及的许多知识、技术、工艺、标准等已发生了变化的实际情况，我们经过深入调研，并在充分听取了广大读者和业界专家意见的基础上，决定对已经出版的《国家职业资格培训教材》进行修订。本次修订，仍以原有的大部分作者为班底，并保持原有的“以技能为主线，理论、技能、题库合一”的编写模式，重点在以下几个方面进行了改进：

1. 新增紧缺职业工种——为满足社会需求，又开发了一批近几年比较紧缺的以及新增的职业工种教材，使本套教材覆盖的职业工种更加广泛。

2. 紧跟国家职业标准——按照最新颁布的《国家职业技能标准》（或《国家职业标准》）规定的工作内容和技能要求重新整合、补充和完善内容，涵盖职业标准中所要求的知识点和技能点。

3. 提炼重点知识技能——在内容的选择上，以“够用”为原则，提炼出应重点掌握的必需专业知识和技能，删减了不必要的理论知识，使内容更加精练。

4. 补充更新技术内容——紧密结合最新技术发展，删除了陈旧过时的内容，补充了新的技术内容。

5. 同步最新技术标准——对原教材中按旧的技术标准编写的内容进行更新，所有内容均与最新的技术标准同步。

6. 精选技能鉴定题库——按鉴定要求精选了职业技能鉴定试题，试题贴近教材、贴近国家试题库的考点，更具典型性、代表性、通用性和实用性。

7. 配备免费电子教案——为方便培训教学，我们为本套教材开发配备了配套的电子教案，免费赠送给选用本套教材的机构和教师。

8. 配备操作实景光盘——根据读者需要，部分教材配备了操作实景光盘。

一言概之，经过精心修订，第2版教材在保留了第1版教材精华的同时，内容更加精练、可靠、实用，针对性更强，更能满足社会需求和读者需要。全套教材既可作为各级职业技能鉴定培训机构、企业培训部门的考前培训教材，又可作为读者考前复习和自测使用的复习用书，也可供职业技能鉴定部门在鉴定命题时参考，还可作为职业技术院校、技工院校、各种短训班的专业课教材。

在本套教材的调研、策划、编写过程中，得到了许多企业、鉴定培训机构有关领导、专家的大力支持和帮助，在此表示衷心的感谢！

虽然我们已经尽了最大努力，但是教材中仍难免存在不足之处，恳请专家和广大读者批评指正。

国家职业资格培训教材第2版编审委员会

第1版序一

当前和今后一个时期，是我国全面建设小康社会、开创中国特色社会主义事业新局面的重要战略机遇期。建设小康社会需要科技创新，离不开技能人才。“全国人才工作会议”、“全国职教工作会议”都强调要把“提高技术工人素质、培养高技能人才”作为重要任务来抓。当今世界，谁掌握了先进的科学技术并拥有大量技术娴熟、手艺高超的技能人才，谁就能生产出高质量的产品，创出自己的名牌；谁就能在激烈的市场竞争中立于不败之地。我国有近一亿技术工人，他们是社会物质财富的直接创造者。技术工人的劳动，是科技成果转化为生产力的关键环节，是经济发展的重要基础。

科学技术是财富，操作技能也是财富，而且是重要的财富。中华全国总工会始终把提高劳动者素质作为一项重要任务，在职工中开展的“当好主力军，建功‘十一五’，和谐奔小康”竞赛中，全国各级工会特别是各级工会职工技协组织注重加强职工技能开发，实施群众性经济技术创新工程，坚持从行业和企业实际出发，广泛开展岗位练兵、技术比赛、技术革新、技术协作等活动，不断提高职工的技术技能和操作水平，涌现出一大批掌握高超技能的能工巧匠。他们以自己的勤劳和智慧，在推动企业技术进步，促进产品更新换代和升级中发挥了积极的作用。

欣闻机械工业出版社配合新的《国家职业标准》为技术工人编写了这套涵盖41个职业的172种“国家职业资格培训教材”。这套教材由全国各地技能培训和考评专家编写，具有权威性和代表性；将理论与技能有机结合，并紧紧围绕《国家职业标准》的知识点和技能鉴定点编写，实用性、针对性强，既有必备的理论和技能知识，又有考核鉴定的理论和技能题库及答案，编排科学，便于培训和检测。

这套教材的出版非常及时，为培养技能型人才做了一件大好事，我相信这套教材一定会为我们培养更多更好的高技能人才做出贡献！

李永安

（李永安　中国职工技术协会常务副会长）

第1版序二

为贯彻“全国职业教育工作会议”和“全国再就业会议”精神，全面推进技能振兴计划和高技能人才培养工程，加快培养一大批高素质的技能型人才，我们精心策划了这套与劳动和社会保障部最新颁布的《国家职业标准》配套的《国家职业资格培训教材》。

进入21世纪，我国制造业在世界上所占的比重越来越大，随着我国逐渐成为“世界制造业中心”进程的加快，制造业的主力军——技能人才，尤其是高级技能人才的严重缺乏已成为制约我国制造业快速发展的瓶颈，高级蓝领出现断层的消息屡屡见诸报端。据统计，我国技术工人中高级以上技工只占3.5%，与发达国家40%的比例相去甚远。为此，国务院先后召开了“全国职业教育工作会议”和“全国再就业会议”，提出了“三年50万新技师的培养计划”，强调各地、各行业、各企业、各职业院校等要大力开展职业技术培训，以培训促就业，全面提高技术工人的素质。

技术工人密集的机械行业历来高度重视技术工人的职业技能培训工作，尤其是技术工人培训教材的基础建设工作，并在几十年的实践中积累了丰富的教材建设经验。作为机械行业的专业出版社，机械工业出版社在“七五”、“八五”、“九五”期间，先后组织编写出版了“机械工人技术理论培训教材”149种，“机械工人操作技能培训教材”85种，“机械工人职业技能培训教材”66种，“机械工业技师考评培训教材”22种，以及配套的习题集、试题库和各种辅导性教材约800种，基本满足了机械行业技术工人培训的需要。这些教材以其针对性、实用性强，覆盖面广，层次齐备，成龙配套等特点，受到全国各级培训、鉴定和考工部门及技术工人的欢迎。

2000年以来，我国相继颁布了《中华人民共和国职业分类大典》和新的《国家职业标准》，其中对我国职业技术工人的工种、等级、职业的活动范围、工作内容、技能要求和知识水平等根据实际需要进行了重新界定，将国家职业资格分为5个等级：初级（5级）、中级（4级）、高级（3级）、技师（2级）、高级技师（1级）。为与新的《国家职业标准》配套，更好地满足当前各级职业培训和技术工人考工取证的需要，我们精心策划编写了这套《国家职业资格培训教材》。

这套教材是依据劳动和社会保障部最新颁布的《国家职业标准》编写的，

为满足各级培训考工部门和广大读者的需要，这次共编写了41个职业的172种教材。在职业选择上，除机电行业通用职业外，还选择了建筑、汽车、家电等其他相近行业的热门职业。每个职业按《国家职业标准》规定的工作内容和技能要求编写初级、中级、高级、技师（含高级技师）四本教材，各等级合理衔接、步步提升，为高技能人才培养搭建了科学的阶梯型培训架构。为满足实际培训的需要，对多工种共同需求的基础知识我们还分别编写了《机械制图》、《机械基础》、《电工常识》、《电工基础》、《建筑装饰识图》等近20种公共基础教材。

在编写原则上，依据《国家职业标准》又不拘泥于《国家职业标准》是我们这套教材的创新。为满足沿海制造业发达地区对技能人才细分市场的需要，我们对模具、制冷、电梯等社会需求量大又已单独培训和考核的职业，从相应的职业标准中剥离出来单独编写了针对性较强的培训教材。

为满足培训、鉴定、考工和读者自学的需要，在编写时我们考虑了教材的配套性。教材的章首有培训要点、章末配复习思考题，书末有与之配套的试题库和答案，以及便于自检自测的理论和技能模拟试卷，同时还根据需求为20多种教材配制了VCD光盘。

为扩大教材的覆盖面和体现教材的权威性，我们组织了上海、江苏、广东、广西、北京、山东、吉林、河北、四川、内蒙古等地相关行业从事技能培训和考工的200多名专家、工程技术人员、教师、技师和高级技师参加编写。

这套教材在编写过程中力求突出“新”字，做到“知识新、工艺新、技术新、设备新、标准新”；增强实用性，重在教会读者掌握必需的专业知识和技能，是企业培训部门、各级职业技能鉴定培训机构、再就业和农民工培训机构的理想教材，也可作为技工学校、职业高中、各种短训班的专业课教材。

在这套教材的调研、策划、编写过程中，曾经得到广东省职业技能鉴定中心、上海市职业技能鉴定中心、江苏省机械工业联合会、中国第一汽车集团公司以及北京、上海、广东、广西、江苏、山东、河北、内蒙古等地许多企业和技工学校的有关领导、专家、工程技术人员、教师、技师和高级技师的大力支持和帮助，在此谨向为本套教材的策划、编写和出版付出艰辛劳动的全体人员表示衷心的感谢！

教材中难免存在不足之处，诚恳希望从事职业教育的专家和广大读者不吝赐教，批评指正。我们真诚希望与您携手，共同打造职业培训教材的精品。

国家职业资格培训教材编审委员会

前言

本教材是依据中华人民共和国劳动和社会保障部制定的《国家职业标准 钢筋工》以及现行国家标准，在《钢筋工（初级）》（第1版）基础上进行的再版，为初级钢筋工职业资格培训教材，包括专业知识和技能训练两方面内容。

钢筋工是一个对理论知识、施工经验要求较强的工种。在编写过程中，坚持满足岗位培训需要为原则，基础知识以实用够用为宗旨，突出操作技能，以操作技能为主线，理论为技能服务，将操作技能与理论知识有机的结合。本书力求将最新的设备、工艺融入教材中，在满足《国家职业标准》要求的基础上，进一步拓宽读者的知识面。本书内容精练、通俗实用、覆盖面广、层次合理，便于读者学习、掌握。

在《钢筋工（初级）》（第1版）的基础上，本教材按照现行国家标准对相关内容进行了修订，采用了国家新标准、法定计量单位和规范的名词术语，更新了工艺，书后附有试题库和模拟样卷，内容丰富，实用性强。

由于时间仓促，经验不足，书中难免存在缺点和错误，欢迎广大读者批评指正。

编　者

目录

第一章

建筑力学和钢筋混凝土结构常识

培训学习目标 了解建筑力学、钢筋混凝土结构的基本理论，正确区分构件中各种钢筋所起的作用。

第一节 建筑力学基本知识

一、力的基本概念

1. 什么是力

力的概念是从实践活动中产生的。当人们用手提、举或推某一物体时，从肌肉的紧张收缩中人应感觉到对物体施加了力。如人推小车时，人对小车施加了力，小车可能从静到动，或速度增大或速度减少，人同时也感觉到车对人也有力的作用；又如用力作用在钢筋上可以使钢筋由直变弯。由此，得到力的科学概念：力是物体间相互的机械作用，这种作用能引起物体运动状态发生改变或引起物体产生变形。前者称为力对物体的外效应，后者称为力对物体的内效应。

既然力是物体间相互的机械作用，那么力就不能脱离物体而单独存在，且应成对出现，物体间这种成对出现的力叫做作用力和反作用力。实验证明：作用力与反作用力总是大小相等、方向相反、作用线在一条直线上，且作用在两个不同的物体上。在研究物体受力问题时，应分清哪个是施力物体，哪个是受力物体。

2. 力的三要素

力对物体的作用效果取决于力的大小、力的方向和力的作用点，称为力的三要素。

（1）力的大小　是指物体间相互作用的强弱程度。在国际单位中度量力的大小用N（牛顿）或kN（千牛顿）为单位。1kN = 1000N。

（2）力的方向　通常是包括方位和指向两个涵义。例如，重力的方向“竖直向下”，“竖直”是重力的方位，“向下”是重力的指向。

（3）力的作用点　是指力作用在物体上的位置，通常是一块面积而不是一个点，但当作用面积很小或对研究的问题影响不大时，可以近似地看成一个点。

实践证明，改变力的三要素中的任意一个，都将改变力对物体的作用效果。也就是说，必须当力的三要素惟一确定下来时，力对物体作用的效果才能唯一地确定。

在数学和力学中，有两种量——标量和矢量。只有大小而没有方向的量叫标量，如温度、质量、时间等；不仅有大小而且有方向的量称为矢量。所以力是个矢量，我们用带箭头的线段来表示，如图1-1所示。按一定力的比例尺画出来线段的长度表示力的大小，箭头的指向表示力的方向，线段的起点或终点表示力的作用点，线段所顺延的直线表示力的作用线。

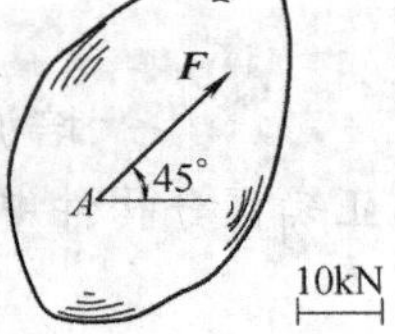

图1-1　力的表示方法

在印刷体中矢量用黑体字母表示，如 $\boldsymbol{F}$；手写时为了清楚地表示和区分，要在字母上加“→”，如 $\vec{F}$。若不用粗体或不加“→”，则只表示力的大小

二、力的性质

力引起物体运动状态发生改变的效应称为力的外效应；引起物体产生变形的效应称为力的内效应，在实际中力对物体的作用在产生外效应的同时也将产生内效应。

如果我们只研究物体的运动状态（力的外效应），就可忽略物体的变形，把它看成是任意两点之间的距离始终保持不变的刚体。

物体相对于地球作匀速直线运动或保持静止，都是一种特殊的运动状态，称为平衡状态。

1. 力的可传性

由于力对于刚体只有运动效应，因此，作用于刚体上的力，可沿其作用线传移到刚体内任意一点，而不改变原力对刚体的作用效应。这种作用于刚体上的力可以沿其作用线移动的性质，称为力的可传性。

例如，在日常生活中用绳拉车，或者沿着同一直线，以同样大小的力用手推车，对车将产生相同的运动效应，如图 1-2 所示。

根据力对刚体的可传性，作用于刚体上力的三要素可改为：力的大小、方向和作用线。

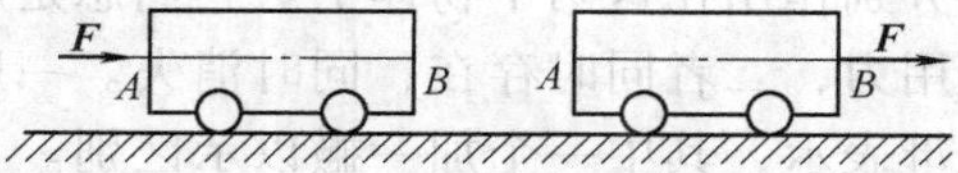

图 1-2　力对车的运动效应

应当指出，在研究力对物体的变形效应时，力是不能沿作用线传递的。如图 1-3a 所示的可变形直杆，沿杆的轴线在两端施加大小相等、方向相反的一对力 $\boldsymbol{F}_1$ 和 $\boldsymbol{F}_2$ 时，杆将产生拉伸形变。如果将力 $\boldsymbol{F}_1$ 沿其作用线移至 B 点，将力 $\boldsymbol{F}_2$ 沿其作用线移至 A 点，如图 1-3b 所示，杆将产生压缩形变。因此，力的可传性对变形体不成立。

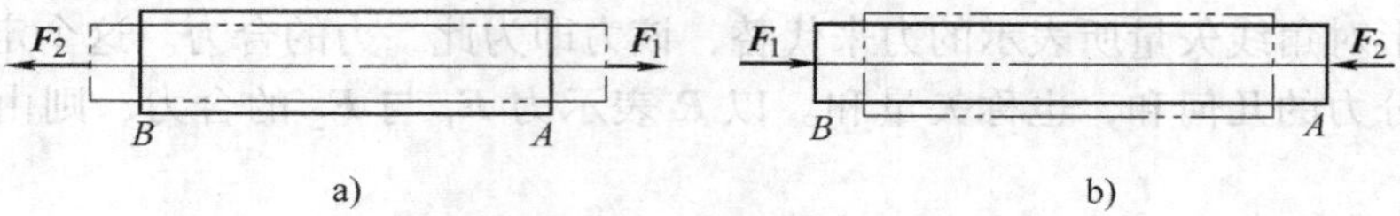

图 1-3　力在变形体上传移

a）拉伸变形　b）压缩变形

2. 二力平衡条件

作用于同一刚体的两个力，使刚体处于平衡的充分和必要条件是：这两个力大小相等，方向相反，且作用在同一条直线上。

需要注意的是，这一条件对于变形体而言，只是平衡的必要条件，而不是充分条件。例如，绳索受到大小相等、方向相反的拉力时可以平衡，如图 1-4a 所示。而受到大小相等、方向相反的压力时，则不能平衡，如图 1-4b 所示。

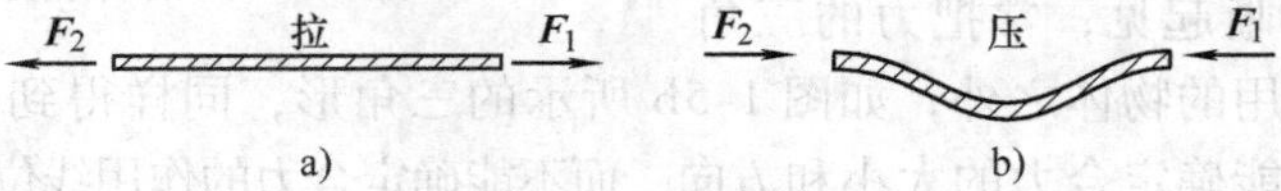

图 1-4　二力作用在变形体上的情况

a）平衡　b）不平衡

无论是直杆还是曲杆，在两个力作用下处于平衡的构件，称为二力构件。二力构件上的力必须满足二力平衡条件。

在建筑结构中受二力平衡的杆件很多，如钢筋受拉平衡、柱子轴向受压平衡都属于这一类平衡。对于只在两点上受力而平衡的杆件，包括折杆或曲杆，应用二力平衡定律，从而可以确定某未知约束力的方位。

3. 作用与反作用定律

两个物体间的作用是相互的，且同时存在、同时消失。这一性质表明：

两个物体间的作用力与反作用力总是大小相等，方向相反，沿着同一直线，并分别作用在这两个物体上。它们总是成对出现的，有作用力，也必定有反作用力，二者同时存在，同时消失。一般习惯上将作用力与反作用力用同一字母表示，其中一个加一撇以示区别。

应当注意，不要把这一性质与二力平衡条件相混淆。作用与反作用定律中的两个力分别作用在两个物体上，而二力平衡条件中的两个力作用在同一刚体上

4. 力的平行四边形定律

两个相交于一点的力对刚体的作用，可以用此二力的矢量为邻边所构成的平行四边形对角线矢量所表示的力来代替，该力即为此二力的合力。这个定律表明合力是分力的几何和，也称矢量和。以 $\boldsymbol{R}$ 表示力 $\boldsymbol{F}_1$ 与 $\boldsymbol{F}_2$ 的合力，则由上述定律得

$$\boldsymbol{R}=\boldsymbol{F}_1+\boldsymbol{F}_2$$

图 1-5a 所示为该定律的图解说明。图中平行四边形对角线 OO'矢量就是合力 $\boldsymbol{R}$。

由于 OC 与 BO'两线段平行且相等，因此在求 $\boldsymbol{F}_1$ 与 $\boldsymbol{F}_2$ 的合力时，只要作出力的平行四边形的一半就可以了，从 O 点出发作 $\boldsymbol{F}_1$ 矢量 OB，从 $\boldsymbol{F}_1$ 矢量的终点 B 出发作 $\boldsymbol{F}_2$ 矢量 BO'，连接 O、O'两点，即得合力 $\boldsymbol{R}$ 矢量 OO'。三角形 OBO'（或 OCO'）称为力的三角形。为了清晰起见，常把力的三角形画在力所作用的物体之外，如图 1-5b 所示的三角形，同样得到合矢量 $\boldsymbol{R}$。不过这种方法只能确定合力的大小和方向，而不能确定合力的作用线位置，显然合力作用线仍然通过原二力的交点。

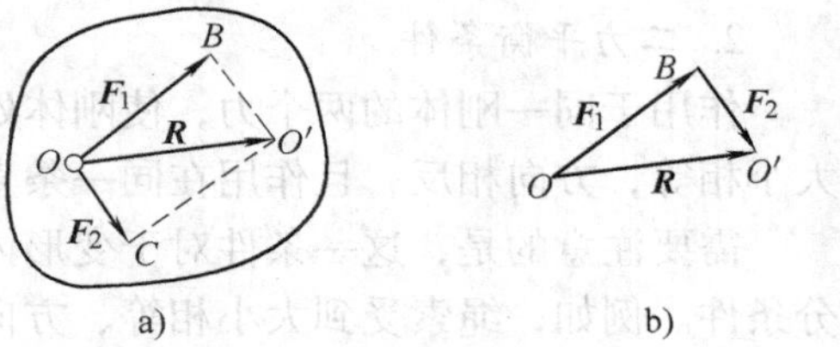

图 1-5　力的合成方法

力的平行四边形定律是力系简化的主要依据，因为它解决了两个已知力求合力问题。同样，它也可以解决一个合力分解为两个已知方向的分力问题。

前面已经研究过二力平衡的问题，在掌握了力的平行四边形定律后，我们可以得到有关三力平衡的一条重要定理，即作用在刚体上不平行的三个力若平衡，该三力必须汇交于一点，且在同一平面内。此定理证明如下：

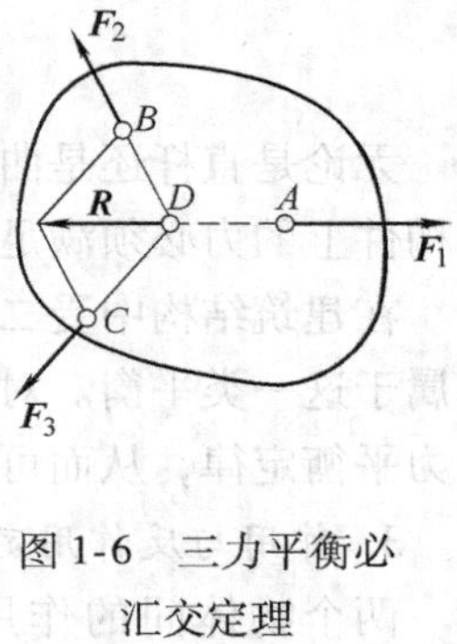

图 1-6　三力平衡必汇交定理

如图 1-6 所示，刚体上不平行的三个力 $\boldsymbol{F}_1$、$\boldsymbol{F}_2$、

F_3 处于平衡状态，根据力的平行四边形定律，考虑到力的可传性，显然 $\boldsymbol{F}_2$ 与 $\boldsymbol{F}_3$ 可合成为一个过交点 D 的力 $\boldsymbol{R}$，此时三力平衡已变成为 $\boldsymbol{F}_1$ 与 $\boldsymbol{R}$ 的二力平衡。根据二力平衡的条件，显然 $\boldsymbol{F}_1$ 也必须通过 $\boldsymbol{F}_2$ 与 $\boldsymbol{F}_3$ 的交点 D，因此三力平衡必须交于一点。由于 $\boldsymbol{R}$ 与 $\boldsymbol{F}_2$ 和 $\boldsymbol{F}_3$ 在同一平面，且 $\boldsymbol{F}_1$ 与 $\boldsymbol{R}$ 在同一直线上，所以 $\boldsymbol{F}_1$、$\boldsymbol{F}_2$ 和 $\boldsymbol{F}_3$ 也必须在同一平面内。

三、力的投影

1. 力在直角坐标轴上的投影

在 xOy 坐标系内，若力 $\boldsymbol{F}$ 与 x 轴夹角为 α，与 y 轴夹角为 β，如图 1-7 所示，分别用点 A、B 表示 $\boldsymbol{F}$ 的始端和终端。从力 $\boldsymbol{F}$ 的两端 A、B 分别向 x 轴作垂线，两垂足 a、b 在 x 轴上所截的线段 ab，称为力 $\boldsymbol{F}$ 在 x 轴的投影，记作 X；向 y 轴作垂线得线段 $a'b'$，称为力 $\boldsymbol{F}$ 在 y 轴上的投影，记作 Y。并规定从力的始端的投影点 a 到终端的投影点 b 与坐标轴的正向一致时，投影取正号，反之取负号。由图 1-7 中的几何关系可知，力 $\boldsymbol{F}$ 在 x 轴和 y 轴的投影分别为

$$\begin{cases} X = \pm F\cos\alpha \\ Y = \pm F\sin\alpha = \pm F\cos\beta \end{cases}$$

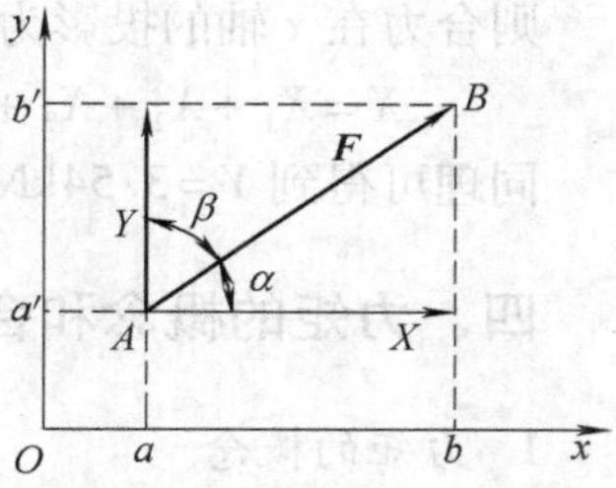

图 1-7 力在直角坐标轴上的投影

反之，若力 $\boldsymbol{F}$ 在两个坐标轴上的投影 X 和 Y 为已知时，那么也可以求出力 $\boldsymbol{F}$ 的大小和方向为

$$\begin{cases} F = \sqrt{X^2 + Y^2} \\ \cos\alpha = \dfrac{X}{F}，\cos\beta = \dfrac{Y}{F} \end{cases}$$

2. 合力投影定理

设由 n 个力组成的平面汇交力系作用于一个刚体上，如图 1-8a 所示。以汇交点 O 作为坐标原点，建立直角坐标系 xOy，则将过 O 点的各汇交力在坐标轴 x 和 y 上的投影，记为 X_i 和 Y_i，合力 $\boldsymbol{R}$ 在 x 轴和 y 轴投影为以 X 和 Y 表示，它们之间的关系为

$$\begin{cases} X = X_1 + X_2 + \cdots + X_i + \cdots + X_n = \sum\limits_{i=1}^{n} X_i \\ Y = Y_1 + Y_2 + \cdots + Y_i + \cdots + Y_n = \sum\limits_{i=1}^{n} Y_i \end{cases}$$

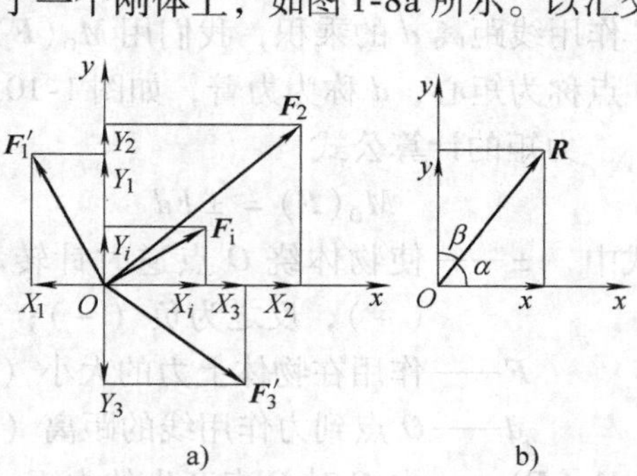

图 1-8 合力投影定理

上式表明，合力在某轴上的投影，等于各分力在同一轴上投影的代数和，这就是合力投影定理，如图 1-8b 所示。

当求得合力在两坐标轴上的投影后，就可以求得合力 $\boldsymbol{R}$ 的大小和方向为

$$\begin{cases} R=\sqrt{X^2+Y^2}=\sqrt{\left(\sum\limits_{i=1}^{n}X_i\right)^2+\left(\sum\limits_{i=1}^{n}Y_i\right)^2} \\ \cos\alpha=\dfrac{X}{R},\ \cos\beta=\dfrac{Y}{R} \end{cases}$$

例　求图1-9所示汇交力系合力在 x 轴的投影。已知：$F_1=2\text{kN}$，$F_2=4\text{kN}$，$F_3=5\text{kN}$，$F_4=4\text{kN}$。

解　各分力在 z 轴的投影为

$$X_1=\boldsymbol{F}_1\cos0°=2\text{kN}\times\cos0°=2\text{kN}$$

$$X_2=\boldsymbol{F}_2\cos30°=4\text{kN}\times\cos30°=3.46\text{kN}$$

$$X_3=\boldsymbol{F}_3\cos90°=0$$

$$X_4=-\boldsymbol{F}_4\cos60°=-4\text{kN}\times\cos60°=-2\text{kN}$$

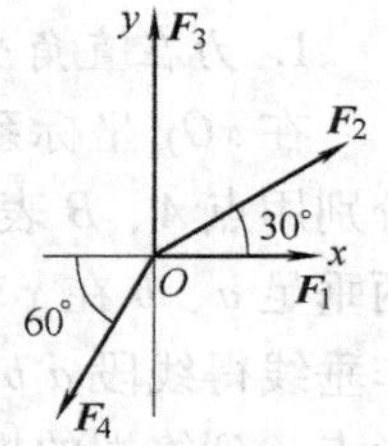

图　1-9

则合力在 x 轴的投影为

$$X=X_1+X_2+X_3+X_4=2\text{kN}+3.46\text{kN}+0+(-2)\text{kN}=3.46\text{kN}$$

同理可得到 $Y=3.54\text{kN}$。

四、力矩的概念和合力矩定理

1. 力矩的概念

力不仅能使物体沿着某一方向发生移动，还可以使物体绕某点发生转动。如扳手转动螺母时，作用于扳手一端 A 的力 $\boldsymbol{F}$ 使其绕 O 点转动。这个效果称为力 $\boldsymbol{F}$ 对 O 点产生的力矩，它等于该力的大小 F 与 O 点到 $\boldsymbol{F}$ 作用线距离 d 的乘积，我们用 $M_O(\boldsymbol{F})$ 表示，O 点称为矩心，d 称为力臂，如图1-10所示。

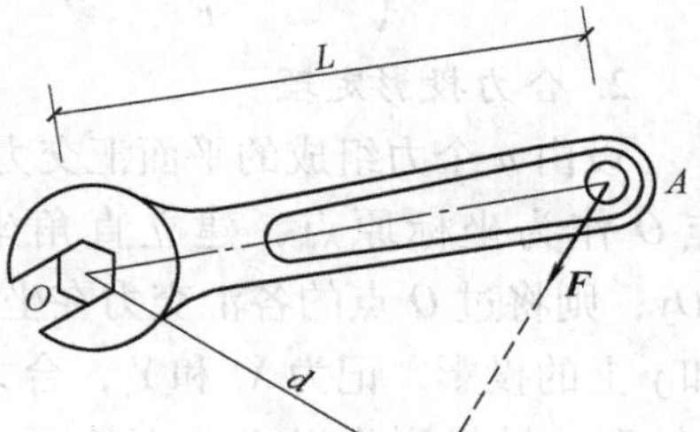

图1-10　力矩的表示方法

力矩的计算公式

$$M_O(\boldsymbol{F})=\pm Fd$$

式中　±——使物体绕 O 点逆时针转动为正（+），反之为负（-）；

$\boldsymbol{F}$——作用在物体上力的大小（N或kN）；

d——O 点到力作用线的距离（m）；

$M_O(\boldsymbol{F})$——力 $\boldsymbol{F}$ 对 O 点产生的力矩（N·m或kN·m）。

2. 合力矩定理

（1）定义　合力对力系作用于平面内任一点的力矩，等于该力系中各分力

对同一点力矩的代数和，如图 1-11 所示。

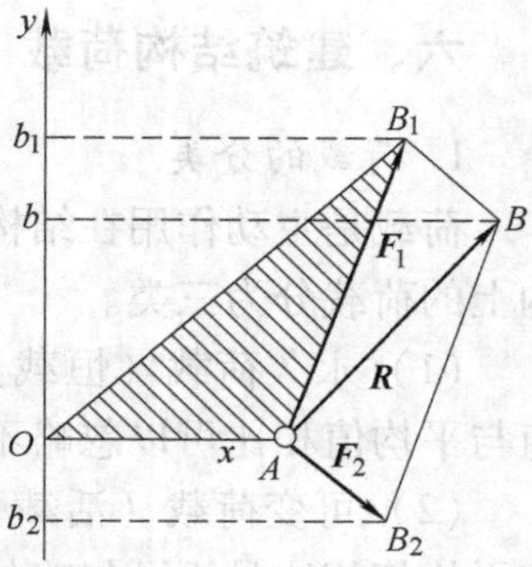

图 1-11　合力矩定理

（2）计算公式

$$M_A(\boldsymbol{R}) = M_A(\boldsymbol{F}_1) + M_A(\boldsymbol{F}_2)$$

五、力偶和力偶矩

1. 基本概念

（1）力偶　在我们日常生活中经常遇到用钥匙开锁，就是用两个大小相等、不在一条直线上、相反平行力，使钥匙转动。因此，在力学上，把这样仅能使物体转动的一对大小相等、方向相反、作用线互相平行但不共线的力系 $\boldsymbol{F}$ 和 $\boldsymbol{F}'$ 称为力偶，并用符号 $m(\boldsymbol{F},\boldsymbol{F}')$ 或 m 表示。

（2）力偶矩　我们在上面提到，力偶能使物体发生转动。其转动效应的大小称为力偶矩，用符号 M 表示，即 $M = \pm \boldsymbol{F}d$。从这个表达式中可以看出：

1）力偶矩是力的大小 $\boldsymbol{F}$ 和作用线间距离（力偶臂）d 的乘积，它的单位是 N · m 或 kN · m。

2）力偶矩对物体的转动方向为逆时针转动取正号，顺时针转动取负号。常用弧形箭头表示力偶矩。

3）这对反向平行力相距越远，力偶矩越大转动起来越省力。

2. 合力偶

物体在同一平面上可能受着几个力偶 m_1、m_2、…、m_n 作用，它们都能使物体发生转动，最终效果可用一个合力偶 $\boldsymbol{M}$ 表示，其表达式为

$$\boldsymbol{M} = m_1 + m_2 + \cdots + m_n = \sum_{i=1}^{n} m$$

平面力偶系的平衡条件是各力偶矩的代数和等于零。即

$$\boldsymbol{M} = m_1 + m_2 + \cdots + m_n = \sum_{i=1}^{n} m = 0$$

3. 力偶的基本特征

1）力偶只能使物体发生转动，而不能使物体发生移动。其转动效果取决于力偶的三要素：力偶矩的大小、力偶的转向和力偶的作用平面。

2）在同一平面内的两个力偶，如果它们的力偶矩的大小相等、转向相同，则它们等效。

3）力偶不能合成一个合力，也不能用一个力来代替；力偶不能与一个力平衡，力偶只能与力偶平衡。所以力偶在任意坐标轴上投影恒为零。

4）力偶可在其作用平面内任意地移动，而不改变力偶对物体的作用效果，即力偶对其作用平面内任意一点之矩恒等于力偶矩，与矩心的位置无关。

六、建筑结构荷载

1. 荷载的分类

荷载是主动作用在结构上的外力，根据《建筑结构荷载规范》的规定，结构上的荷载分为三类。

（1）永久荷载（恒载） 在结构使用期间，其值不随时间变化，或其变化值与平均值相比可以忽略不计的荷载，如结构自重、土压力和预应力等。

（2）可变荷载（活载） 在结构使用期间，其值随时间变化，且其变化值与平均值相比是不可忽略的荷载，如楼面活荷载、屋面活荷载、积灰荷载、吊车荷载、风荷载和雪荷载等。

（3）偶然荷载 在结构使用期间不一定出现，但一经出现，其值很大，且持续时间较短的荷载，如爆炸力、撞击力等。

2. 荷载的分布形式

（1）集中荷载 当荷载的作用面积远远小于结构尺寸时，可将其简化成集中作用于一点，称为集中荷载。如房屋架传给柱子的压力，它的单位是N或kN。

（2）均布面荷载 均匀分布在作用面上的荷载，它的集度表示单位面积上的荷载，其单位是N/m^2或kN/m^2。

（3）均布线荷载 均匀分布在某一长度上的荷载（q），它的集度表示单位长度上的荷载，它的单位是N/m或kN/m。在建筑结构中的计算公式为

$$q = Q/L = bh\gamma$$

式中 Q——梁的总重（N或kN）；

L——梁长（m）；

b——梁的截面宽度（m）；

h——梁的截面高度（m）；

γ——梁的重力密度（N/m^3或kN/m^3）；

（4）非均布线荷载 单位长度上的线荷载不是均匀分布时，称为非均布线荷载。

七、支座和支座反力

在工程中，支座有多种多样，但按其受力特点来分类，常见的有三种支座。

1. 可动铰支座（见图1-12a）

（1）简图 如图1-12b、d所示。

（2）特点 构件不能沿支承面的垂直方向移动，可沿支承面移动和绕铰A转动。

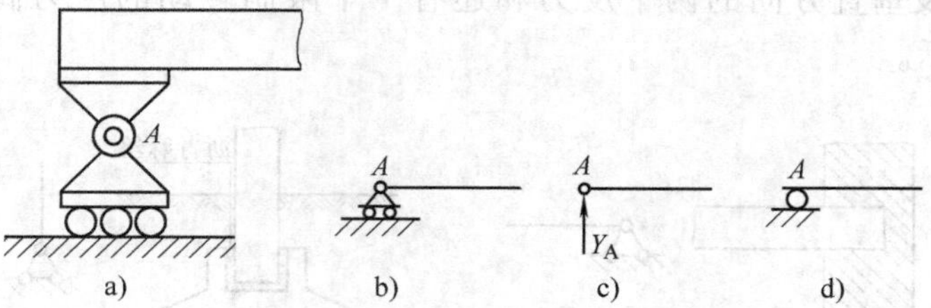

图 1-12　可动铰支座

（3）受力　构件受荷载作用时，支承只有垂直于支承面方向的反力 Y_A，如图 1-12c 所示，若忽略铰 A 与支承垫板间的摩擦力，则 Y_A 必通过铰的中心。

（4）实例　在房屋建筑中，梁通常直接搁置在砖墙或柱子上，如图 1-13 所示。

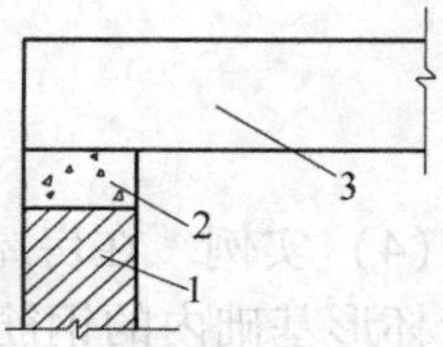

图 1-13　可动铰支座实例

1—砖柱　2—垫块　3—梁

2. 固定铰支座（见图 1-14a）

（1）简图　如图 1-14c、d、e、f 所示，为固定铰支座的常见计算简图。

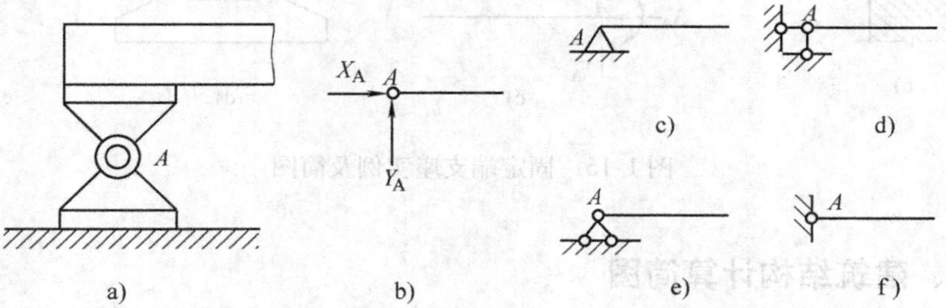

图 1-14　固定铰支座

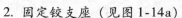

（2）特点　构件不能在任何方向上移动，只能绕铰 A 转动，如图 1-14b 所示。

（3）受力　反力的作用线必然通过铰中心 A，但方向不能预先确定。通常用水平方向及垂直方向的两个反力表示。

（4）实例　如图 1-15 所示两种实际支承，图 1-15a 所示为梁插入墙少许，图 1-15b 所示为用沥青麻丝填实于杯形基础内的钢筋混凝土柱子。

3. 固定端支座（见图 1-16）

（1）简图　如图 1-16b、e 所示。

（2）特点　构件非但不能在任何方向上移动，而且不能绕支座转动。

（3）受力　反力的作用线必然通过支座中心，但方向不能预先确定，通常用水平方向及垂直方向的两个反力和还有一个限制转动的反力偶来表示，如图1-16c所示。

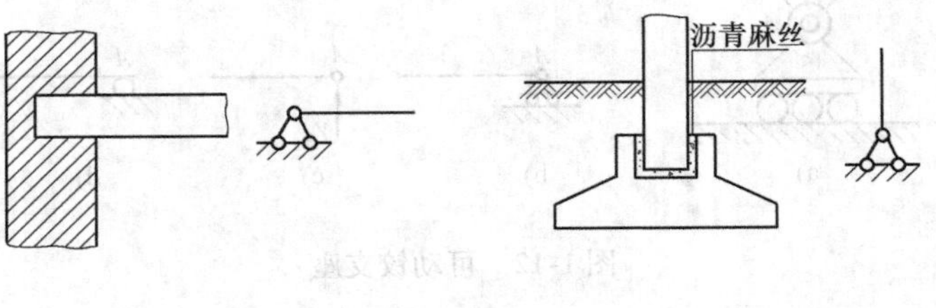

图1-15 固定铰支座实例及简图

（4）实例 在房屋建筑中，常见的有雨篷挑梁如图1-16a、用细石混凝土浇注于杯形基础内的钢筋混凝土柱子图1-16d。

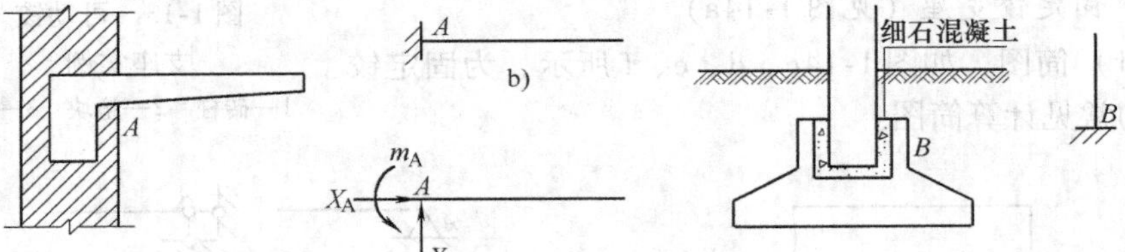

图1-16 固定端支座实例及简图

八、建筑结构计算简图

1. 基本概念

建筑结构的实际受力情况是很复杂的，为便于对结构进行力学分析和计算，必须对实际结构进行简化，这种简化的图形叫做结构的计算简图。

合理的结构计算简图，一是能表现出构件的基本特性，二是抓住主要的决定性因素。

2. 主要内容

计算简图一般包括三个方面的内容：

（1）构件和节点的简化 用构件的轴线代表实际构件，尺寸按轴线的长度标注；按节点的实际构造，简化为铰节点或刚性节点。

（2）支座的简化 按支座的实际构造，简化为“可动铰支座”、“固定铰支座”、“固定端支座”等形式。

（3）荷载的简化　按实际荷载作用在结构上的分布面积的大小，简化成集中荷载或分布荷载。

九、结构的平衡和受力分析

1. 基本概念

在建筑工程中的构件和结构，是在荷载和约束反力作用下处于静止——平衡的一种，荷载和约束反力统称为外力。在对它们计算时，荷载是已知的外力，约束反力是需要根据平衡条件来确定的量。

在实际中各构件都是互相联系着的，当计算某一个构件时，首先要弄清该构件受到哪些物体的作用，也就是受到哪些力的作用，这个分析过程，称为受力分析。

把一构件从与它联系的物体中分离出来，画出用力来代替它所受到的其他物体的作用力的图形，叫做该构件的受力图。在构件的受力图上，应能清楚地反映它受到的所有的力。正确的受力分析是构件计算的关键。

画受力图时一定要把研究对象以外的物体都去掉。联系物体对它的作用就是约束反力

2. 画受力图步骤

1）明确研究对象。

2）画出作用在研究对象上的全部已知力。

3）根据各约束的性质，画出所有约束反力。

例　绘出图 1-17a 所示的简支梁受力图。

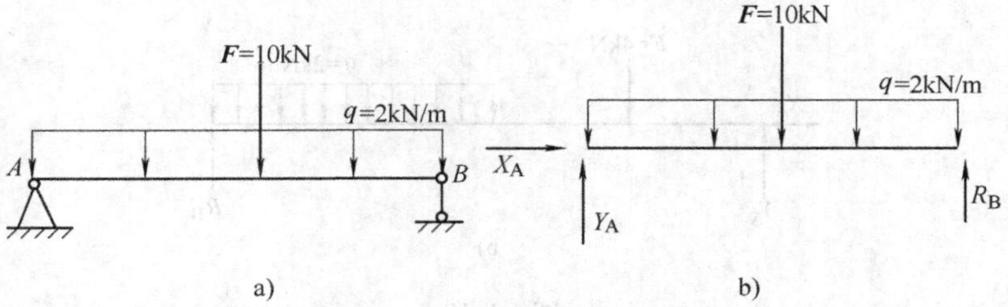

图　1-17

解　① 以简支梁 *AB* 为研究对象。

② 画出作用在梁上的已知荷载 $q=2\text{kN/m}$，$F=10\text{kN}$。

③ 受力约束反力　*A* 端为固定铰支座，其反力可用 X_A，Y_A 表示，其正确指向与主动力有关，此时可先任意假设，图中暂定 X_A 向右，Y_A 向上；*B* 端是可动铰支座，其反力可用 R_B 表示；R_B 应垂直于支承面，指向暂设向上。*AB* 梁的受力图如图 1-17b 所示。

3. 平面任意力系的平衡方程

平面任意力系的合成结果为一个主矢 $\boldsymbol{R}'$ 和一个主矩 $\boldsymbol{M}'$，若该力系处于平衡状态，则 $\boldsymbol{R}'=0$，$\boldsymbol{M}'=0$。

> 当 $\boldsymbol{R}'$ 和 $\boldsymbol{M}'$ 都不为零时，不能把主矢 $\boldsymbol{R}'$ 称为力系的合力，也不能把主矩 $\boldsymbol{M}'$ 称为力系的合力矩

平面任意力系的平衡方程为

$$\begin{cases} \sum_{i=1}^{n} X_i = 0 \\ \sum_{i=1}^{n} Y_i = 0 \\ \sum_{i=1}^{n} m_o(F_i) = 0 \end{cases}$$

其中前两个称为投影方程，后一个称为力矩方程。它表明，平面任意力系平衡的充分和必要条件是，各力在其作用面内任选取的两坐标轴上投影的代数和分别等于零；各力对作用面内任一点力矩的代数和等于零。

例 求如图 1-18a 所示简支梁的支座反力。

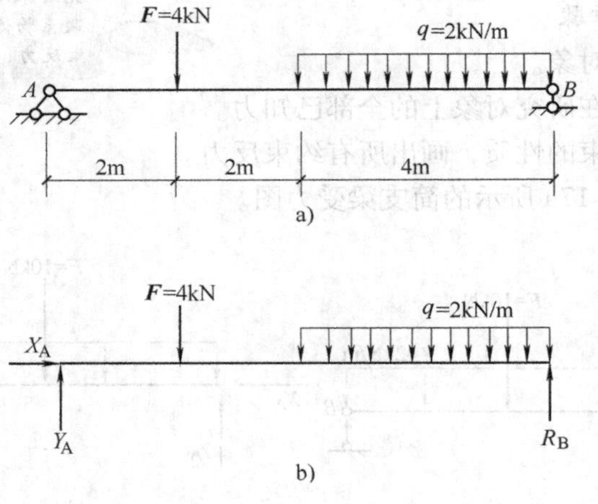

图 1-18

解 首先除去 A、B 两点的支座约束，并画出如图 1-18b 所示的受力图（其中反力指向为假设）。

根据 $\sum X=0$，得到 $X_A=0$。

取 $\sum m_B=0$，有

$$Y_A \times 8-(4\times 6+2\times 4\times 2)=0$$

得到 $Y_A=5\text{kN}$。

取 $\sum Y=0$，有

$$Y_A - 4 - 2 \times 4 + Y_B = 0$$

得到 $Y_B = 7\text{kN}$，所得 Y_A、Y_B 均为正值，说明两个支座反力方向均竖直向上。

十、构件的内力

1. 内力的概念

杆件在外力作用下产生形变时，内部相连两部分之间产生相互的作用力，以抵抗形变。这种杆件内部相连两部分之间由于外力而引起的相互作用力，称为内力。根据材料的连续性，内力在截面上是连续分布的，组成一个分布内力系。通常所说的内力是指该分布内力系的主失或主矩。

内力是由于外力而引起的，如外力增加，构件形变增加，内力也随之增加。但是，对任何一个构件，内力的增加总有一定限度（决定于构件材料、尺寸等因素），到此限度，构件就被破坏。例如，用手拉长一根橡胶条时，会感到在橡胶条内有一种反抗拉长的力。手拉的力越大，橡胶条被拉伸得越长，它的反抗力也越大。逐渐增大手拉的力，达到一定值时，橡胶条被拉断。

内力的大小及其性质与构件的变形和破坏密切相关，因此内力分析是解决构件承载能力的基础。

2. 梁的内力

在工程中，以弯曲变形为主的构件称为梁。工程中的梁按约束分有许多种，但常见的简单梁有以下三种：一端用固定铰、另一端用可动铰与基础相联的简支梁；在简支梁的基础上向一端或两端延伸的外伸梁；一端自由、一端用固定端与基础相联的悬臂梁，如图 1-19 所示。

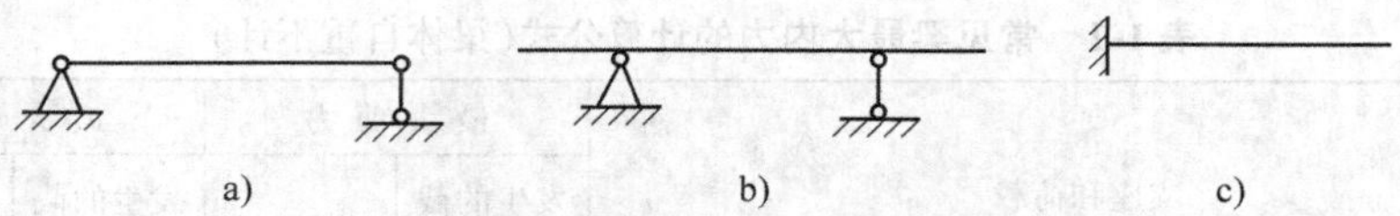

图 1-19 简单梁的计算简图
a）简支梁 b）外伸梁 c）悬臂梁

（1）梁的内力 梁在外力作用而弯曲变形时，梁的内部之间也产生内力。一简支梁在集中力 $\boldsymbol{F}$ 的作用下，如图 1-20a 所示。A、B 两处的反力分别是 R_A 和 R_B，现欲求 1-1 截面的内力，假想用一平面在 1-1 截面将梁截断，取截面以左为研究对象，如图 1-20b 所示。

1）截面上一定有一个能与外力 $\boldsymbol{R}_A$ 在竖直方向平衡的内力，该内力的特点是通过截面形心且与截面相切，称之为剪力，用 $\boldsymbol{Q}$ 来表示。

2）又由于 $\boldsymbol{Q}$ 与 R_A 大小相等、方向相反、作用线不在同一条直线上，形成一个作用于梁对称平面内的力偶，所以，在梁的横截面上一定存在一个与之平衡

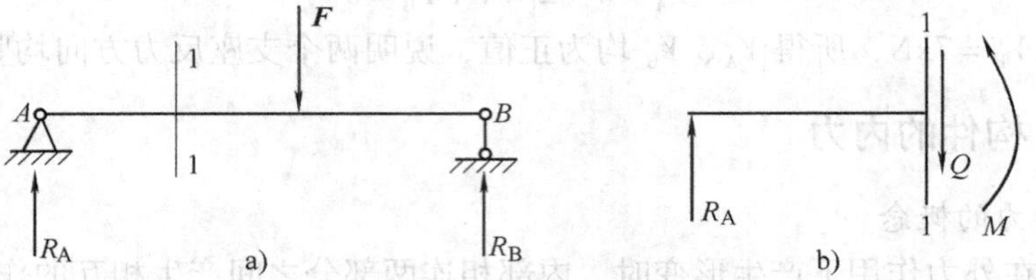

图 1-20 梁的内力分析

a）简支梁 b）截面以左为研究对象

的内力偶矩 M，该力偶矩的作用面与截面垂直，称之为弯矩，用 M 来表示。

所以，梁横截面上通常有两个内力——剪力 $\boldsymbol{Q}$ 和弯矩 $\boldsymbol{M}$。

（2）梁内力的确定及符号的规定 欲求某一截面的内力，就以该截面为分界线，任意研究截面以左或以右。

1）该截面的剪力，等于截面一侧所有外力的代数和。

代数符号的确定：若以左侧为研究对象，向上的外力产生正剪力，或若以右侧为研究对象，向下的外力产生正剪力，即左上右下为正，反之为负。

2）该截面的弯矩，等于截面一侧所有外力对该截面形心之矩的代数和。

代数符号的确定：若以左侧为研究对象，顺时针的外力矩产生正弯矩，或若以右侧为研究对象，逆时针的外力矩产生正弯矩，即左顺右逆为正，反之为负。正弯矩使截面下部纤维受拉、上部纤维受压，负弯矩使截面上部纤维受拉、下部纤维受压。

（3）常见梁最大内力 见表 1-1 中常见梁最大剪力和最大弯矩的计算公式。

表 1-1 常见梁最大内力的计算公式(梁体自重不计)

支座和荷载	最大剪力		最大弯矩	
	发生的截面位置	计算公式	发生的截面位置	计算公式和性质
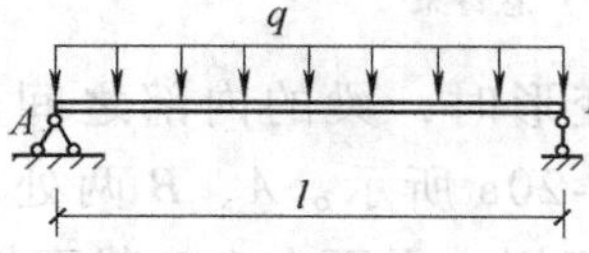	支座 A 和 B	$\frac{ql}{2}$	跨中	$\frac{ql^2}{8}$ 下部受拉
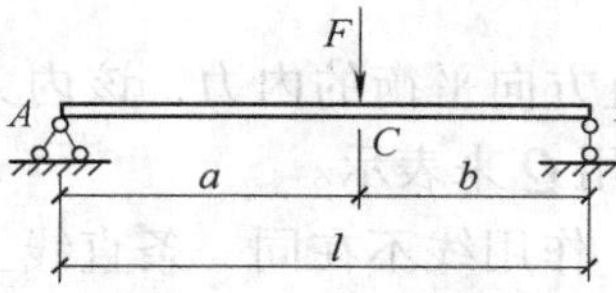	AC 段	$\frac{Fb}{l}$ 取大者	集中荷载作用处	$\frac{Fab}{l}$ 下部受拉
	CB 段	$\frac{Fa}{l}$		

（续）

<table>
<tr><th rowspan="2">支座和荷载</th><th colspan="2">最大剪力</th><th colspan="2">最大弯矩</th></tr>
<tr><th>发生的截面位置</th><th>计算公式</th><th>发生的截面位置</th><th>计算公式和性质</th></tr>
<tr><td>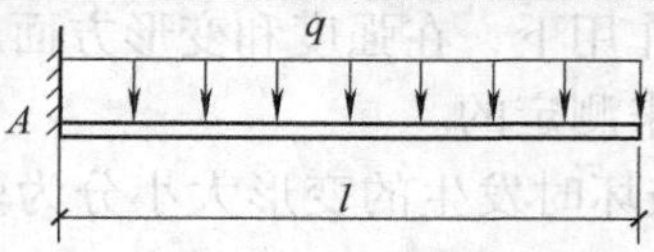</td><td>固定端</td><td>ql</td><td>固定端</td><td>$-\frac{ql^2}{2}$ 上部受拉</td></tr>
<tr><td>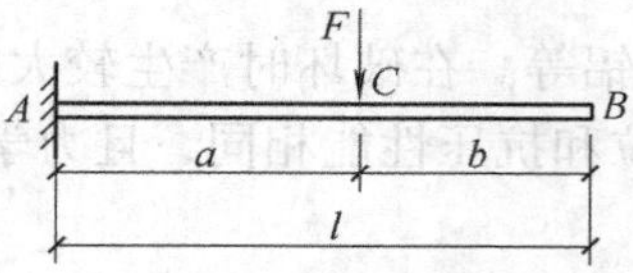</td><td>AC 段</td><td>F</td><td>固定端</td><td>$-Fa$ 上部受拉</td></tr>
<tr><td rowspan="2">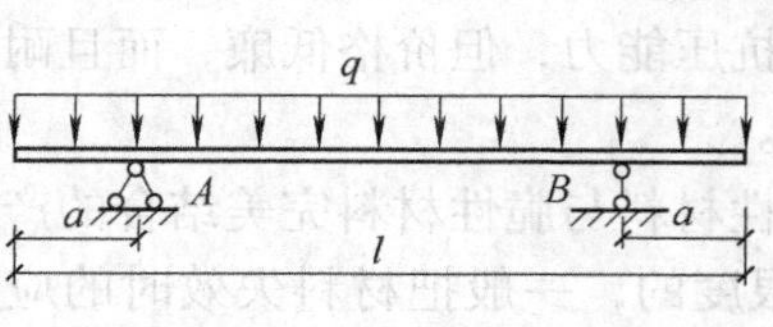</td><td>A 右和 B 左</td><td>$\frac{ql}{2}$　取最大</td><td>跨中</td><td>$\frac{ql^2}{8}-\frac{qla}{2}$ 下部受拉</td></tr>
<tr><td>A 左和 B 右</td><td>qa</td><td>支座处</td><td>$-\frac{qa^2}{2}$ 上部受拉</td></tr>
</table>

十一、构件的强度

1. 强度的概念

在设计荷载作用下，工程的构件应具有抵抗破坏的能力，这种能力称为构件的强度。同样大小外力作用在不同截面或不同材料的构件上，有的会产生很大的形变，有的甚至会被破坏，这说明杆件承受荷载的能力与构件截面的形状、尺寸以及所受的外力有关，而且与材料的力学性质有关。这就是构件的强度分析问题。

2. 应力的概念

应力是单位面积上的内力，也就是内力在一点处的集度。单位是 Pa，$1Pa=1N/m^2$，这个单位在实际应用中太小，通常用 kPa、MPa，$1kPa=10^3Pa$，$1MPa=10^6Pa$。用相同材料制成两根粗细不同的构件，在相同的外力作用下，它们受到的内力也是相同的，但当拉力逐渐增大时，细杆必定先被拉断，这说明同样大小的内力分布在截面各点的集度是不同的。

不同类型截面的构件，内力在构件的截面上的分布规律是不同的；不同性质的内力在截面上的分布也是不同的，这就是应力分析问题。但无论构件受力多么复杂，应力只有两种：

（1）正应力　正应力是与截面垂直的应力，用 σ 来表示。又可按性质细分为两种，背离截面的为拉应力，代数符号为正，如梁弯曲受拉纤维一侧各点在横截面上的应力。指向截面的为压应力，代数符号为负，如梁弯曲受压纤维一侧在各点横截面上的应力。

（2）切应力　切应力是与截面相切的应力，用 τ 来表示。

3. 材料的力学性能

所谓材料的力学性能，是指材料在外力作用下，在强度和变形方面所表现出来的性能。这些力学性能都是通过材料试验来测定的。

1）工程材料的种类很多，通常根据其破坏时发生的变形大小分为塑性材料和脆性材料两大类。

① 塑性材料，如低碳钢、合金钢、铜和铝等。在破坏时产生较大的塑性变形，它的失效形式是屈服。塑性材料一般抗拉和抗压性能相同，且力学性能好，但造价较高。

② 脆性材料，如铸铁、混凝土和石料等。在破坏时塑性变形很小，它的失效形式是断裂。脆性材料抗拉能力远小于抗压能力，但价格低廉，而且耐磨，故常用于作基础、机器底座、床身和缸体等。

建筑结构中的钢筋混凝土构件，是塑性材料与脆性材料完美结合的产物。

2）工程材料所能承受的应力都是有限度的，一般把材料失效时的应力称为极限应力，通过材料的力学试验测定，分别用 σ_0 和 τ_0 表示。

由于实际构件的受载难以精确估计，以及构件材质的不均匀性、计算方法的近似性及腐蚀与磨损等诸多因素的影响，所以还得为材料确定一个最大容许值，这个值称为材料许用应力，分别用［σ］和［τ］表示。许用应力等于极限应力除以一个大于1的安全系数。

在实际中构件的工作应力，必须小于或等于该材料的许用应力，构件才具有足够的强度

4. 梁的强度

建筑工程中的梁，在设计荷载作用下，应具有抵抗弯曲破坏的能力。梁在荷载作用下，产生的两种内力分别对应着两种应力，所以，梁的强度应分别指，梁的弯矩 M 在横截面上引起最大工作正应力，应小于或等于材料的许用正应力；梁的剪力 Q 在横截面上引起最大工作切应力，应小于或等于材料的许用切应力。

第二节　钢筋混凝土结构常识

一、钢筋混凝土的概念

钢筋混凝土是由钢筋和混凝土两种力学性质完全不同的材料组成。

混凝土主要由水泥、砂、石子和水组成，凝固后坚硬如石，受压能力好，但抗拉能力差，容易因受拉而断裂（见图 1-21a）。为了解决这个矛盾，充分发挥混凝土的受压能力，常在混凝土受拉区域内或相应部位加入一定数量的钢筋（见图 1-21b），使这两种材料粘结成一个整体，让混凝土主要承受压力，钢筋主要承受拉力，以满足工程结构的需要。

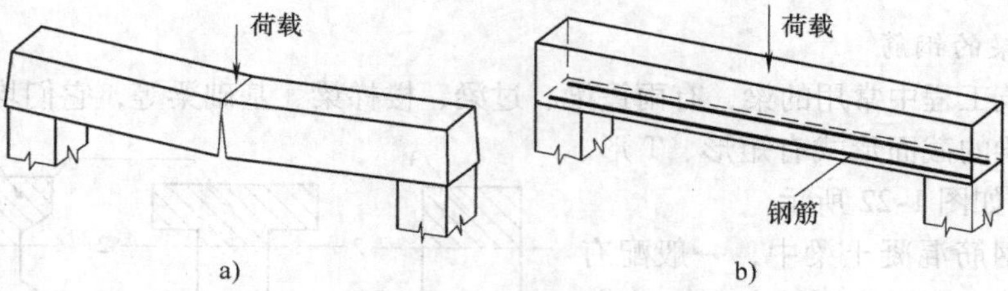

图 1-21　梁的受力示意图

a）素混凝土梁　b）钢筋混凝土梁

用钢筋混凝土制成的梁、板、柱、基础等构件，称为钢筋混凝土构件。钢筋混凝土构件，有在工地现场浇制的，称为现浇钢筋凝土构件。也有在工厂或工地以外预先把构件制作好，然后运到工地安装的，称为预制钢筋混凝土构件。

混凝土按其抗压强度划分等级，普通混凝土分 C7.5、C10、C15、C20、C25、C30、C40 等，等级越高，混凝土抗压强度也越高。

全部用钢筋混凝土构件承重的建筑物，称为钢筋混凝土结构。用砖墙承重，屋面、楼层、楼梯用钢筋混凝土板和梁构成的建筑物，称为砖混结构。

二、钢筋混凝土的结构原理

钢筋和混凝土两种物理、力学性质完全不同的材料，能够组合在一起工作的主要原因有：

1）硬化后的混凝土与钢筋表面有很强的粘结力。

2）钢筋与混凝土之间有比较接近的线膨胀系数，当温度变化时，不致产生较大的温度应力而破坏两者之间的粘结。

3）钢筋被包裹在混凝土中间，混凝土本身对钢筋无锈蚀作用，混凝土又能很好地保护钢筋，免受外界的侵蚀。从而保证了钢筋混凝土构件的耐久性。

三、钢筋混凝土结构的特点及应用范围

（1）优点　强度高，耐久性好，耐火性好，具有可模性，就地取材，降低工程造价。

（2）缺点　自重大，费材、费工、费时，抗震、抗裂性较差，一旦损坏修

复困难，施工时受季节影响较大。

（3）应用范围　由于钢筋混凝土结构具有很多优点，因此它已成为现代最主要的、应用最为普遍的结构形式之一，如一般民用建筑、公共建筑、工业厂房、市政工程、水利工程、特种结构以及桥梁工程等。

四、钢筋在钢筋混凝土构件中的作用和分类

1. 梁的钢筋

建筑工程中常用的梁，有雨篷梁、过梁、楼梯梁、基础梁等，它们均是受弯构件。梁的截面形式有矩形、T形、I形等，如图1-22所示。

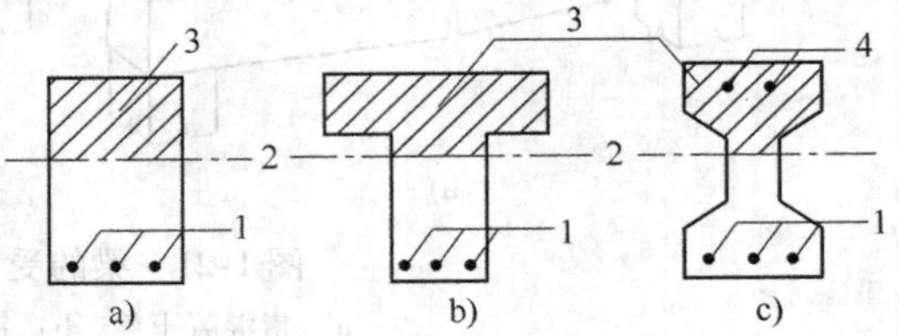

图1-22　梁的截面形式

a）矩形　b）T形　c）I形

1—受拉钢筋　2—中性轴　3—受压区　4—受压钢筋

在钢筋混凝土梁中，一般配有四种钢筋，即纵向受力钢筋、弯起钢筋、箍筋和架立钢筋，如图1-23所示。

（1）纵向受力筋　纵向受力筋一般配置在梁的受拉区，主要作用是承受由弯矩在梁内产生的拉应力。其常用直径为10~25mm。

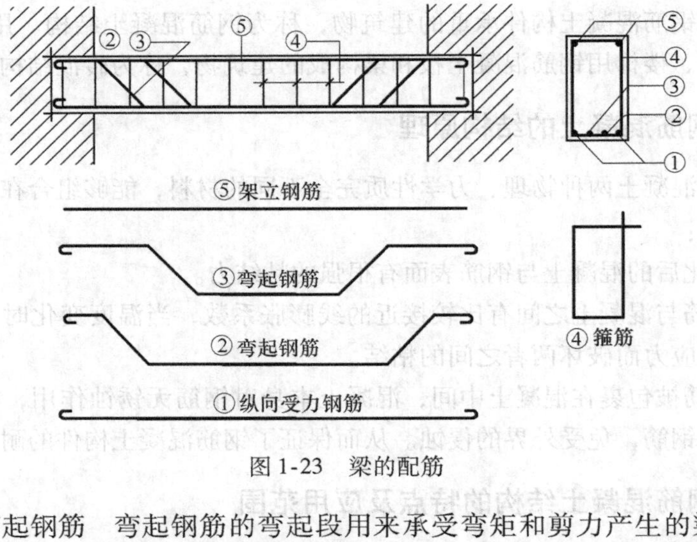

图1-23　梁的配筋

（2）弯起钢筋　弯起钢筋的弯起段用来承受弯矩和剪力产生的梁斜截面上的主拉应力，弯起来的水平段用来承受支座附近负弯矩产生的拉应力，跨中水平段用来承受对应段弯矩产生的拉应力。

弯起钢筋的数量、位置由计算确定，一般由纵向受力钢筋弯起而成，当纵向

受力钢筋较少，不足以弯起时，也可设置单独的弯起钢筋。当梁高 $h \leqslant 800$mm时，弯起钢筋的弯起角度采用45°；当梁高 $h > 800$mm 时，弯起钢筋的弯起角度采用60°。

（3）架立钢筋　设置在梁的受压区外缘两侧，用来固定箍筋和形成钢筋骨架。如受压区配有纵向受压钢筋时，则可不再配置架立钢筋。架立钢筋的直径与梁的跨度有关：当跨度小于4m 时，直径不宜小于8mm；当跨度为4～6m 时，直径不小于10mm；跨度大于6m 时，直径不小于12mm。

（4）箍筋　箍筋主要是用来承受由剪力和弯矩引起的梁斜截面上的部分主拉应力。同时，箍筋通过绑扎或焊接将其他钢筋连接起来，形成一个空间的钢筋骨架。箍筋一般垂直于纵向受力钢筋，其数量由计算来确定。

箍筋分开口式和封闭式两种形式，如图 1-24a 所示，开口式只用于无振动荷载或开口处无受力钢筋的现浇 T 形梁的跨中部分。当梁中配有计算需要的纵向受压钢筋时，箍筋应做成封闭式。箍筋的肢数有单肢、双肢和四肢，如图 1-24b 所示。

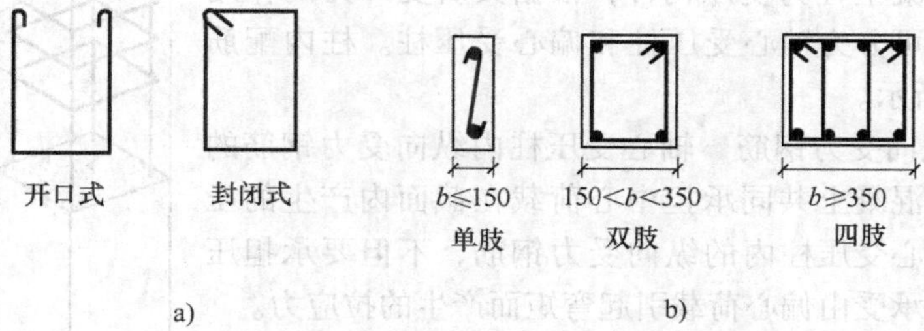

图 1-24　箍筋的形式和肢数
a）箍筋的形式　b）箍筋的肢数

2. 板的钢筋

常见的钢筋混凝土板有楼板、屋面板、阳台板、雨篷板、楼梯踏步板、天沟板等。板的截面形式有矩形实心板和空心板等。板也是受弯构件，板中一般配有两种钢筋：受力钢筋和分布钢筋，如图 1-25 所示。

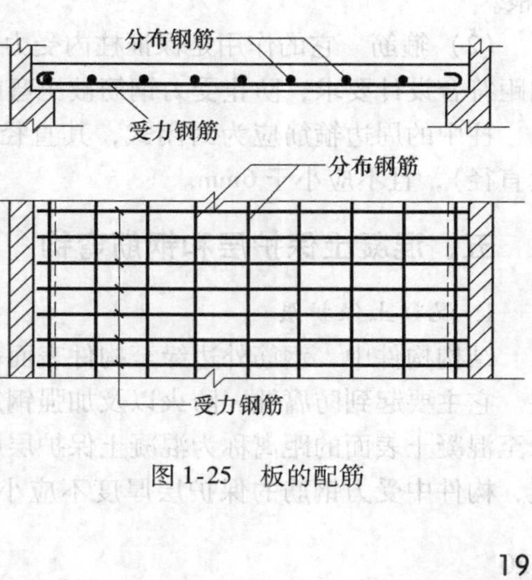

图 1-25　板的配筋

当板的计算长宽比 >2 时，主要沿短跨受弯，这种板为单向板，又称梁式板。单向板的受力钢筋应沿短向配置，沿长向仅按构造配筋。当板的计算长宽比≤2时，沿两个方向都受弯，这种板称为双向板。双向板的受力钢筋应沿两个方向配置。

（1）受力钢筋　受力钢筋沿板的跨度方向在受拉区配置，以承担由弯矩而产生的拉应力。

受力钢筋的直径一般为6～12mm，板厚度较大时，钢筋直径可为14～18mm。受力钢筋间距：当板厚$h \leqslant 150$mm时，不宜大于200mm；当板厚$h>150$mm时，不宜大于$1.5h$，且不宜大于250mm。为了保证施工质量，钢筋间距也不宜小于70mm。对于建筑工地常用的板厚小于150mm的板，受力筋间距应在70～200mm。

（2）分布钢筋　分布钢筋布置在受力钢筋的内侧，与受力钢筋垂直，交点用细铁丝绑扎或焊接。分布钢筋的作用是将板面上的荷载更均匀地传给受力钢筋，同时在施工时可固定受力钢筋的位置，且能抵抗温度应力和收缩应力。

3. 柱的钢筋

钢筋混凝土柱为受压构件，根据其所受外力的作用特点不同，可分为轴心受压柱和偏心受压柱。柱内配筋如图1-26所示。

（1）纵向受力钢筋　轴心受压柱内纵向受力钢筋的作用，是与混凝土共同承担中心荷载在截面内产生的压应力；而偏心受压柱内的纵向受力钢筋，不但要承担压应力，还要承受由偏心荷载引起弯矩而产生的拉应力。

纵向受力钢筋的直径不宜小于12mm，一般在12～32mm范围内选用。柱内纵向受力钢筋的数量不得少于4根。

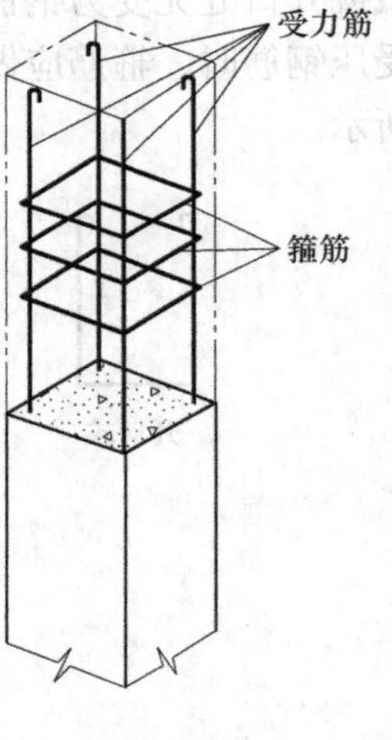

图1-26　柱内配筋

（2）箍筋　它的作用是保证柱内受力钢筋位置正确，间距符合设计要求，防止受力钢筋被压弯曲，从而提高柱子的承载力。

柱中的周边箍筋应为封闭式，其直径不应小于$d/4$（d为纵向受力钢筋的最大直径），且不应小于6mm。

五、混凝土保护层和钢筋弯钩

1. 混凝土保护层

结构构件中，钢筋外边缘至构件表面范围用于保护钢筋的混凝土，简称保护层。它主要起到防腐蚀、防火以及加强钢筋与混凝土的粘结力的作用，钢筋外边缘至混凝土表面的距离称为混凝土保护层厚度。根据钢筋混凝土结构设计规范规定，构件中受力钢筋的保护层厚度不应小于钢筋的公称直径。设计使用年限为

50 年的混凝土结构，最外层钢筋的保护层厚度应符合表 1-2 的规定，设计使用年限为 100 年的混凝土结构，最外层钢筋的保护层厚度不应小于表 1-2 中数值的 1.4 倍，混凝土结构暴露的环境类别划分参照表 1-3。

表 1-2　混凝土保护层最小厚度　（单位：mm）

环境类别		板、墙、壳	梁、柱、杆
一		15	20
二	a	20	25
	b	25	35
三	a	30	40
	b	40	50

注：1. 混凝土强度等级不大于 C25 时，表中保护层数值应增加 5mm。

2. 钢筋混凝土基础宜设置混凝土垫层，基础中钢筋的混凝土保护层厚度应从垫层顶面算起，且不应小于 40mm。

表 1-3　混凝土结构的环境类别

环境类别		条　　件
一类		室内干燥环境；无侵蚀性静水环境
二类	a	室内潮湿环境；非严寒和非寒冷地区的露天环境；非严寒和非寒冷地区的露天环境与无侵蚀性的水或土壤直接接触的环境；严寒和寒冷地区的冰冻线以下与无侵蚀性的水或土壤直接接触的环境
	b	干湿交替环境；水位频繁变动的露天环境；严寒和寒冷地区的露天环境；严寒和寒冷地区冰冻线以上与无侵蚀性的水或土壤直接接触的环境
三类	a	严寒和寒冷地区冬季水位变动区环境；受除冰盐影响环境；海风环境
	b	盐渍土环境；受除冰盐作用环境；海岸环境
四类		海水环境
五类		受人为或自然的侵蚀性物质影响的环境

注：1. 室内潮湿环境是指构件表面经常处于结露或湿润状态的环境。

2. 严寒和寒冷地区的划分应符合国家现行标准《民用建筑热工设计规范》GB50176 的有关规定。

3. 海岸环境和海风环境宜根据当地情况，考虑主导风向及结构所处迎风、背风部位等因素的影响，由调查研究和工程经验确定。

4. 受除冰盐影响环境是指受到除冰盐盐雾影响的环境；受除冰盐作用环境是指被除冰盐溶液溅射的环境以及使用除冰盐地区的洗车房、停车楼等建筑。

5. 暴露环境是指混凝土结构表面所处的环境。

2. 钢筋弯钩

如果受力钢筋为光圆钢筋，则两端需要弯钩，以加强钢筋与混凝土的粘结力，避免钢筋在受拉时滑动。带肋钢筋与混凝土的粘结力强，两端不必加弯钩。

常见的几种弯钩形式如图1-27所示。

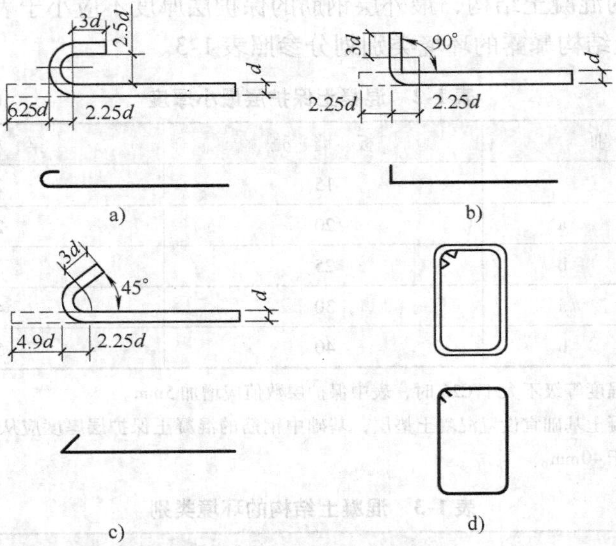

图1-27　常见的钢筋弯钩形式

a）180°弯钩　b）90°弯钩　c）135°弯钩　d）箍筋

复习思考题

1. 什么叫力？力的三要素是什么？
2. 什么叫力矩？如何计算？
3. 什么叫力偶？
4. 建筑结构荷载分为哪几类？请举例说明。
5. 支座的构造由哪些类型？各有什么特点？
6. 什么叫受力图？
7. 为什么钢筋和混凝土两种物理、力学性质完全不同的材料能在一起共同作用？
8. 试阐述梁、板、柱等钢筋混凝土构件中的钢筋分类及其所起的作用。
9. 试阐述钢筋混凝土保护层的作用。
10. 为什么采用钢筋制作构件时，有的钢筋端部要做弯钩，而有的钢筋端部可不做弯钩？

第二章

识图基本知识

培训学习目标 能正确识别图样中的各种符号、图例、线型，能读懂矩形截面简支梁、单双向板、构造柱等结构构件的钢筋混凝土施工图，并能正确区分构件中的各种钢筋所起的作用。

第一节 建筑制图基础知识

为了统一建筑工程制图规范，保证制图质量，提高制图效率，做到图面清晰和简明，符合设计、施工、存档的要求，适应工程建设的需要，国家颁布了《房屋建筑制图统一标准》（GB/T 50001—2010）、《建筑制图标准》（GB/T 50104—2010）、《建筑结构制图标准》（GB/T 50105—2010）等一系列推荐性制图标准。

一、图纸幅面规格

1. 图纸幅面

国标对图纸幅面制定了五种规格（见图 2-1 及表 2-1）。在每张图样上应按规定画出图框、对中标志、标题栏和会签栏。

表 2-1 幅面及图框尺寸

幅面代号 尺寸代号	A0	A1	A2	A3	A4
$b \times l$	841×1189	594×841	420×594	297×420	210×297
c	10			5	
a	25				

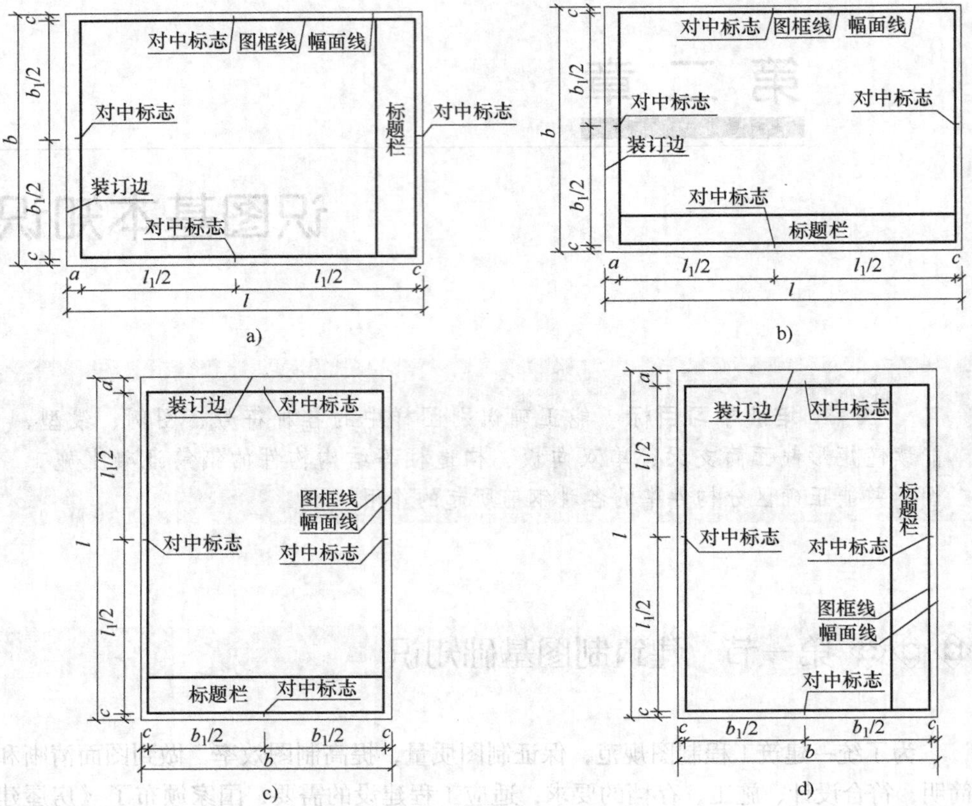

图 2-1 图纸规格
a）A0 ~ A3 横式幅面（一） b）A0 ~ A3 横式幅面（二）
c）A0 ~ A4 立式幅面（一） d）A0 ~ A4 立式幅面（二）

2. 标题栏

在每张图纸的右下角都有一个表格，称为标题栏（简称图标），其具体位置如图 2-1 所示。标题栏内依次标明工程设计单位名称、注册师签章、项目经理签章、修改记录、工程名称、图名、图号和会签栏等内容。

二、比例和图名

工程构筑物有的大有的小，是无法按实际的大小作图的，这就需要根据图样的用途及被绘制对象的复杂程度，选择一个适当的绘图比例，即图形与实物相对应的线性尺寸之比。比例的大小，是指其比值的大小，如 1∶50 大于 1∶100。

比例宜注写在图名的右侧，字的基准线应取平；比例的字高宜比图名的字高小一号或二号，如图 2-2 所示。当整张图样的图形采用一个比例时，可将比例统一注写在标题栏内。

图 2-2 比例

三、各种符号

1. 剖切符号

剖切符号是在平面图中表示剖面、断面的剖切位置的符号。

1）剖视的剖切符号应由剖切位置线及投射方向线组成，均应以粗实线绘制。剖切位置线的长度宜为 6 ~ 10mm；投射方向线应垂直于剖切位置线，长度应短于剖切位置线，宜为 4 ~6mm（见图 2-3a）。绘制时，剖视的剖切符号不应与其他图线相接触。

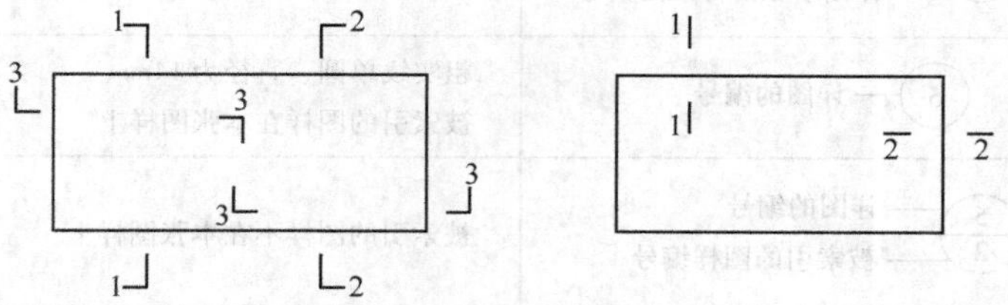

a) b)

图 2-3 剖切符号

a）剖视的剖切符号 b）断面的剖切符号

剖视剖切符号的编号宜采用阿拉伯数字，按顺序由左至右、由下至上连续编排，并应注写在剖视方向线的端部。需要转折的剖切位置线，应在转角的外侧加注与该符号相同的编号。建（构）筑物剖面图的剖切符号宜注在 ±0.00 标高的平面图上。

2）断面的剖切符号应只用剖切位置线表示，并应以粗实线绘制，长度宜为 6 ~ 10mm。编号宜采用阿拉伯数字，并应注写在剖切位置线的一侧，编号所在的一侧应为该断面的剖视方向，如图 2-3b 所示。

2. 索引符号与详图符号

图样中某一局部或某一构件需另外绘制局部放大或剖切放大的详图时，应在原图样中绘制索引符号，并指明详图所表示的部位、详图编号和详图所在图样的编号。索引符号和详图符号的编号必须对应一致。索引符号和详图符号的绘制及标注规定见表 2-2。

表 2-2　索引符号与详图符号

名称	符　　号	说　　明
详图的索引标志	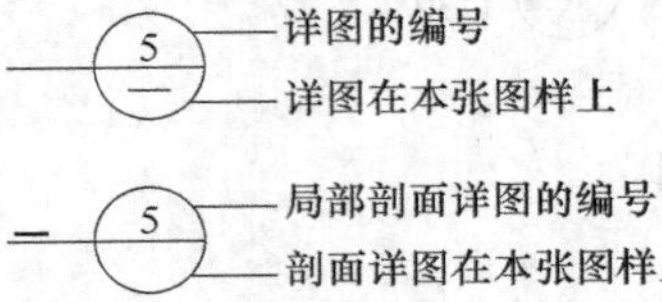	细实线单圆、直径为 10mm 详图在本张图样上
	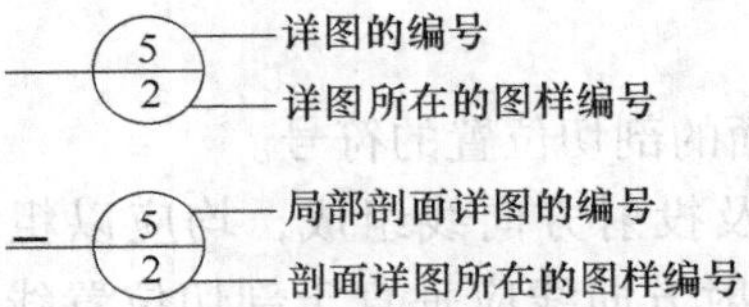	详图不在本张图样上
	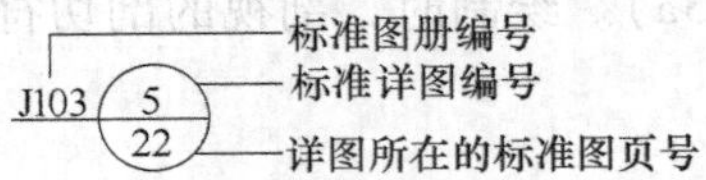	索引标准图册的详图
详图的标志	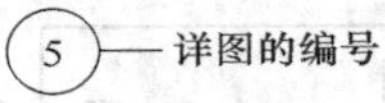	粗实线单圆、直径为 14mm 被索引的图样在本张图样上
	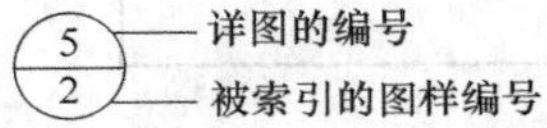	被索引的图样不在本张图样上

四、定位轴线及编号

建筑物中的承重墙、柱、梁、屋架等主要承重构件，均应画上轴线以确定其位置，并进行编号，作为设计和施工中定位、放线的重要依据。轴线用细点画线表示，定位轴线的编号注写在定位轴线端部的圆内，圆应用细实线绘制，直径为 8～10mm。

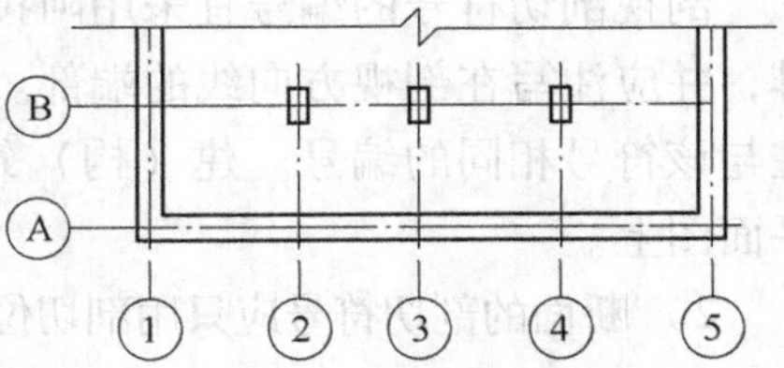

图 2-4　定位轴线及编号

平面图上定位轴线的编号，宜标注在图样的下方与左侧。横向编号应用阿拉伯数字，从左至右顺序编写；竖向编号应用大写拉丁字母，从下至上顺序编写，如图 2-4 所示。

其中 I、O、Z 不用，以免与阿拉伯数字 1、0、2 混清

五、尺寸

图样上标注的尺寸，由尺寸界线、尺寸线、尺寸起止符号和尺寸数字等内容组成，如图 2-5 所示。尺寸界线应用细实线绘制，一般应与被注长度垂直，其一端应离开图样轮廓线不小于 2mm，另一端应超出尺寸线 2 ~ 3mm。图样轮廓线可用作尺寸界线。尺寸线应用细实线绘制，应与被注长度平行。图样本身的任何图线均不得用作尺寸线。尺寸起止符号一般用中粗斜短线绘制，其倾斜方向应与尺寸界线成顺时针 45°角，长度宜为 2 ~ 3mm。半径、直径、角度与弧长的尺寸起止符号，宜用箭头表示。

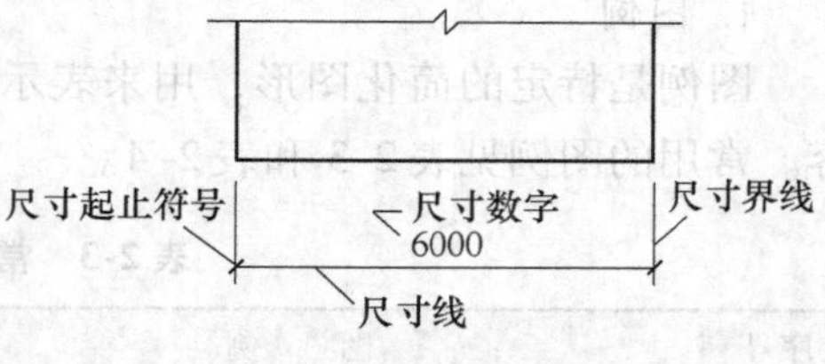

图 2-5 尺寸的组成

图样上的尺寸应以尺寸数字为准，不得从图上直接量取，图样上的尺寸单位，除标高及总平面图以米（m）为单位外，其他必须以毫米（mm）为单位。

六、标高

标高是标注建筑物高度的一种形式，符号用等腰直角三角形，如图 2-6 所示。标高数字应以米（m）为单位，注写到小数点以后第三位，即准确到毫米（mm）。在总平面图中，可注写到小数字点以后第二位。零点标高应注写成 ±0.000，正数标高不注“+”，负数标高应注“-”，例如，3.000、-0.600。

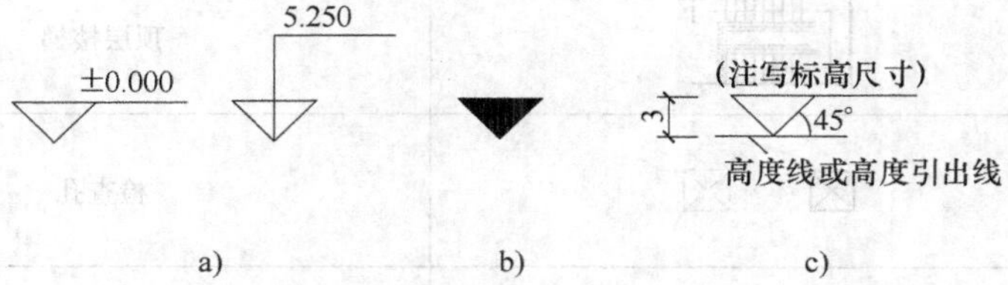

图 2-6 标高符号
a）一般标高符号 b）室外地坪标高符号 c）标高画法

按标高所处的部位分为建筑标高（标注在建筑物面层处的标高）和结构标高（标注在结构层处的标高）两类。

按标高基准面的选定不同可分为绝对标高和相对标高两种。

绝对标高是把我国青岛黄海平均海平面作为定位绝对标高的零点，其他各地都以它为基准，而得到的高度数值称为绝对标高。

相对标高是以建筑物底层室内主要地坪为相对标高的零点，用 ±0.000 表示，其他各部位都以它为基准，而得到的高度数值称为相对标高。每个单体建筑物都应有它自己的相对标高。

七、图例、构件代号

1. 图例

图例是特定的简化图形，用来表示图中不同种类的材料、构造与配件等内容。常用的图例见表2-3和表2-4。

表2-3　常用建筑图例

序号	图　　例	名　　称
1		墙体
2		隔断
3		栏杆
4	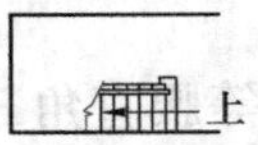	底层楼梯
5	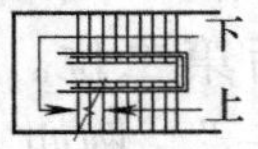	中间层楼梯
6	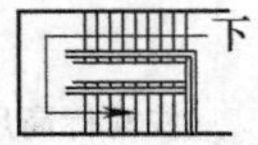	顶层楼梯
7		检查孔
8		孔洞
9	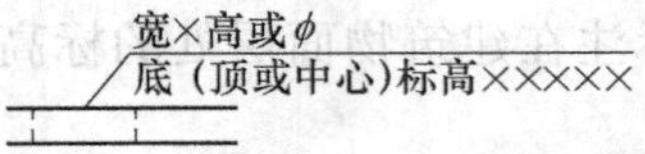	墙预留洞
10	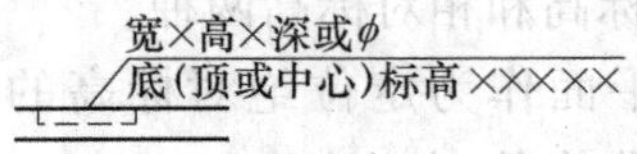	墙预留槽
11	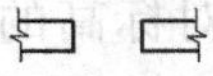	空门洞

（续）

序号	图 例	名 称
12	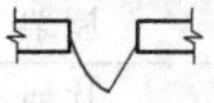	单扇门
13		双扇门
14	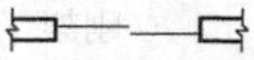	推拉门
15		对开折叠门
16	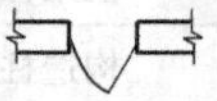	单扇双面弹簧门
17		单层固定窗
18		高窗

表 2-4 常用建筑材料图例

序号	图 例	名 称	序号	图 例	名 称
1		自然土壤	7	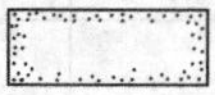	砂、灰土
2		夯实土壤	8		普通砖
3	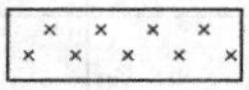	石膏板	9		耐火砖
4		玻璃	10	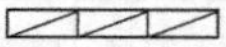	空心砖
5		石材	11	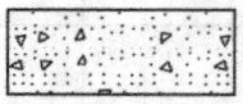	混凝土
6		毛石	12	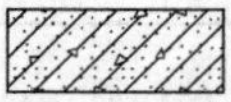	钢筋混凝土

2. 构件代号

在结构施工图中需要注明构件的名称，常采用代号表示。构件的代号通常用构件名称的汉语拼音第一个大写字母表示。表 2-5 是常用构件代号。

表2-5 常用结构构件代号

序号	名称	代号	序号	名称	代号
1	板	B	28	屋架	WJ
2	屋面板	WB	29	托架	TJ
3	空心板	KB	30	天窗架	CJ
4	槽形板	CB	31	框架	KJ
5	折板	ZB	32	刚架	GJ
6	密肋板	MB	33	支架	ZJ
7	楼梯板	TB	34	柱	Z
8	盖板或沟盖板	GB	35	框架柱	KZ
9	挡雨板或檐口板	YB	36	构造柱	GZ
10	吊车安全走道板	DB	37	承台	CT
11	墙板	QB	38	设备基础	SJ
12	天沟板	TGB	39	桩	ZH
13	梁	L	40	挡土墙	DQ
14	屋面梁	WL	41	地沟	DG
15	吊车梁	DL	42	柱间支撑	ZC
16	单轨吊车梁	DDL	43	垂直支撑	CC
17	轨道连接	DGL	44	水平支撑	SC
18	车挡	CD	45	梯	T
19	圈梁	QL	46	雨篷	YP
20	过梁	GL	47	阳台	YT
21	连系梁	LL	48	梁垫	LD
22	基础梁	JL	49	预埋件	M
23	楼梯梁	TL	50	天窗端壁	TD
24	框架梁	KL	51	钢筋网	W
25	框支梁	KZL	52	钢筋骨架	G
26	屋面框架梁	WKL	53	基础	J
27	檩条	LT	54	暗柱	AZ

八、钢筋一般表示方法

（1）图线　在绘制施工图时，通过使用不同的线型和不同粗细的图线，来表达图中不同的内容。为了突出表示钢筋的配置情况，把钢筋画成粗实线，构件的外形轮廓画成细实线。绘制建筑结构施工图时，选用表2-6所示的图线。

表 2-6　图线

名称		线　型	线宽	一 般 用 途
实线	粗		b	螺栓、主钢筋线、结构平面图中的单线结构构件线、钢木支撑及系杆线，图名下划线、剖切线
	中		$0.5b$	结构平面图及详图中剖到或可见的墙身轮廓线、基础轮廓线、钢、木结构轮廓线、箍筋线、环筋线
	细		$0.25b$	可见的钢筋混凝土构件的轮廓线、尺寸线、标注引出线、标高符号、索引符号
虚线	粗		b	不可见的钢筋、螺栓线，结构平面图中的不可见的单线结构构件线及钢、木支撑线
	中		$0.5b$	结构平面图中的不可见构件、墙身轮廓线及钢、木构件轮廓线
	细		$0.25b$	基础平面图中的管沟轮廓线、不可见的钢筋混凝土构件轮廓线
单点长画线	粗		b	柱间支撑、垂直支撑、设备基础轴线图中的中心线
	细		$0.25b$	定位轴线、对称线、中心线
双点长画线	粗		b	预应力钢筋线
	细		$0.25b$	原有结构轮廓线
折断线			$0.25b$	断开界线
波浪线			$0.25b$	断开界线

（2）钢筋代号　常用钢筋代号见表 2-7。

表 2-7　常用钢筋代号

钢筋种类		代　号	钢筋种类			代　号
热轧钢筋	HPB235 HPB300	Φ	预应力钢筋	消除预应力钢丝	光面	$Φ^{P}$
	HRB335 HRBF335	Φ $Φ^{F}$			螺旋肋	$Φ^{H}$
	HRB400 HRBF400 RRB400	Φ $Φ^{F}$ $Φ^{R}$			刻痕	$Φ^{I}$
	HRB500 HRBF500	Φ $Φ^{F}$		热处理钢筋	40Si2Mn 48Si2Mn 45Si2Cr	$Φ^{HT}$
预应力钢筋	钢绞线	$Φ^{S}$				

（3）钢筋图例　一般钢筋图例见表2-8。钢筋网片图例见表2-9。钢筋焊接接头图例见表2-10。

表2-8　一般钢筋图例

序号	名　称	图　例	说　明
1	钢筋横断面		—
2	无弯钩的钢筋端部		下图表示长、短钢筋投影重叠时，短钢筋的端部用45°斜线表示
3	带半圆形钩的钢筋端部		—
4	带直钩的钢筋端部		—
5	带螺纹的钢筋端部		—
6	无弯钩的钢筋搭接		—
7	带半圆弯钩的钢筋搭接		—
8	带直钩的钢筋搭接		—
9	花篮螺纹钢筋接头	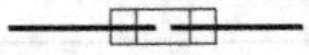	—
10	机械连接的钢筋接头		用文字说明机械连接的方式（或冷挤压或锥螺纹等）

表2-9　钢筋网片图例

序号	名　称	图　例
1	一片钢筋网平面图	
2	一行相同的钢筋网平面图	

注：用文字注明焊接网或绑扎网。

表2-10　钢筋焊接接头的画法

序号	名　称	接头型式	标注方法
1	单面焊接的钢筋接头	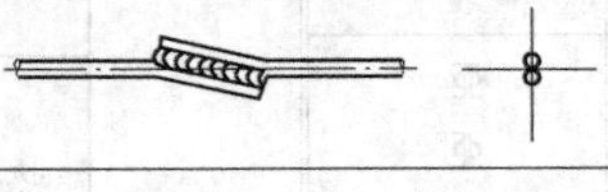	
2	双面焊接的钢筋接头	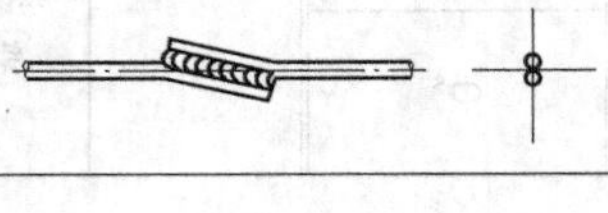	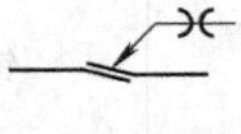

（续）

序号	名　　称	接头型式	标注方法
3	用帮条单面焊接的钢筋接头	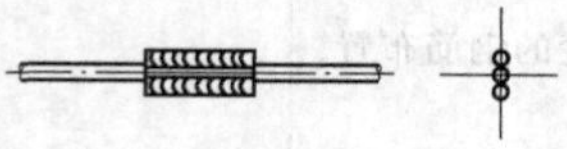	
4	用帮条双面焊接的钢筋接头	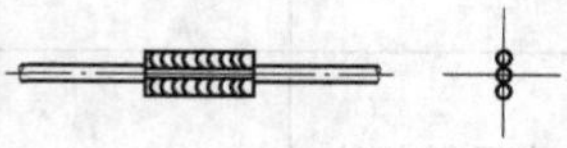	
5	接触对焊的钢筋接头（闪光焊、压力焊）	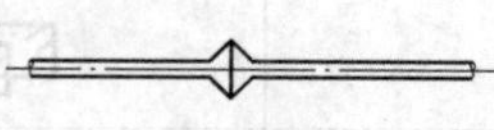	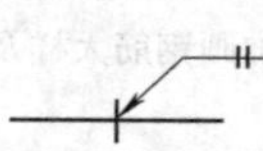
6	坡口平焊的钢筋接头	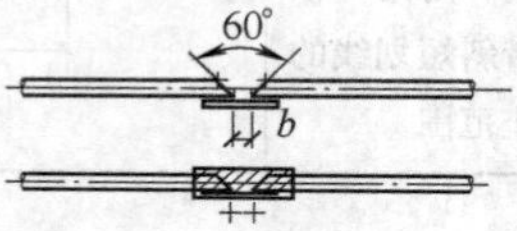	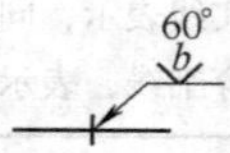
7	坡口立焊的钢筋接头	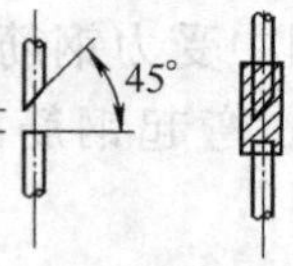	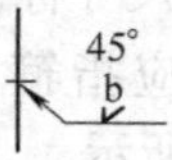
8	用角钢或扁钢做连接板焊接的钢筋接头	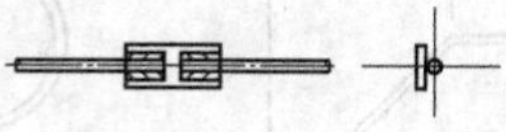	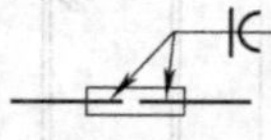
9	钢筋或螺（锚）栓与钢板穿孔塞焊的接头	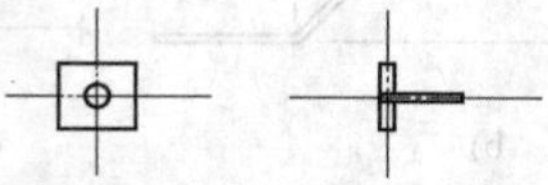	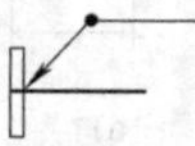

（4）钢筋画法　钢筋的画法见表2-11。

表2-11　钢筋画法

序号	说　　明	图　　例
1	在结构平面图中配置双层钢筋时，底层钢筋的弯钩应向上或向左，顶层钢筋的弯钩应向下或向右	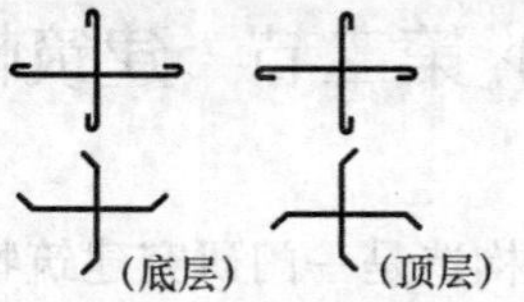
2	钢筋混凝土墙体配双层钢筋时，在配钢筋立面图中，远面钢筋的弯钩应向上或向左，而近面钢筋的弯钩向下或向右（JM近面，YM远面）	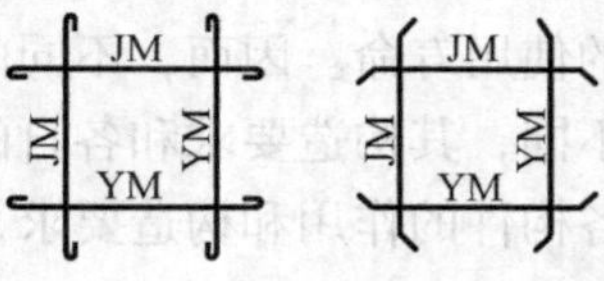

（续）

序号	说　明	图　例
3	若在断面图中不能表达清楚的钢筋布置，应在断面图外增加钢筋大样图（如：钢筋混凝土墙，楼梯等）	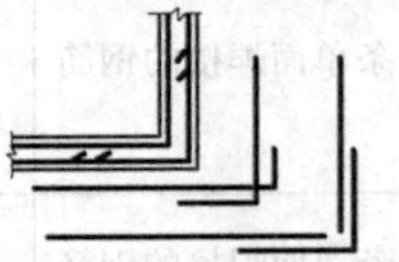
4	图中表示的箍筋、环筋等若布置复杂时，可加画钢筋大样及说明	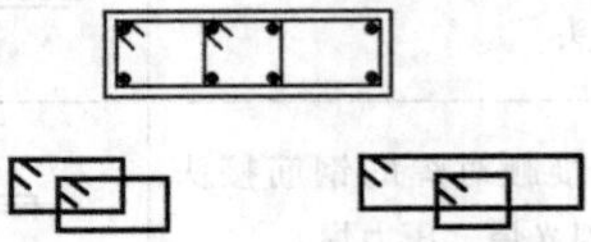
5	每组相同的钢筋、箍筋或环筋，可用一根粗实线表示，同时用一根两端带斜短划线的横穿细线，表示其余钢筋及起止范围	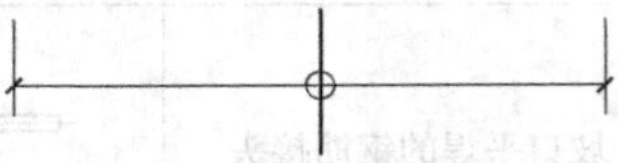

（5）尺寸标注　构件配筋图中受力钢筋的尺寸按外皮尺寸标注。箍筋的长度尺寸，应指箍筋的里皮尺寸。弯起钢筋的高度尺寸应指钢筋的外皮尺寸，如图 2-7 所示。

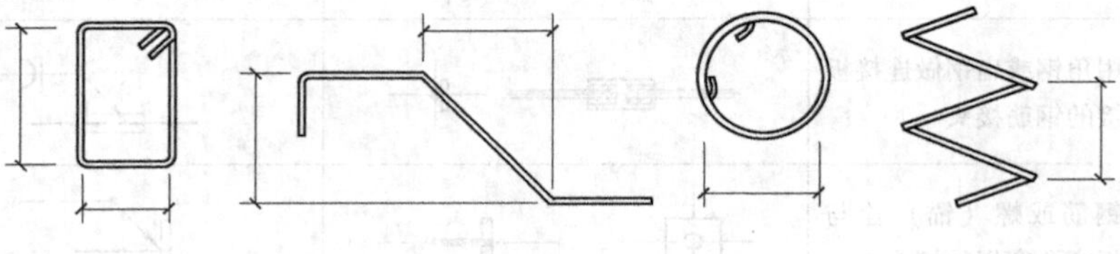

a)　b)　c)　d)

图 2-7　钢筋尺寸标注方法

a）箍筋尺寸标注图　b）弯起钢筋标注图

c）环型钢筋尺寸标注图　d）螺旋钢筋尺寸标注图

第二节　建筑构造的基本知识

建筑构造是一门研究建筑物各组成部分的构造原理和构造方法的学科；合理的建筑构造方案，不仅能提高建筑物抵御自然界各种因素影响的能力，还能延长建筑物的使用寿命。因而，不同的建筑物其构件的组成则不同，而根据构件所处的部位不同，其构造要求和各自的作用也不尽相同。作为钢筋工，了解建筑物的组成及各构件的作用和构造要求，有利于钢筋加工和制作。

供人们生产、生活、学习、居住以及从事各种文化活动的房屋称为建筑物；

水池、水塔、支架、烟囱等间接为人们提供服务的设施称为构筑物。

一、建筑分类

常见的建筑物的分类方法有以下四种：

1. 按使用功能分

（1）民用建筑　是可供人们工作、学习、生活、居住的建筑，其中又包括居住建筑和公共建筑。前者包括住宅、宿舍、招待所等，后者包括办公、科教、文体、商业建筑等。

（2）工业建筑　是指各类生产用房和为生产服务的附属用房。其中包括用于重工业生产的单层工业厂房，用于轻工业生产的多层工业厂房，用于化工生产的层次混合的工业厂房。

（3）农业建筑　是可供农业生产使用的房屋，如种子库、拖拉机站等。

2. 按结构类型分

（1）砌体结构　这种结构一般用在多层建筑中，竖向承重构件是用粘土砖、粘土多孔砖或钢筋混凝土小型砌块砌筑的墙体，水平承重构件是钢筋混凝土楼板或屋面板。

（2）框架结构　这种结构可以用在多层和高层建筑中，由钢筋混凝土或钢材制成的梁、板、柱承重，墙体只起围护和分隔作用。

（3）钢筋混凝土板墙结构　这种结构一般用在多层和高层建筑中，竖向和水平承重构件均采用钢筋混凝土制成，可以在现场浇筑，或在预制构件厂预制、现场吊装。

（4）特种结构　这种结构一般用在大跨度的公共建筑中，通常又称为空间结构，它包括悬索、网架、拱体、壳体等形式。

3. 按建筑层数或总高度分

通常情况下，建筑物的分类还可以综合考虑建筑层数和总高度：

（1）居住建筑　1～3层为低层；4～6层为多层；7～9层为中高层；10层及以上为高层。

（2）公共建筑及综合性建筑　总高不超过24m的为多层，超过24m为高层。

（3）高层建筑　高层建筑被联合国经济事务部分为以下四种类型：

1）低高层建筑：层数为9～16层，建筑总高度为50m以下。

2）中高层建筑：层数为17～25层，建筑总高度为50～70m。

3）高高层建筑：层数为26～40层，建筑总高度可达到100m。

4）超高层建筑：层数为40层以上，建筑总高度在100m以上。

4. 按施工方法分

根据所采用的施工方法的不同，建筑物又可分为以下三种：

（1）现浇整体式　它的特点是主要构件均在施工现场浇筑。

（2）预制装配式　它的特点是主要构件在预制构件厂预制，在施工现场安装。

（3）预制和现浇（砌筑）相结合　它的特点是部分构件在现场浇筑（砌筑）；部分构件在预制构件厂制作，现场安装。

二、民用建筑的构造组成

民用建筑通常是由基础、墙体或柱、楼板层、楼梯、屋顶、地坪、门窗等主要部分组成，如图2-8所示。它们在建筑的不同部位，发挥着不同的作用。建筑除了上述的几个主要组成部分之外，往往还有一些附属的构件和配件，如阳台、雨篷、台阶、散水、通风道等。这些构配件也可以称为建筑的次要组成部分。

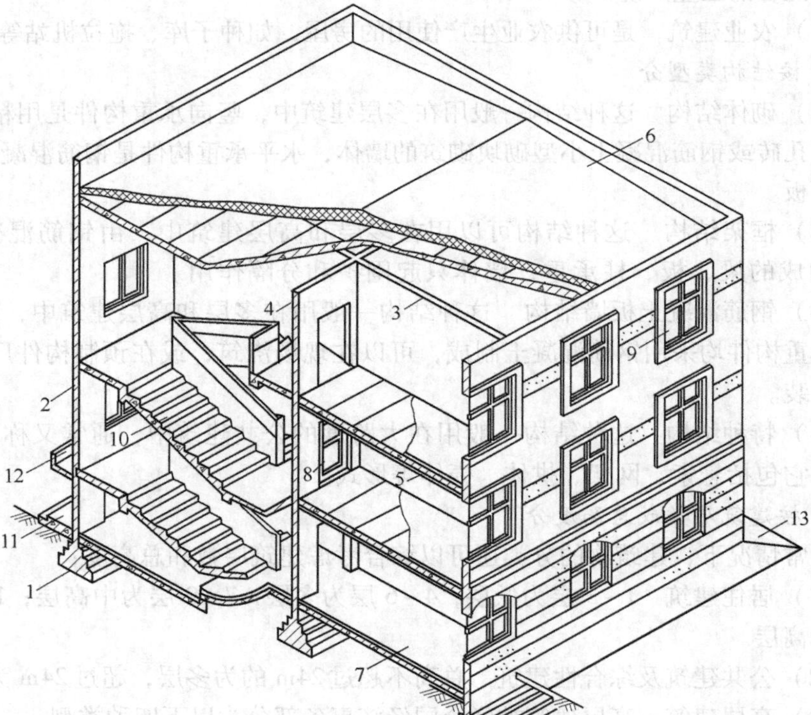

图2-8　民用建筑的构造组成

1—基础　2—外墙　3—内横墙　4—内纵墙　5—楼板　6—屋顶　7—地坪　8—门　9—窗　10—楼梯　11—台阶　12—雨篷　13—散水

1. 基础

基础是建筑物最底部的承重构件，承担建筑的全部荷载，并要把这些荷载有效地传给地基。基础是建筑物得以立足的根基，是建筑的重要组成部分。由于基础埋置于地下，属于建筑的隐蔽部分，安全程度要求较高。因此，应具有足够的强度、刚度及耐久性，并能抵抗地下各种不良因素的侵袭。

2. 墙体和柱

1）墙体是建筑物的承重和围护构件。外墙应具有围护功能，要具有抵御自然界各种因素对室内侵袭的能力；内墙起到在水平方向划分建筑内部空间的作用。墙体在具有承重作用时，它承担屋顶和楼板层传来的荷载，是建筑最主要的竖向承重构件，并把荷载传递给基础。因此，墙体应具有足够的强度、稳定性、良好的热工性能及防火、隔声、防水、耐久性能。便于施工性和经济性也是衡量墙体性能的重要指标。

2）柱也是建筑物的承重构件，除了不具备围护和分隔的作用之外，其他要求与墙体相差不多。

3. 屋顶

屋顶是建筑物顶部起承重和围护作用的构件，一般由屋面、保温（隔热）层和承重结构三部分组成。

1）承重结构要满足承担屋面和自重的要求。

2）屋面和保温（隔热）层则应具有能够抵御自然界不利因素侵袭的能力。

3）屋顶被称为建筑的“第五立面”，是建筑外观的重要组成部分，其外观形象也应得到足够的重视。

4. 门窗

（1）门　门是人及家具设备进出建筑或房间的通道，同时还兼有分隔房间、采光通风和围护的作用。门要满足交通和疏散的要求，因此应有足够的宽度和高度，其数量、位置和开启方式也应符合相关规范的要求。

（2）窗　窗的作用主要是采光和通风，同时也是围护结构的作用，在建筑的立面形象中也占有相当重要的地位。由于制作窗的材料往往比较脆弱和单薄，造价较高，同时窗又是围护结构的薄弱环节，因此在寒冷和严寒地区应合理地控制窗的面积。改善窗的热工性能，也是建筑节能的重要内容。

5. 地坪和地面

地坪是建筑底层房间与下部土层相接触的部分，它承担着底层房间的地面荷载。由于地坪下面往往是夯实的土壤，所以强度要求比楼板低。地坪面层直接同人及家具设备接触，要具有良好的耐磨、防潮及防水、保温的性能。在潮湿地区的建筑往往把地坪架空设置，此时地坪的要求与楼板差不多。

6. 楼板层

楼板层是楼房建筑中的水平承重构件，同时还兼有在竖向划分建筑内部空间的功能。楼板承担建筑的楼面荷载，并把这些荷载传给墙或梁。在一些建筑中，楼板还对墙体起到水平支撑作用。楼板层应具有足够的强度、刚度，并应具备相当的防火、防水、隔声的能力。

7. 楼梯

楼梯是楼房建筑中联系各楼层的垂直交通设施，在平时供人们交通使用，在特殊情况下供人们紧急疏散。楼梯虽然不是建造房屋的目的所在，但由于它关系到建筑使用的安全性，因此在宽度、坡度、数量、位置、平面形式、细部构造及防火性能等诸方面均有严格的要求。虽然在许多建筑中垂直交通已经主要依靠电梯和自动扶梯，但楼梯仍然不可或缺。

三、工业建筑的构造组成

工业厂房有多层厂房和单层厂房，单层工业厂房应用较为广泛。这里主要介绍钢筋混凝土单层厂房。

单层厂房主要由屋盖结构、横向平面排架、纵向平面排架、吊车梁、支撑、基础和围护等构件组成。单层厂房的各部分构件如图2-9所示。

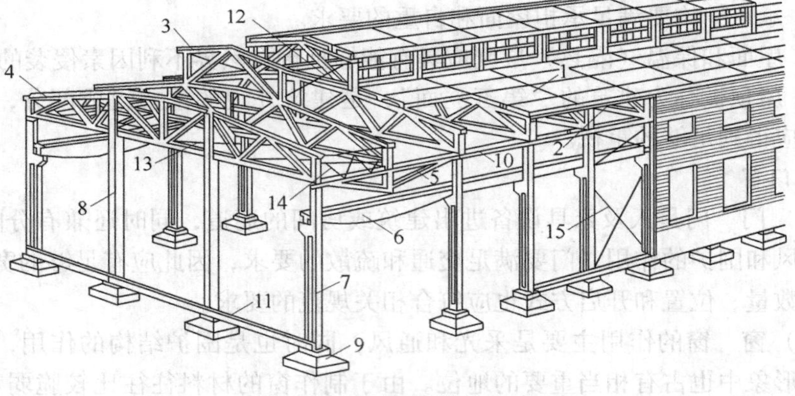

图2-9 单层厂房结构组成

1—屋面板 2—天沟板 3—天窗架 4—屋架 5—托架 6—吊车梁
7—排架柱 8—抗风柱 9—基础 10—连系梁 11—基础梁
12—天窗架垂直支撑 13—屋架下弦横向水平支撑
14—屋架端部垂直支撑 15—柱间支撑

1. 横向排架

横向排架包括屋架（或屋面梁）、柱子和桩基础等构件，是厂房的基本承重构件。横向排架的作用是承受屋盖、天窗、外墙及吊车等荷载。因此，可将屋架视为刚度很大的横梁，屋架与桩的连接为铰连接，柱与基础的连接为刚性连接。

2. 纵向连系构件

纵向连系构件包括吊车梁、基础梁、连系梁、大型屋面板等构件。纵向连系构件的主要作用，是保证横向排架的稳定性，并将作用在山墙上的风力和吊车纵向制动力传给柱子。纵向连系构件应分别满足强度、刚度、抗裂度以及抗疲劳强度等要求。

3. 支撑系统

支撑系统包括屋盖支撑和柱间支撑两大部分。支撑系统的作用，是保证厂房结构和构件的承载力、稳定性和刚度，并传递部分水平荷载。支撑应满足结构要求，合理地布置。

4. 围护构件

围护构件包括屋面、外墙、天窗和地面等构件。围护构件除了具有民用建筑相应构件的功能外，还应起到满足生产工艺要求和提供良好的工作条件的作用。围护构件应分别满足刚度、稳定性、排水、防水、采光通风等要求。

第三节　建筑工程图的识读

建筑工程图是一种能够准确地表达出建筑物的功能布局、形状和尺寸大小、建筑构造作法，结构构件布置、结构构造及设备管线安装的图样，是沟通设计和施工的桥梁。钢筋工要完成钢筋工程中的钢筋加工、绑扎与安装等工序，首先要掌握一定的制图基本知识，能够看懂施工图。

一套建筑工程施工图样，是由建筑施工图、结构施工图和设备（给水、排水、采暖通风和电气）施工图三大部分组成。

一、建筑工程施工图的识读方法

建筑施工图的识读方法可归纳为：总体了解；由粗到细、顺序识读；前后对照；重点细读。

1. 总体了解

一般先看图样目录、总平面图和设计说明，了解工程概况，如工程设计单位、建设单位、新建房屋的位置、高程、朝向、周围环境等。对照目录检查图样是否齐全，采用了哪些标准图集，并备齐这些标准图集。然后看建筑平面图、立面图和剖面图，大体上想象一下建筑物的立体形象及内部布置。

2. 由粗到细、顺序识读

在总体了解建筑物的概况以后，要根据图样编排施工的先后顺序，从大到小、由略到详，按建筑施工图、结构施工图、设备施工图的顺序仔细阅读各有关图样。

3. 前后对照

读图时，要注意平面图与剖面图对照读，平、立、剖面图与详图对照读，建筑施工图与结构施工图对照读，土建施工图与设备施工图对照读，做到对整个工程心中有数。

4. 重点细读

根据工种的不同，对有关专业施工图的新构造、新工艺、新技术有重点的仔细阅读，并将遇到的问题记录下来，及时与设计部门沟通。

结构施工图中，钢筋混凝土构件图是钢筋翻样、制作、绑扎、现场制模、浇捣混凝土的依据。作为钢筋工应对钢筋混凝土构件详图重点阅读。

要想熟练地识读施工图，除了要掌握投影原理、熟习国家制图标准和有关标准图集外，还必须要掌握各专业施工图的用途、图示内容和表达方法。此外，还要经常深入现场，图样和实物对照，这也是提高识图能力的一个重要方法。

二、建筑施工图的识读

建筑施工图主要说明建筑物的总体布局、外部造型、内部布置、细部构造、装饰装修和施工要求等，其图样主要包括设计说明及总平面图、建筑平面图、建筑立面图、建筑剖面图和建筑详图等。

1. 建筑平面图的识读

建筑平面图，是在建筑物的门、窗、洞口处水平剖切俯视（屋顶平面图应在屋面以上俯视）图，也就是假想用水平的剖切平面在窗台上方把整幢房屋剖开，移去上面部分后的正投影图。

建筑平面图主要表示建筑物的平面形状、水平方向各部分（如入口、走廊、楼梯、房间、阳台等）的布置和组合关系、门窗位置、墙和柱的布置、其他建筑构配件的位置和大小等，如图2-10所示。

建筑平面图的主要内容：

1）层次，图名，比例。

2）纵横定位轴线及其编号。

3）各房间的组合和分隔，墙、柱的断面形状及尺寸等。

4）门窗布置及其型号，楼梯的走向和级数。

5）室内外设备及设施的位置、形状和尺寸。

6）标注出平面图中应标注的尺寸和标高。

7）剖切符号，详图索引符号。

8）施工说明。

2. 建筑立面图的识读

建筑立面图是平行于建筑物各方向外墙面的正投影图，用来表示建筑物的体型和外貌，并表示外墙装饰要求的图样，如图2-11所示。

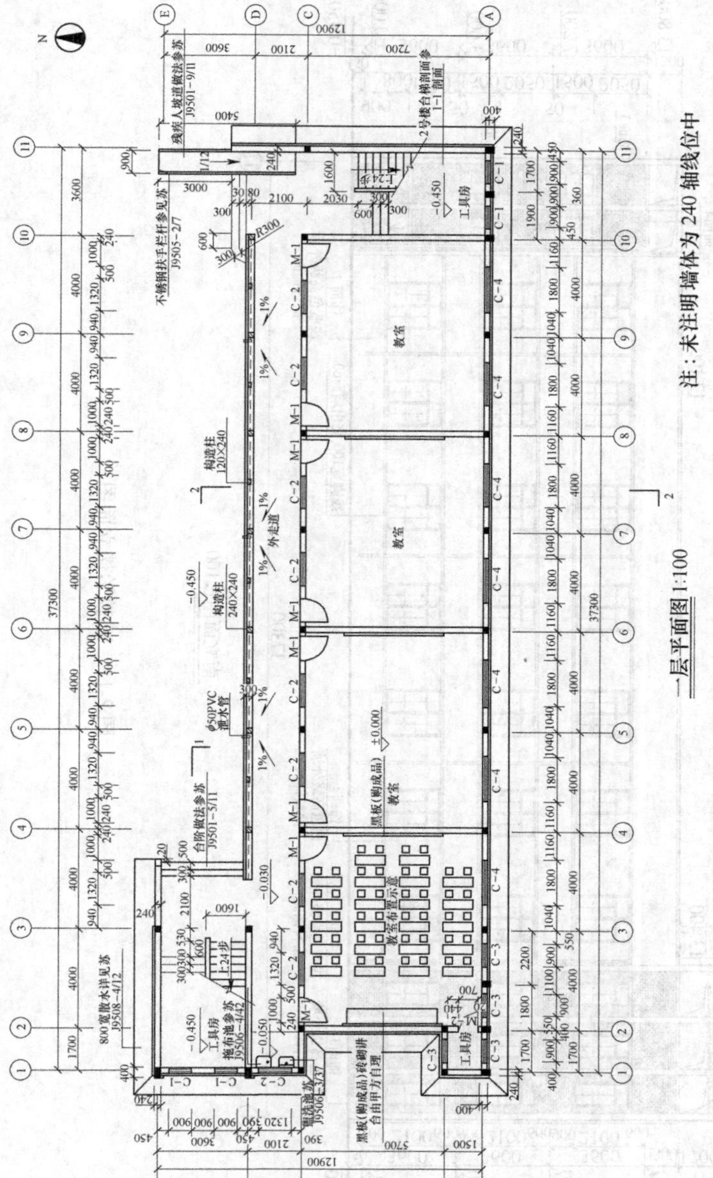

图 2-10　某教学楼一层平面图

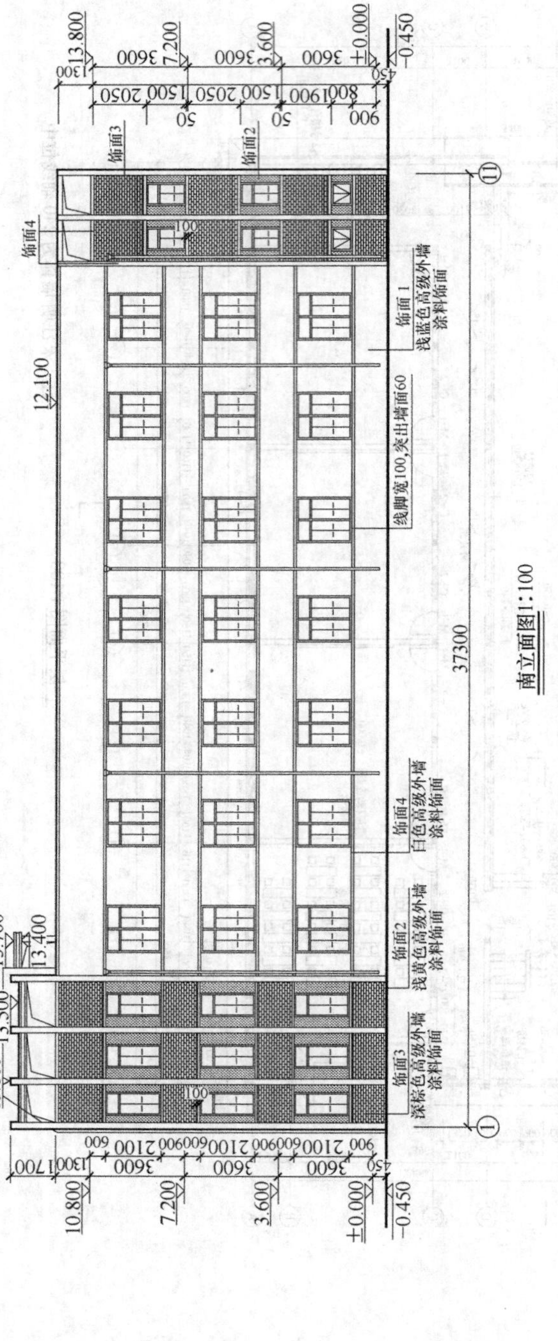

图 2-11　某教学楼立面图

建筑立面图的主要内容：

1）图名，比例。

2）立面图两端的定位轴线及其编号。

3）门窗、台阶、雨篷、窗台、阳台、雨水管、外墙装饰等的位置、形状、用料和做法等。

4）标高及必须标注的局部尺寸。

5）详图索引符号。

6）施工说明。

3. *建筑剖面图的识读*

建筑剖面图一般是指建筑物的垂直剖面图，也就是假想用一个竖直平面去剖切房屋，移去靠近观察者视线的部分后的正投影图。建筑剖面图主要表示建筑物内部垂直方向的高度、楼层分层情况及简要的结构形式和构造方式等情况的图样，如图 2-12 所示。

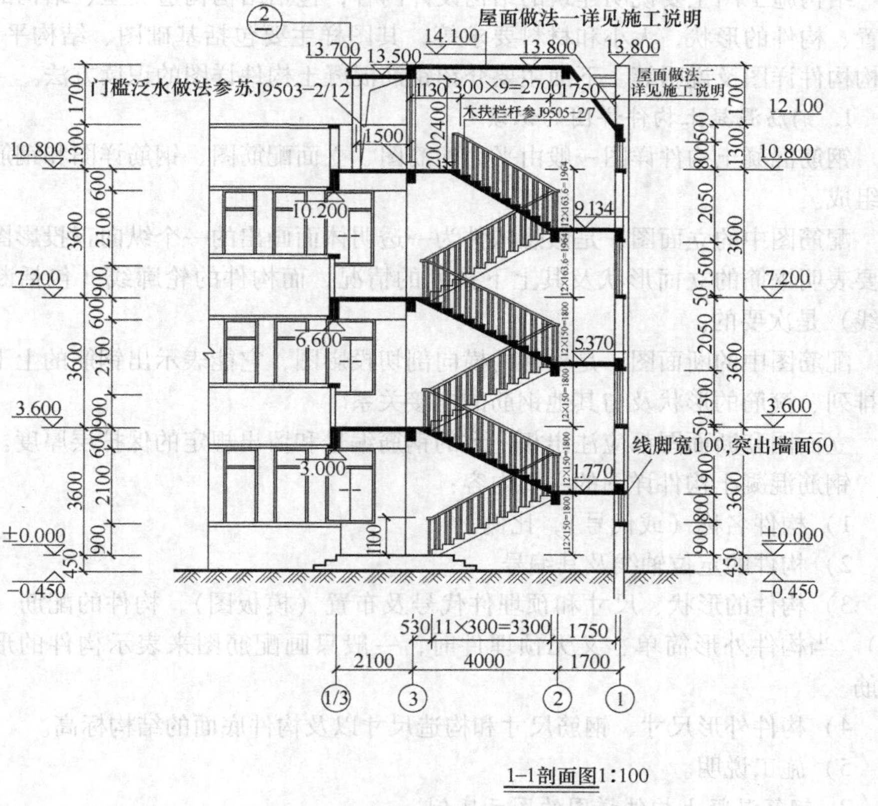

1-1剖面图1:100

图 2-12　某教学楼剖面图

建筑剖面图的主要内容：

1）图名，比例。

2）定位轴线及其尺寸。

3）剖切面和投影方向可见的建筑构造、构配件以及必要的尺寸、标高等。

4）详图索引符号。

5）施工说明。

4. 建筑详图的识读

建筑详图是建筑细部的施工图。建筑详图主要表示一些建筑构配件和建筑剖面节点的详细构造作法及施工要求，一般采用较大的比例绘制。对于套用标准图或通用详图的建筑构配件和建筑剖面节点，只要注明所套用的图集名称、编号或页次，不必再画详图。

三、结构施工图的识读

结构施工图主要说明建筑的结构设计内容，包括结构构造类型、结构的平面布置、构件的形状、大小和材料要求等，其图样主要包括基础图、结构平面图、结构构件详图及说明等。下面主要介绍钢筋混凝土构件详图的识读方法。

1. 钢筋混凝土构件详图的识读

钢筋混凝土构件详图一般由平面配筋图、立面配筋图、钢筋详图和钢筋断面图组成。

配筋图中的立面图，是假想构件为一透明体而画出的一个纵向正投影图。它主要表明钢筋的立面形状及其上下排列的情况，而构件的轮廓线（包括断面轮廓线）是次要的。

配筋图中的断面图，是构件的横向剖切投影图，它能表示出钢筋的上下和前后排列、箍筋的形状及与其他钢筋的连接关系。

立面图和断面图都应注出相一致的钢筋编号和留出规定的保护层厚度。

钢筋混凝土构件详图的主要内容：

1）构件名称（或代号），比例。

2）构件的定位轴线及其编号。

3）构件的形状、尺寸和预埋件代号及布置（模板图），构件的配筋（配筋图）。当构件外形简单、又无预埋件时，一般只画配筋图来表示构件的形状和配筋。

4）构件外形尺寸、钢筋尺寸和构造尺寸以及构件底面的结构标高。

5）施工说明。

2. 钢筋混凝土构件详图的图示实例

（1）钢筋混凝土梁结构详图　图2-13所示为钢筋混凝土梁结构详图。从图

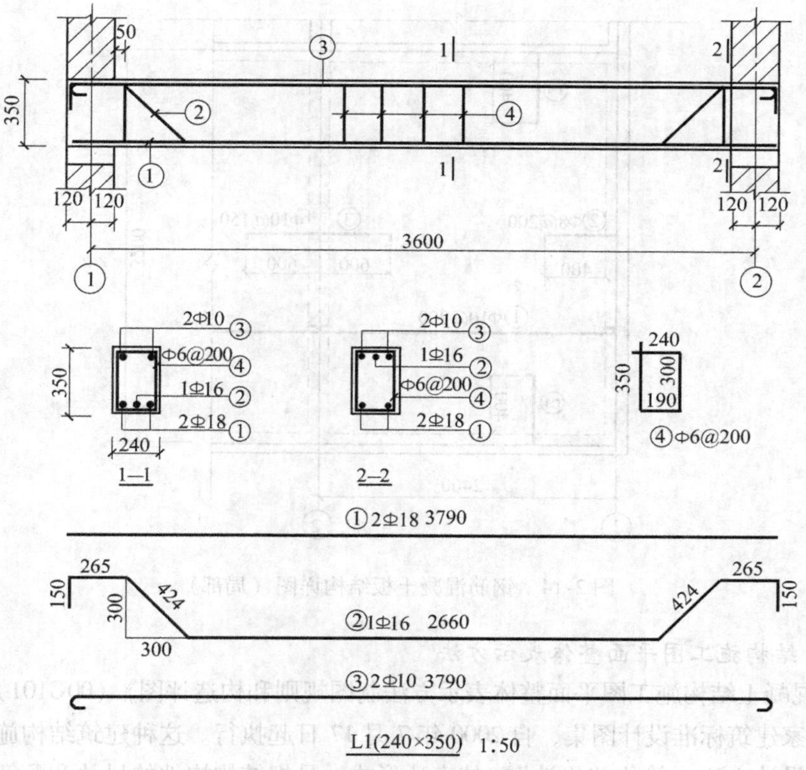

图 2-13 钢筋混凝土梁结构详图

名可知它是编号为 L1（240×350）的梁，断面尺寸是宽 240mm，高 350mm。从立面图和断面图对照阅读，可知此梁为矩形断面的现浇简支梁，梁两端支承在宽 240mm 的砖墙上。梁长为 3840mm，梁下方配置了三根受力筋，其中①号筋是两根直径 18mm 的 HRB335 级钢筋，位于梁的底部。②号筋是一根直径为 16mm 的 HRB335 级钢筋，为弯起筋。从 1-1 断面可知梁上方有两条架立筋③，直径是 10mm 的 HPB235 级钢筋。同时，也可知箍筋④的立面形状，它是直径为 6mm 的 HPB235 级钢筋，每隔 200mm 放置一个。

（2）钢筋混凝土板结构详图　钢筋混凝土现浇板的结构详图一般用配筋平面图表示，必要时可加画断面图。图 2-14 所示为钢筋混凝土板结构详图（局部），看图可知，①筋为直径 10mm 的 HPB235 级钢筋，位于板的底部，沿板纵向间距 200mm 布置。②号筋为直径 8mm 的 HPB235 级钢筋，位于板的上部，沿板周边间距 200mm 布置。③号筋为直径 10mm 的 HPB235 级钢筋，位于板的上部，沿②号轴间距 150mm 布置。

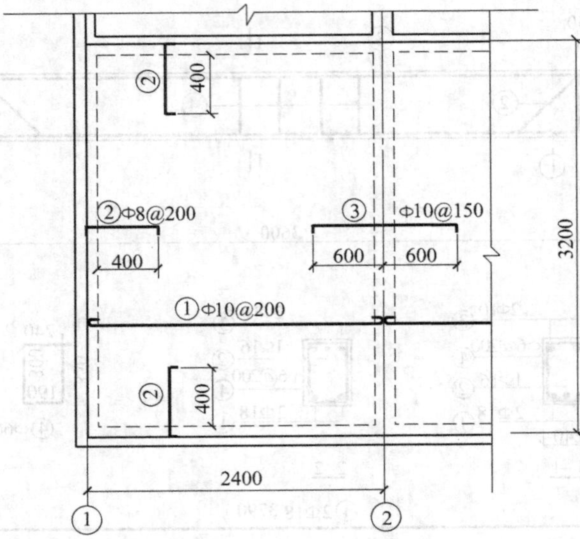

图 2-14 钢筋混凝土板结构详图（局部）

3. 结构施工图平面整体表示方法

《混凝土结构施工图平面整体表示方法制图规则和构造评图》（00G101）图集，作为国家建筑标准设计图集，自2000年7月17日起执行。这种建筑结构施工图平面整体设计方法（简称“平法”）的表达形式，是把结构构件的尺寸和配筋等，按照平面整体表示方法制图规则，整体直接表达在该构件（钢筋混凝土柱、梁和剪力墙）的结构平面布置图上，再配合标准构造详图，构成完整的结构施工图。

在平面图上表示各构件尺寸和配筋值的方式，有平面注写方式（标注梁）、列表注写方式（标注柱和剪力墙）和截面注写方式（标注柱和梁）等三种。下面以梁为例，简单介绍平法中平面注写方式的表达方法。关于平法中其他构件以及其他表达方法，请参阅有关图集。

梁的平面注写包括集中标注和原位标注两部分，如图2-15所示。

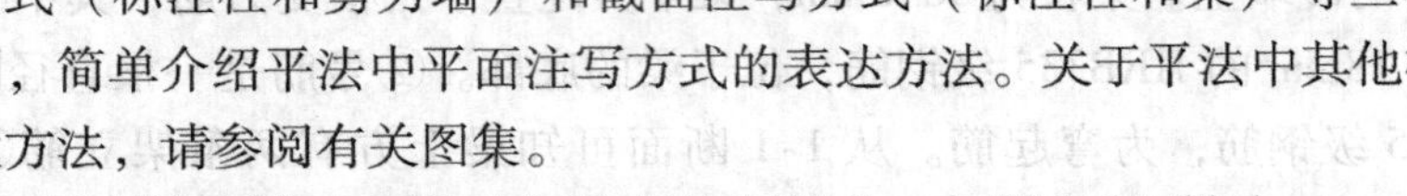

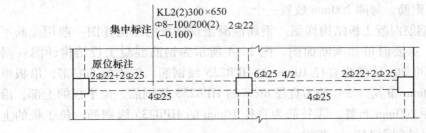

图 2-15 平面注写方式示例

集中标注表达梁的通用数值，如图中引出线上所注写的三排数字，按规定：

第一排数字注明梁的编号和截面尺寸：KL2 表示这是一根编号为 2 的框架梁（KL），共有 2 跨（括号中数字 2）。梁截面尺寸是 300mm × 650mm。

第二排尺寸注写箍筋和上部架立筋（或贯通筋）情况：Φ8—100/200(2)表示箍筋为直径 8mm 的 HPB235 级钢筋，加密区（靠近支座处）间距为 100mm，非加密区间距为 200mm，均为 2 肢箍筋。2Φ22 表示梁的上部配有两根直径为 22mm 的 HRB335 级钢筋为架立筋。

第三排数字表示梁顶面标高相对于楼层结构标高的高差值，需注写在括号内。梁顶面高于楼层结构标高时，高差为正（+）值，反之为负（-）值。图中（-0.100）表示该梁顶面标高比楼层结构标高低 0.100m。

原位标注表达梁的特殊数值。将梁上、下部位受力钢筋逐跨注写在梁的上、下位置。

复习思考题

1. 为了统一建筑工程制图规范，国家制定了哪些标准？
2. 图幅有哪几种规格？
3. 尺寸有哪几部分组成？
4. 什么是建筑标高？什么是结构标高？
5. 绝对标高和相对标高有什么不同？在图样中所标注的标高是哪一种标高？
6. 试绘出普通砖、混凝土、钢筋混凝土的图例。
7. 钢筋在施工图样中是如何表示的？
8. 简述一般民用建筑和工业建筑的构成。
9. 一套完整的建筑施工图样有哪几部分组成？
10. 钢筋混凝土构件详图所表示的主要内容有哪些？

第三章

钢筋常识和钢筋施工常用机具

培训学习目标 熟悉钢筋的种类、规格，并能正确区分；掌握钢筋的验收方法与程序及钢筋运输、装卸、现场堆放、保管的方法。

第一节 钢筋常识

一、钢筋的分类

1. 按钢筋外形分类

（1）光圆钢筋 钢筋表面轧制为光面而截面是圆形的钢筋，如 HPB235、HPB300 级钢筋。

（2）变形钢筋 表面带有凸纹的钢筋，凸纹一般为月牙形，另外还有螺旋形、人字形两种。如 HRB335、HRB400、RRB400 级钢筋。

（3）钢丝及钢绞线 将直径在 5mm 以下的钢筋称为钢丝，钢丝有低碳钢丝和碳素钢丝两种。把光面碳素钢丝在绞线机上进行捻合，再经低温回火而成为钢绞线。

2. 按化学成分分类

（1）碳素钢钢筋 碳素钢钢筋按含碳量不同分为低碳钢钢筋（碳的质量分数低于 0.25%）、中碳钢钢筋（碳的质量分数在0.25%~0.6%之间）和高碳钢钢筋（碳的质量分数在 0.6%~1.4%）。含碳量高的钢筋，其强度和硬度也高，但塑性和可焊性随含碳量增加而降低。

（2）普通低合金钢钢筋 普通低合金钢钢筋是在低碳钢和中碳钢的成分中加入少量的合金元素（如锰、硅、钛、钒等）而轧制成的钢筋，这些合金元素具有改善钢筋性能的作用，合金元素总的质量分数小于5%。

3. 按生产工艺分类

（1）热轧钢筋　热轧钢筋是由低碳钢或普通低合金钢在高温状态下轧制成形并自然冷却的成品钢筋。

（2）热处理钢筋　采用热轧螺纹钢筋经加热淬火及回火等调质热处理而制成的。

（3）冷轧带肋钢筋　冷轧带肋钢筋是采用普通低碳钢或低合金钢热轧的圆盘条为母材，经冷轧减径后在其表面冷轧二面或三面有肋的钢筋。

（4）冷拉钢筋　冷拉钢筋是将热轧钢筋在常温下进行强力拉伸使其强度提高的一种钢筋。

（5）钢丝　钢丝按生产工艺分为碳素钢丝和冷拔低碳钢丝。

碳素钢丝是由优质高碳钢盘条经淬火、酸洗、拔制、回火等工序而制成的，又称高强圆形钢丝或预应力钢丝。碳素钢丝按生产工艺可分为冷拉钢丝及矫直回火钢丝两个品种。

冷拔低碳钢丝是将直径 6 ~ 10mm 的热轧 HPB235 钢筋，在常温下用拔丝机通过钨合金冷拔模孔以强力冷拔制成。

（6）钢绞线　把光面碳素钢丝在绞线机上进行捻合，再经低温回火而成为钢绞线。

二、钢筋的主要技术性质

1. 钢筋的力学性能

（1）拉伸性能　拉伸性能是钢筋性能的重要指标。通过对钢筋的拉伸试验，可以测定钢筋的屈服点、抗拉强度及伸长率。

如图 3-1 所示是由钢筋拉伸试验所得的应力-应变曲线。从图中可以看出钢筋受拉经历了四个阶段：弹性阶段（O—A）、屈服阶段（A—B）、强化阶段（B—C）和颈缩阶段（C—D）。

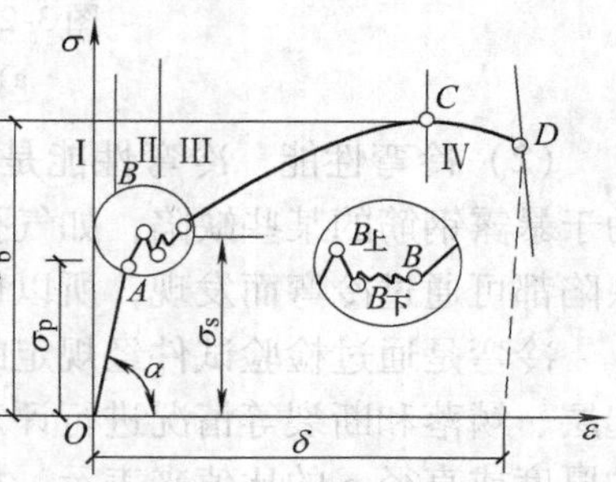

图 3-1　钢筋应力-应变曲线

1）屈服点　OA 是一条直线，说明应力与应变成正比，如卸去拉力，试件能恢复原状，这种现象称为弹性变形，该阶段为弹性阶段。应力 σ 与应变 ε 的比值为常数，该常数称为弹性模量 E（$E=\sigma/\varepsilon$），单位为 MPa。弹性模量是反映钢筋抵抗变形的能力。

过了 A 点以后，应力应变不再成正比关系，开始出现塑性变形进入屈服阶段 AB，当应力达到 $B_上$ 点时，即使应力不再增加，塑性变形仍明显增长，钢筋出现了“屈服”现象。图中$B_{下}$点对应的应力值σ_s被规定为屈服点。钢筋受力达到屈服点以后，变形即迅速发展，尽管尚未破坏，但已不能满足使用要求。故结构设计中一般以屈服点σ_s作为强度取值的依据。

2）抗拉强度　在BC阶段，钢筋又恢复了抵抗变形的能力，故称强化阶段。其中C点对应的应力值称为极限强度，又叫抗拉强度，用σ_b表示。

3）伸长率　过C点后，钢筋抵抗变形的能力明显降低，在试件的薄弱处，迅速发生较大的塑性变形出现“颈缩”现象（见图3-2），直至D点断裂。试件拉断后，标距长度的增量（L_1-L_0）与原始标距长度L_0的百分比称为伸长率δ，即

$$\delta=(L_1-L_0)/L_0\times100\%$$

式中　δ——试件的伸长率；

L_0——试件原始标距长度（mm）；

L_1——试件拉断后标距长度（mm）。

伸长率反映了钢筋的塑性变形能力，伸长率越大，表明钢筋的塑性越好。

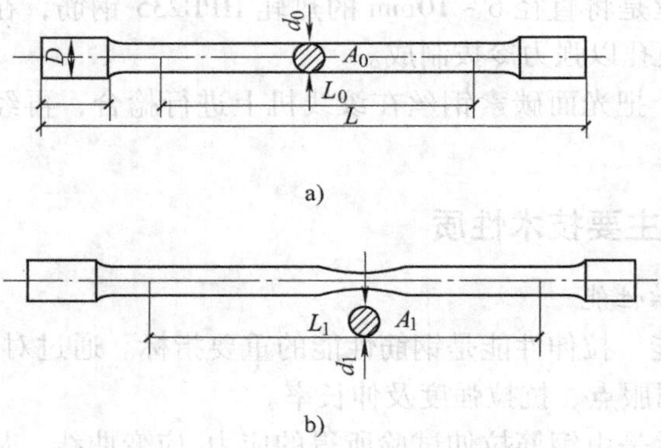

图3-2　钢筋拉伸试件示意图

a）拉伸前　b）拉伸后

（2）冷弯性能　冷弯性能是指钢筋在常温下承受弯曲变形的能力。冷弯有助于暴露钢筋的某些缺陷，如气孔、杂质和裂纹等，在焊接时，局部脆性及接头缺陷都可通过冷弯而发现，所以也可以用冷弯的方法来检验钢筋的焊接质量。

冷弯是通过检验试件经规定的弯曲程度后，弯曲处拱面及两侧面有无裂纹、起层、鳞落和断裂等情况进行评定的，一般用弯曲角度α以及弯心直径d与钢筋的厚度或直径a的比值来表示。如图3-3所示，弯曲角度越大，d与a的比值越小，表明冷弯性能越好。

（3）冲击韧度　冲击韧度是指钢筋抵抗冲击荷载而不破坏的能力。钢筋的化学成分、加工工艺及环境温度都会影响钢筋的冲击韧度。冲击韧度是采用专门

的冲击试验机来进行测定的。

2. 钢筋的化学成分对钢筋性能的影响

钢筋中含有多种化学成分，各种化学成分含量的大小对钢筋的性能有着不同的影响。

(1) 碳 (C)　碳是决定钢筋性质的主要元素。随着含碳量的增加，钢筋的强度和硬度相应提高，而塑性、冲击韧度和焊接性能相应降低。

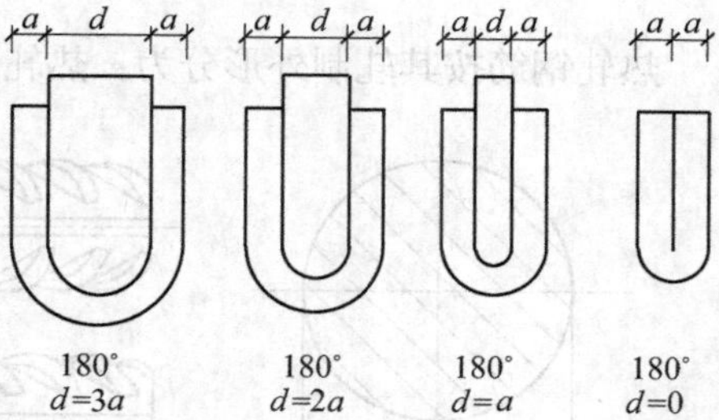

图 3-3　钢筋冷弯

(2) 硅 (Si)　硅的主要作用是提高钢筋的强度，而对钢的塑性及韧性影响不大。

(3) 锰 (Mn)　锰可提高钢筋的强度和硬度，还可改善钢筋的热加工性质。但锰含量较高时，将显著降低钢筋的焊接性。

(4) 磷 (P)　磷为有害元素，磷含量过高的钢筋，其冷脆性增大，塑性和韧性下降，焊接性降低。

(5) 硫 (S)　硫为有害元素，硫在钢中以 FeS 形式存在，FeS 是一种低熔点化合物，它会降低钢筋的热加工性和焊接性。因此钢筋中要严格限制硫的含量。

三、钢筋的技术标准

(1) 热轧钢筋　热轧钢筋是由低碳钢或普通低合金钢在高温状态下轧制成形并自然冷却的成品钢筋。钢筋直径为 6～50mm，分直条和盘条两种形式。热轧钢筋的公称横截面面积和理论重量见表3-1。热轧钢筋广泛应用于钢筋混凝土和预应力混凝土构件的配筋。

表 3-1　热轧钢筋公称横截面面积与理论重量

公称直径/mm	公称横截面面积/mm^2	理论重量/(kg/m)	公称直径/mm	公称横截面面积/mm^2	理论重量/(kg/m)
6	28.27	0.222	20	314.2	2.47
8	50.27	0.395	22	380.1	2.98
10	78.54	0.617	25	490.9	3.85
12	113.1	0.888	28	615.8	4.83
14	153.9	1.21	32	804.2	6.31
16	201.1	1.58	36	1018	7.99
18	254.5	2.00	40	1257	9.87

热轧钢筋按其轧制外形分为：热轧光圆钢筋和热轧带肋钢筋，如图3-4所示。

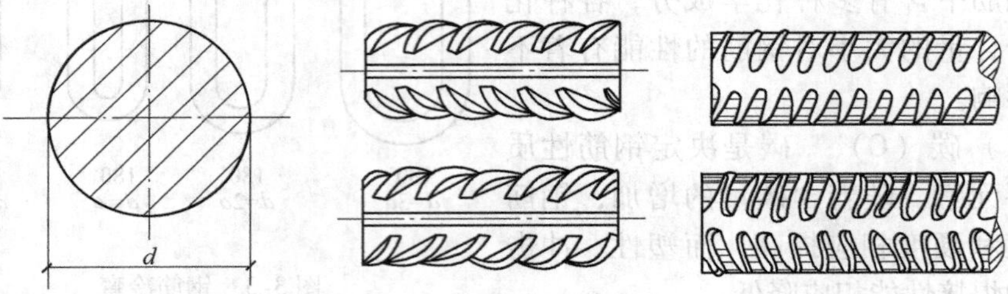

a)　　　　　　b)　　　　　　c)

图3-4　热轧钢筋外形

a）光圆钢筋　b）月牙肋钢筋　c）等高肋钢筋

《钢筋混凝土用钢第1部分：热轧光圆钢筋》（GB1499.1—2008）规定，热轧光圆钢筋按屈服强度特征值分为235、300级，对应牌号表示为HPB235、HPB300（见表3-2），HPB表示热轧光圆钢筋；《钢筋混凝土用钢 第2部分：热轧带肋钢筋》（GB1499.2—2007）规定，热轧带肋钢筋按生产工艺不同分为普通热轧带肋钢筋（用HRB表示）和细晶粒热轧带肋钢筋（用HRBF表示）两种，按屈服强度特征值分为335、400、500级，普通热轧带肋钢筋对应牌号表示为HRB335、HRB400、HRB500，细晶粒热轧带肋钢筋对应牌号表示为HRBF335、HRBF400、HRBF500；钢筋牌号中的数字表示纲筋屈服强度特征值（见表3-2）。

热轧钢筋的力学性能应符合表3-2的规定。

表3-2　热轧钢筋的力学性能

表面形状	钢筋牌号	符　号	公称直径 d /mm	屈服点 σ_s /MPa	抗拉强度 σ_b /MPa	伸长率 δ_5 (%)	冷弯180°弯心直径
				不小于			
光圆	HPB235 HPB300	Φ	8～20	235 300	370 420	25	d
带肋	HRB335 HRBF335	ΦF	6～25 28～40 >40～50	335	455	17	$3d$ $4d$ $5d$
	HRB400 HRBF400	ΦF	6～25 28～40 >40～50	400	540	16	$4d$ $5d$ $6d$
	HRB500 HRBF500	ΦF	6～25 28～40 >40～50	500	630	15	$6d$ $7d$ $8d$

（2）热处理钢筋　热处理钢筋（调质钢筋）是用热轧带肋钢筋经加热淬火及回火等调质热处理而制成的钢筋。经过热处理的钢筋，具有高强度、高韧性和高粘结力等优点，但塑性降低很大，主要应用于预应力混凝土构件的配筋。

按其外形又可分为有纵肋和无纵肋两种，但都有横肋，如图 3-5 所示。钢筋热处理后卷成盘，使用时开盘钢筋自行伸直，按要求的长度切断，不能用电焊切断，也不能焊接，以免引起强度下降或脆断。

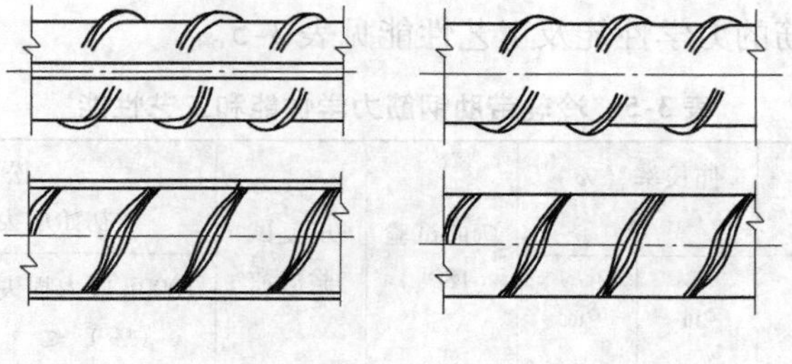

a)　　b)

图 3-5　热处理钢筋外形

a）有纵肋　b）无纵肋

热处理钢筋的公称直径有 6mm、8.2mm、10mm。

热处理钢筋的力学性能应符合表 3-3 的规定。

表 3-3　热处理钢筋的力学性能

公称直径 d/mm	牌号	屈服点 σ_s/MPa	抗拉强度 σ_b/MPa	伸长率 δ_{10}（%）
		不小于		
6 8.2 10	$40Si_2Mn$ $48Si_2Mn$ $45Si_2Cr$	1325	1470	6

（3）冷轧带肋钢筋　冷轧带肋钢筋是用热轧盘条钢筋经冷轧或减径后，在其表面冷轧成沿长度方向均匀分布的三面或两面月牙形横肋的钢筋。钢筋冷轧后允许进行低温回火处理。

根据 GB 13788—2008 规定，冷轧带肋钢筋按抗拉强度分为 4 个牌号，分别为 CRB650、CRB800、CRB970、CRB1170。其中 C 表示冷轧，R 表示带肋，B 表示钢筋，后面数值为抗拉强度的最小值。

CRB550 的公称直径范围为 4～12mm。CRB650 及以上牌号钢筋的公称直径为 4mm、5mm、6mm。冷轧带肋钢筋的公称横截面面积与理论重量见表 3-4。

表3-4 冷轧带肋钢筋公称横截面面积与理论重量

公称直径/mm	公称横截面面积/mm^2	理论重量/(kg/m)	公称直径/mm	公称横截面面积/mm^2	理论重量/(kg/m)
4	12.6	0.099	8	50.3	0.395
5	19.6	0.154	9	63.6	0.499
6	28.3	0.222	10	78.5	0.617
7	38.5	0.302	12	113.1	0.888

冷轧带肋钢筋的力学性能及工艺性能见表3-5。

表3-5 冷轧带肋钢筋力学性能和工艺性能

牌号	σ_b/MPa≥	伸长率（%）≥		弯曲试验（180°）	反复试验次数	松弛率（初始应力，$\sigma_{con}=0.7\sigma_b$）	
		δ_{10}	δ_{100}			1000h应力损失（%）≤	10h应力损失（%）≤
CRB550	550	8.0	—	$d=3a$	—	—	—
CRB650	650	—	4.0	—	3	8	5
CRB800	800	—	4.0	—	3	8	5
CRB970	970	—	4.0	—	3	8	5
CRB1170	1170	—	4.0	—	3	8	5

冷轧带肋钢筋与冷拔低碳钢丝相比较，冷轧带肋钢筋具有强度高、塑性好，与混凝土粘结牢固，节约钢材，质量稳定等优点。CRB550宜用作普通钢筋混凝土结构；其他牌号宜用在预应力混凝土结构中。

（4）余热处理钢筋　是经热轧后立即穿水，进行表面控制冷却，然后利用芯部余热自身完成回火处理所得的成品钢筋。

余热处理钢筋应符合《钢筋混凝土用余热处理钢筋》（GB 13014—1991）的规定。余热处理钢筋的表面形状同热轧带肋钢筋，其力学性能见表3-6。

表3-6 余热处理钢筋的力学性能

表面形状	强度等级代号	公称直径 d/mm	屈服点 σ_s/MPa	抗拉强度 σ_b/MPa	伸长率 δ_5（%）	冷弯		符号
						弯曲角度	弯心直径	
月牙肋	RRB400	8~25 28~40	440	600	14	90° 90°	$3d$ $4d$	Φ^R

（5）冷拉钢筋　冷拉钢筋是将热轧钢筋在常温下进行强力拉伸使其强度提高的一种钢筋。钢筋经冷拉后，提高了钢筋的屈服点和抗拉强度，但塑性和韧性有所降低。对钢筋冷拉可以提到除锈、调直作用。

冷拉钢筋适用于钢筋混凝土和预应力混凝土构件的配筋，但不使用于承受冲击荷载和振动荷载的结构及吊环。

（6）冷拔低碳钢丝　冷拔低碳钢丝是将直径 6 ~ 8mm 的热轧Ⅰ级钢筋，在常温下用拔丝机通过钨合金冷拔模孔以强力冷拔制成。经冷拔后的钢丝屈服强度可大幅度提高，而塑性显著降低。它的性能要求和应用可参阅相关标准和规范。目前，已逐渐限制该类钢丝的一些应用。

（7）预应力混凝土用钢丝　预应力混凝土用钢丝是用优质碳素结构钢制成，根据《预应力混凝土用钢丝》（GB/T5223—2002），钢丝按加工状态分为冷拉钢丝（代号 WCD）和消除应力钢丝两种。消除应力钢丝按松弛性能又分为低松弛级钢丝（代号 WLR）和普通松弛级钢丝（代号 WNR）。钢丝按外形分为光圆钢丝（代号 P）、螺旋肋钢丝（代号 H）和刻痕钢丝（代号 I）三种。该钢丝抗拉强度高达 1470 ~ 1770MPa，如直径为 7.00mm，抗拉强度为 1570MPa 低松弛的螺旋肋钢丝其标记为：预应力钢丝 7.00-1570-WLR-H-GB/T5223-2002。

预应力混凝土用钢丝的外形如图 3-6 所示，冷拉钢丝的力学性能见表 3-7、消除应力钢丝的力学性能表 3-8。

表 3-7　冷拉钢丝的力学性能

公称直径/mm	抗拉强度 σ_b/MPa 不小于	规定非比例伸长应力 $\sigma_{p0.2}$/MPa 不小于	最大力下总伸长率（L_0 = 200mm）δ_{gt}（%）不小于	弯曲次数（次/180°）	弯曲半径 R/mm	断面收缩率 ϕ（%）不小于	每 210mm 扭距的扭转次数 n 不小于	初始应力相当于 70% 公称抗拉强度时，1000h 后应力松弛率 r（%）不大于
3.00	1470 1570 1670 1770	1100 1180 1250 1330	1.5	4	7.5	—	—	8
4.00				4	10	35	8	
5.00				4	15		8	
6.00	1470 1570 1670 1770	1100 1180 1250 1330		5	15	30	7	
7.00				5	20		6	
8.00				5	20		5	

表 3-8 消除应力钢丝的力学性能

钢丝外形	公称直径 /mm	抗拉强度 σ_b/MPa 不小于	规定非比例伸长应力 $\sigma_{P0.2}$/MPa 不小于		最大力下总伸长率（L_0=200mm）δ_{gt}（%）不小于	弯曲次数（次/180°）	弯曲半径 R/mm	应力松弛性能：初始应力相当于公称抗拉强度的百分数（%）	应力松弛性能：1000h 后应力松弛率 r（%）不大于	
			WLR	WNR					WLR	WNR
								对所有规格		
光圆及螺旋肋	4.00	1470	1290	1250	3.5	3	10			
		1570	1380	1330						
	4.80	1670	1470	1410		4	15			
		1770	1560	1500				60	1.0	4.5
	5.00	1860	1640	1580						
	6.00	1470	1290	1250		4	15			
	6.25	1570	1380	1330		4	20			
		1670	1470	1410				70	2.0	8
	7.00	1770	1560	1500		4	20			
	8.00	1470	1290	1250		4	20			
	9.00	1570	1380	1330		4	25	80	4.5	12
	10.00	1470	1290	1250		4	25			
	12.00					4	30			
刻痕	≤5.0	1470	1290	1250	3.5	3	15	60	1.5	4.5
		1570	1380	1330						
		1670	1470	1410						
		1770	1560	1500				70	2.5	8
		1860	1640	1580						
	>5.0	1470	1290	1250			20	80	4.5	12
		1570	1380	1330						
		1670	1470	1410						
		1770	1560	1500						

（8）预应力混凝土用钢绞线　预应力混凝土用钢绞线是由冷拉光圆钢丝及刻痕钢丝捻制的用于预应力混凝土结构的钢绞线。用冷拉光圆钢丝捻制成的钢绞线称为标准型钢绞线。用刻痕钢丝捻制成的钢绞线称为刻痕钢绞线，捻制后再经冷拔而成的钢绞线称为模拔型钢绞线。钢绞线按结构分为5类用两根钢丝捻制的钢绞线（代号1×2）、用三根钢丝捻制的钢绞线（代号1×3）、用三根刻痕钢丝

捻制的钢绞线（代号 1×3 I）、用七根钢丝捻制的标准型钢绞线（代号 1×7）、用七根刻痕钢丝捻制又经模拔的钢绞线（代号 1×7C）。如公称直径为 15.20mm，强度级别为 1860MPa 的七根钢丝捻制的标准型钢绞线其标记为：预应力钢绞线 1×7-15.20-1860-GB/T5224—2003。钢绞线的力学性能应符合《预应力混凝土用钢绞线》GB/T5224—2003 的相关规定。

预应力混凝土用钢绞线和钢丝强度高，并具有较好的柔韧性，质量稳定，施工简便，使用时可根据要求的长度切断，适用于大荷载、大跨度、曲线配筋的预应力钢筋混凝土结构。

四、钢筋的量度

1. 常用量度工具

（1）金属直尺　用来测量材料的长度。

（2）游标卡尺　游标卡尺是一种精度比较高的量具，用于测量所检测材料的内径、外径和深度。

（3）千分尺　千分尺用于测量测件的外径、长度和厚度，其精度比游标卡尺高，也比较灵敏。

2. 钢筋的量度

结构施工图中所指钢筋长度是钢筋外缘至外缘之间的长度，即外皮尺寸，这是施工中量度钢筋长度的基本依据。但要注意的是，构件配筋图中箍筋的长度尺寸，应指箍筋的里皮尺寸。如图 3-6 所示各种钢筋的量法。在弯曲成形前钢筋的下料长度是按照钢筋的轴线长度量取的。

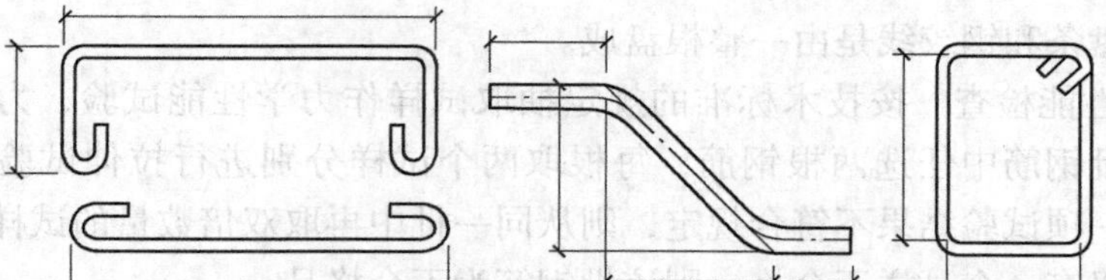

图 3-6　钢筋的量法

五、钢筋的运输装卸

钢筋的运输包括钢筋原材料的运输和加工成形的钢筋运输。如果钢筋的运输、装卸方法不妥当，就容易使钢筋产生变形，以致造成对施工生产的影响。运输装卸钢筋时应注意以下几个问题：

1. 保持钢筋原形

应根据钢筋的形式、重量、长度、数量，选择运输车辆和装卸工具。在钢筋运输和装卸过程中要注意堆放平稳，保持钢筋原形，避免钢筋弯曲变形，使成形钢筋产生连挂。

2. 保留标牌不混料

在钢筋运输装卸过程中，为防止混用、错用钢筋，应按钢筋的种类、规格分别堆放整齐，保护好钢筋标牌，防止标牌脱落丢失。

3. 防锈防腐

在钢筋运输装卸过程中，应注意保护好钢筋，防止其与腐蚀性物品一同运输，防止钢筋被锈蚀。在雨雪天中运输、装卸时，应有可靠的防滑、防寒措施，及时清扫水、冰、雪。钢筋的堆放不能直接堆在车上或地面上，下面应有垫木支承。

六、钢筋的验收

1. 一般规定

钢筋从钢厂发出时，应具有出厂质量证明书或试验报告单。每捆（盘）钢筋均应有标牌。钢筋进场时应按炉罐（批）号及直径分批验收，每批重量不超过60t。

2. 验收内容

验收内容包括查对标牌、外观检查，并按技术标准的规定抽取试样作力学性能试验，检验合格后方可使用。

（1）查对标牌　查对标牌上标注的钢筋名称、级别、直径、质量等级等是否与实际相符。

（2）外观检查　钢筋表面不得有裂缝、折迭、结疤、耳子、分层、夹杂、机械损伤、氧化铁皮和油迹等。局部不影响使用的缺陷允许不大于0.2mm及高出横肋。盘条和钢绞线是由一整根盘成。

（3）性能检查　按技术标准的规定抽取试样作力学性能试验，力学性能试验应以每批钢筋中任选两根钢筋，每根取两个试样分别进行拉伸试验和冷弯试验。若有一项试验结果不符合规定，则从同一批中再取双倍数量的试样重作各项试验。若仍有一个试样不合格，则该批钢筋为不合格品。

钢筋在加工过程中如发生脆断、弯曲处裂缝、焊接性能不良或力学性能显著不正常（如屈服点过高）等现象时，应进行化学成分检验或其他专项检验。

七、钢筋的保管

钢筋运进现场后，必须做好存放保管工作，以防止钢筋锈蚀、污染、混料，并且方便施工。在钢筋的存放保管过程中，应注意以下几个问题：

1）钢筋必须严格按批分等级、牌号、直径长度挂牌存放，并标明数量，不得混淆。

2）钢筋不能和酸、碱、盐、油类等物品一起存放，存放的地点不得与有害气体生产车间靠近，以防钢筋被污染和腐蚀。

3）对工程量较大、工期较长的工程，钢筋应堆放在仓库或简易料棚内。仓库和料棚四周应设置排水沟，以保持室内干燥，防止锈蚀。对工程量较小，工期较短的工程，或受条件限制的工地，应选择地势高、土质坚实、较为平坦的场地堆放，且在四周挖好排水沟。

4）堆放时钢筋下面要垫好垫木，离地面不宜小于200mm。直条形钢筋最好设置堆放架，严格分类码放。

5）钢筋成品要分工程名称和构件名称，按编号顺序存放。同一项工程与同一构件的钢筋要存放在一起，按号挂牌排列，牌上注明工程和构件名称、部位、钢筋形式、尺寸、钢筋直径、根数，不能将几项工程的钢筋混放在一起。

第二节　钢筋加工常用机具和辅料

一、钢筋加工常用机械

1. 钢筋除锈机械

钢筋除锈机械常用电动机，电动机有两种类型：移动式和固定式。主要是用小功率电动机作动力，带动圆盘钢丝刷进行除锈。钢丝刷一般用废钢丝绳拆开编成，直径为200~250mm，厚度为50~150mm。固定式电动除锈机如图3-7所示，可安装两个圆盘钢丝刷；移动式电动除锈机是在手推车上装载电动机和固定钢丝刷，其特点是轻巧灵活而且效率高，如图3-8所示。

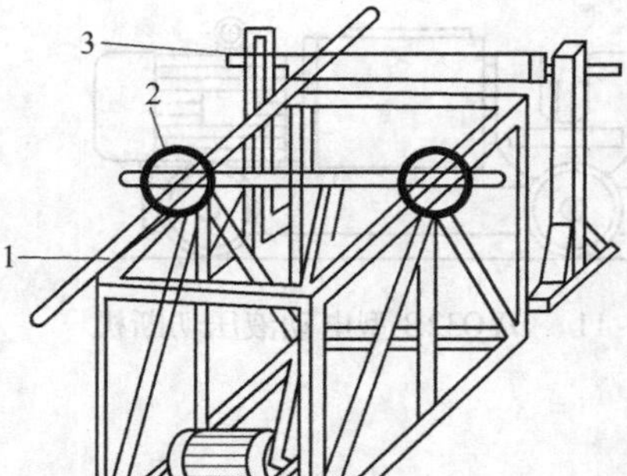

图3-7　固定式电动除锈机

1—钢筋　2—钢丝刷　3—滚动架

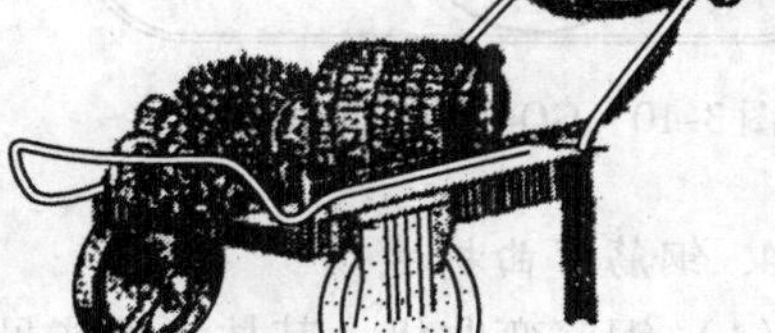

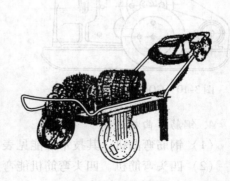

图3-8　移动式电动除锈机

2. 钢筋调直机械

常用的钢筋调直机械有钢筋调直机和卷扬机拉直设备。

（1）钢筋调直机　目前使用较多的国产定型的钢筋调直机械有 GT4—8 型和 GT4—14 型两种。这种类型的机械有多种功能，能在一次操作中完成自动调直、输送、切断，并兼有除锈的作用。此外，还有自动控制的数控调直机，技术经济效果很好。图 3-9 为钢筋调直机的构造示意图。

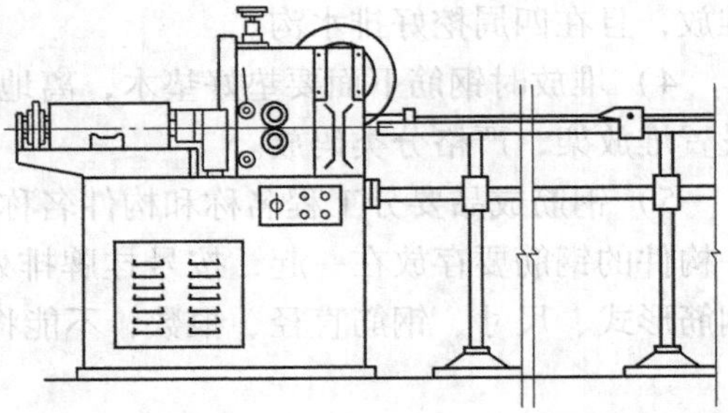
图 3-9　GT4—8 型钢筋调直机

（2）数控调直机　数控调直机是在原有调直机的基础上应用电子控制仪，准确控制钢筋断料长度（精确到毫米），并自动计数，并有发生故障和材料用完的自动停机装置。

（3）卷扬机拉直设备　卷扬机拉直是对盘圆钢筋的调直而言的，它由一台慢速卷扬机及钢丝绳、冷拉滑轮组、圆钢放圈架等机械联合组成。

3. 钢筋切断机械

目前常用的钢筋切断机械有 GQ40 型（见图 3-10）、GQ20、GQ25、GQ32、GQ50、GQ65 型等。

电动液压切断机主要有 DYQ32B 型液压切断机，外形如图 3-11 所示，工作压力为 45MPa，切断钢筋最大直径为 32mm，每分钟可切 20 次，外形尺寸（长×宽×高）为 890mm×400mm×400mm，机重为 145kg。

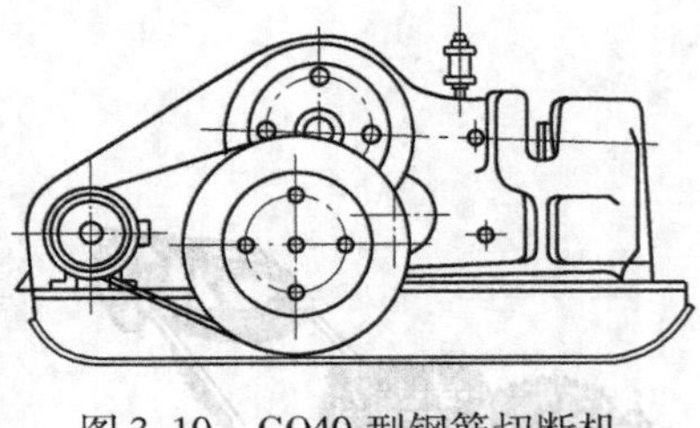
图 3-10　GQ40 型钢筋切断机

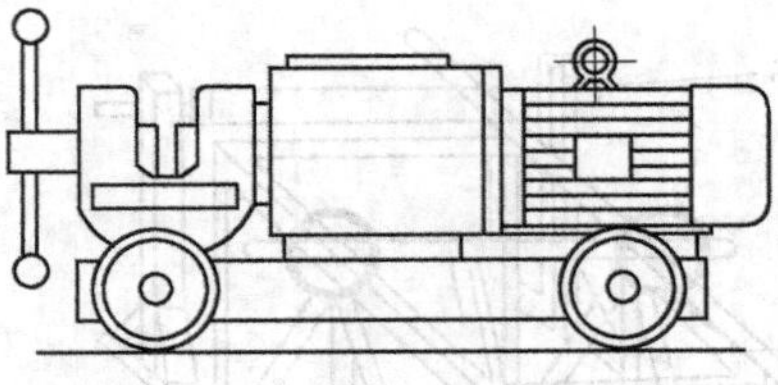
图 3-11　DYQ32B 型电动液压切断机

4. 钢筋弯曲机械

（1）钢筋弯曲机　其技术性能见表 3-9 及表 3-10。

（2）四头弯筋机　四头弯筋机能弯曲 $\phi4\sim\phi12$mm 的钢筋，弯曲角度范围为 0°～180°，主要用来弯制钢箍。

（3）钢筋弯箍机　钢筋弯箍机有立式及卧式两种，主要用来弯曲钢箍。

表 3-9　电动钢筋弯曲机技术性能

型　　号	弯曲钢筋直径/mm	工作盘直径/mm	工作盘转速/(r/min)	电动机功率/kW
GW32	6～32	220	4.8	2.2
GW40B	40	390	9～18	1.6～2.2
GW40	6～40	400	3，7，5，8，9，14	3
GW40A	40	435	4，6，17	3
GW40—B	6～40	350	5，10	3

表 3-10　手持电动液压钢筋弯曲机技术性能

型　　号	弯曲钢筋直径/mm	工作盘直径/mm	电　动　机	
			功率/kW	转速/(r/min)
GWS16Y（GWY16）	16	40	0.55	1450
GWS25Y（GWY25）	25	50	0.55	1450
GWS32Y（GWY32）	32	64	0.55	1450

二、钢筋加工常用工具

1. 钢筋除锈工具

（1）钢筋刷　是人工除锈的主要工具。

（2）砂盘　砂盘高约 0.9m，长约 5～6m，盘内放置干燥的粗砂和小石子，如图 3-12 所示。

2. 钢筋调直工具

（1）钢筋调直台　调直台两端均设有底盘，底盘上有四根扳柱，扳柱两旁方向的净空距离一般为 34mm，如图 3-13 所示。

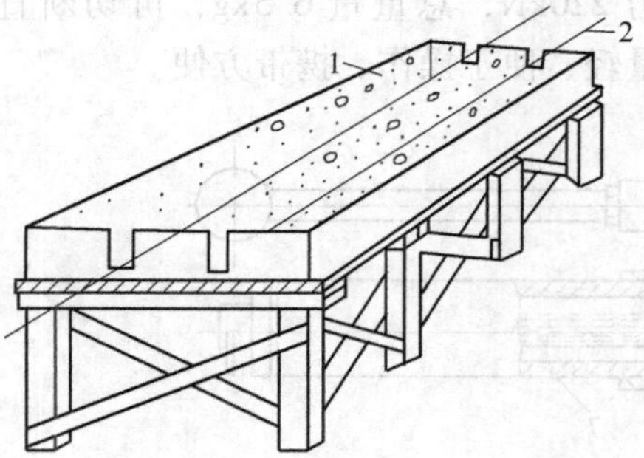

图 3-12　砂盘示意图

1—砂石　2—钢筋

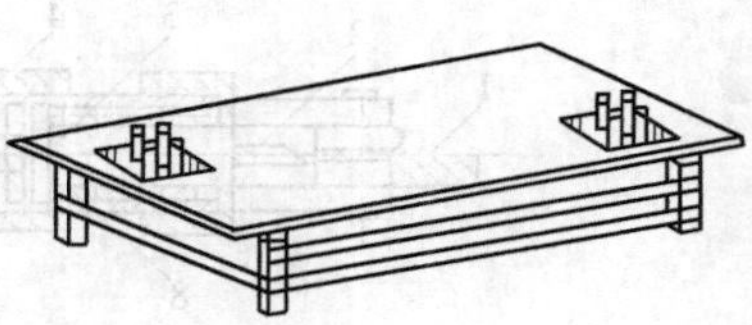

图 3-13　钢筋调直台

（2）绞磨车　是一种用人工调直细钢筋的主要工具。

此外，还有钢筋扳手、活动扳手、锤子、夹具、地锚、钢丝绳等。

3. 钢筋切断工具

（1）克子切断工具　主要工具有上克、下克、铁砧等，如图3-14所示。

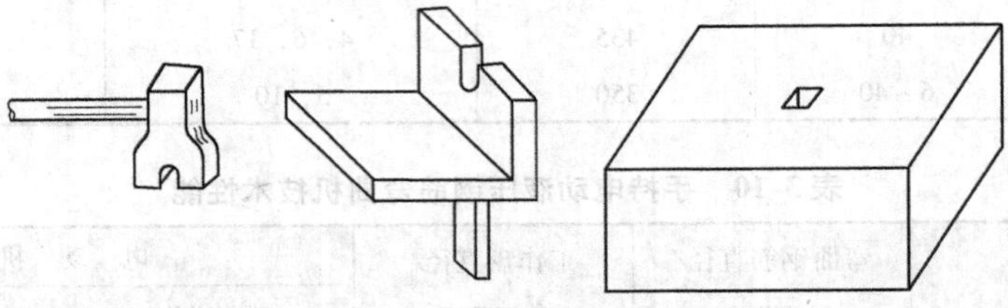

图3-14　克子切断工具

a）上克　b）下克　c）铁砧

（2）断丝钳　断丝钳是定型产品，如图3-15所示。

（3）手动切断机　它由固定刀口和浮动刀口组成，如图3-16所示。

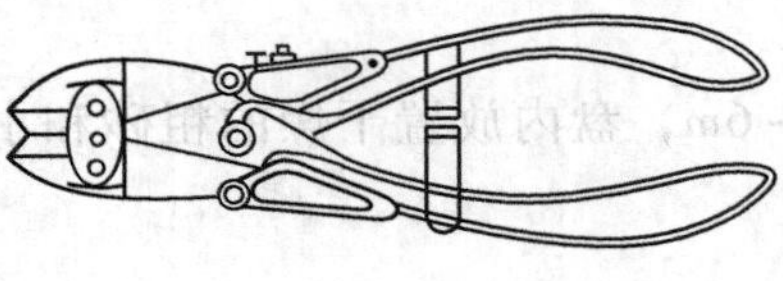

图3-15　断丝钳

图3-16　手动切断机

（4）液压切断器　GJ5Y—16型手动液压切断器如图3-17所示。它的切断力80kN，活塞行程为30mm，压柄作用力220kN，总重量6.5kg，可切断直径16mm以下的钢筋。这种工具体积小、重量轻、便于操作、携带方便。

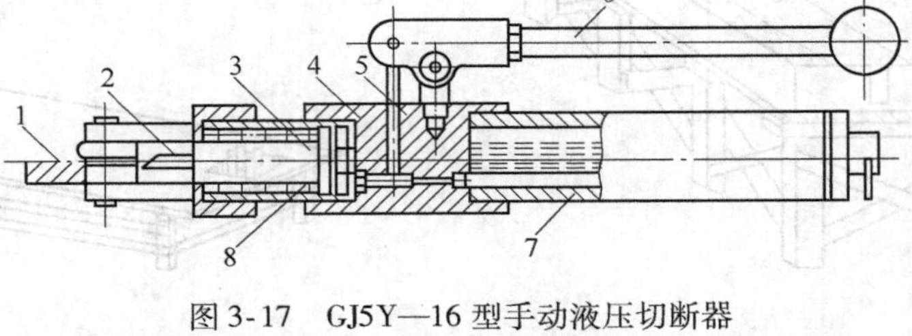

图3-17　GJ5Y—16型手动液压切断器

1—滑轨　2—刀片　3—活塞　4—缸体　5—柱塞

6—压杆　7—储油阀　8—回位弹簧

4. 钢筋弯曲工具

钢筋弯曲工具有手摇扳、卡盘、钢筋扳手、锤子、角尺、卷尺等。

（1）手摇扳　这种工具一般用于弯曲成形 $\phi \leqslant 10$mm 的钢筋（如制作箍筋）。如果弯曲单根钢筋，可采用图 3-18a 形式的手摇扳；如果弯曲多根钢筋（通常每次可弯曲 4 ~8 根小于 ϕ8mm 的钢筋）时，可选用图 3-18b 形式的手摇扳。

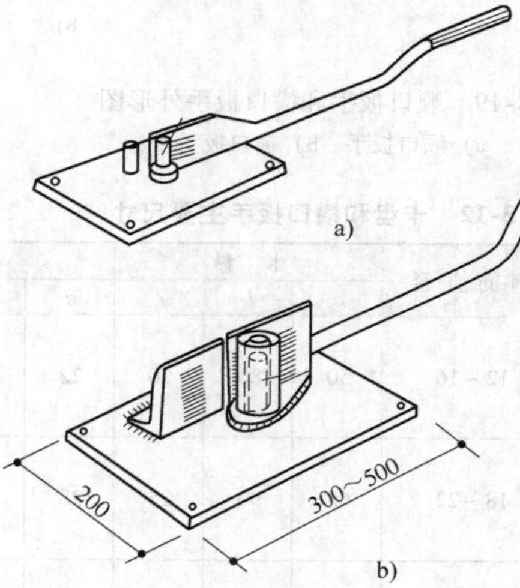

图 3-18　手摇扳外形示意图

a）单根钢筋手摇扳　b）多根钢筋手摇扳

手摇扳的主要尺寸见表 3-11。

表 3-11　手摇扳主要尺寸　（单位：mm）

附　图	钢筋直径	*a*	*b*	*c*	*d*
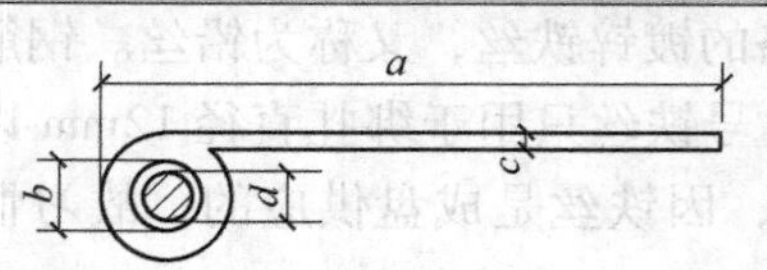	6	500	8	16	16
	8 ~ 10	600	22	18	20

（2）钢筋扳手　钢筋扳手有顺口扳手和横口扳手两种。

1）顺口扳手，常用于弯曲 ϕ6 ~ ϕ10mm 的细钢筋，操作较为简单。顺口扳手与小底座配套使用，如图 3-19a 所示。

2）横口扳手，常用于弯曲直径≥12mm 的粗钢筋。横口扳手与带有扳柱的底盘配套使用，如图 3-19b 所示，其主要尺寸见表 3-12。操作时，除将底盘固定在工作台上外，另外还备有钢套，用以调整扳柱之间的净空间距。

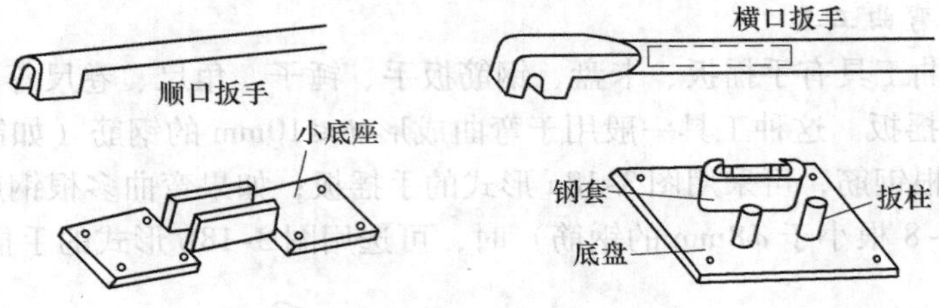

图 3-19　顺口扳手和横口扳手外形图
a）顺口扳手　b）横口扳手

表 3-12　卡盘和横口扳手主要尺寸　（单位：mm）

附图	钢筋直径	卡盘			横口扳手			
		a	*b*	*c*	*d*	*e*	*h*	*l*
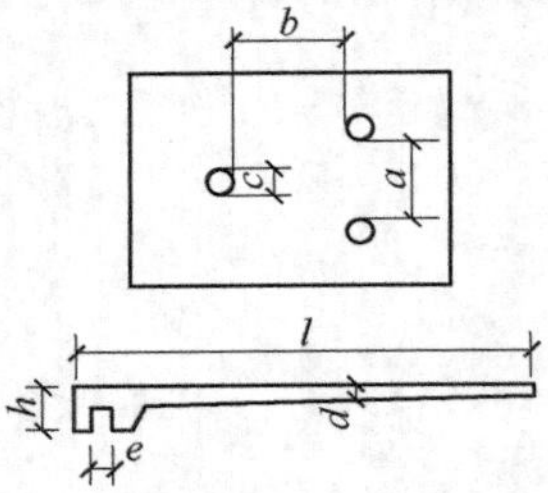	12 ~ 16	50	80	20	22	18	40	1200
	18 ~ 22	65	90	25	28	24	50	1350
	25 ~ 32	80	100	30	38	34	76	2100

三、辅料

1. 绑扎丝

将单根钢筋绑扎成骨架或网片所用的材料称为绑扎丝，一般是铁丝经火烧、退火后的铁丝，又称为火烧丝；也可用同规格的镀锌铁丝，又称为铅丝。钢筋绑扎用的铁丝，可采用 20 ~ 22 号铁丝，其中 22 号铁丝只用于绑扎直径 12mm 以下的钢筋。铁丝长度可参考表 3-13 的数值选用，因铁丝是成盘供应的，故习惯上是按每盘铁丝周长的几分之一来切断。

表 3-13　钢筋绑扎铁丝长度参考表　（单位：mm）

钢筋直径	3 ~ 5	6 ~ 8	10 ~ 12	14 ~ 16	18 ~ 20	22	25	28	32
3 ~ 5	120	130	150	170	190				
6 ~ 8		150	170	190	220	250	270	290	320
10 ~ 12			190	220	250	270	290	310	340
14 ~ 16				250	270	290	310	330	360
18 ~ 20					290	310	330	360	380
22						330	350	370	400

2. 垫块和塑料卡

垫块和塑料卡是在绑扎安装钢筋网、骨架时，用来控制混凝土保护层厚度的。

垫块通常用水泥砂浆制作，其厚度应等于保护层厚度，一般情况下，当保护层厚度在 20mm 以下时，垫块的平面尺寸为 30mm × 30mm；保护层厚度在 20mm 以上时，垫块的平面尺寸为 50mm × 50mm。在垂直方向使用垫块时，可在垫块中埋入 20 号铁丝。

塑料卡的形状有两种：塑料垫块（见图 3-20a）和塑料环圈（见图 3-20b）。塑料垫块用于水平构件（如梁、板），在两个方向均有凹槽，以便适应保护层厚度。塑料环圈用于垂直构件（如柱、墙），使用时钢筋从卡嘴进入卡腔，卡腔的大小能适应钢筋的变化。

a) b)

图 3-20 塑料卡

a）塑料垫块 b）塑料环圈

复习思考题

1. 钢筋按外形可以分为哪几种？
2. 在拉伸试验中，钢筋的受拉过程有哪几个阶段？
3. 钢筋的力学性能指标有哪些？
4. 各种化学成分对钢筋的性能有什么影响？
5. HPB235 的屈服强度为多少？
6. HRB335、HRB400、HRB500 分别表示什么含义？
7. 钢筋验收有什么要求？
8. 钢筋在运输、装卸过程中应注意些什么？
9. 钢筋堆放有什么要求？
10. 钢筋常用的加工机具有哪些？
11. 如何选用绑扎丝？
12. 如何控制混凝土保护层厚度？

第四章

钢筋加工

培训学习目标 熟悉配料单及钢筋加工操作的一般程序，掌握钢筋的除锈、调直、下料、切断和弯曲的操作工艺，熟悉钢筋的连接和冷加工技术。

第一节 配 料 单

钢筋配料单是根据结构施工图样及规范要求，对构件各钢筋按品种、规格、外形尺寸及数量进行编号，并计算各钢筋的直线下料长度及重量，将计算结果汇总所得的表格。编制钢筋配料单是钢筋施工中的一道重要工序。配料单是钢筋备料加工、签发任务书、提出材料计划和限额领料的依据。

一、配料单的形式

钢筋配料单的内容包括工程及构件名称、钢筋编号、钢筋简图及外形尺寸、钢筋规格、加工根数、下料长度、重量等。表 4-1 是某工程钢筋混凝土简支梁 L1 的配料单形式。

表 4-1 简支梁 L1 配料单

构件名称	钢筋编号	简 图	钢号	直径/mm	下料长度/mm	单位/根数	合计/根数	重量/kg
L1 梁（共 5 根）	1	100 ⌊ 4990 ⌋ 100	Φ	22	5102	2	10	152.04

（续）

构件名称	钢筋编号	简图	钢号	直径/mm	下料长度/mm	单位/根数	合计/根数	重量/kg
L1梁（共5根）	2	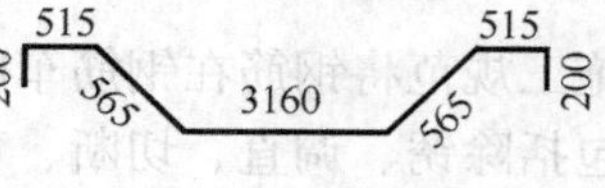	Φ	22	5588	1	5	76.02
	3		Φ	14	5165	2	10	61.73
	4	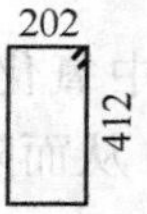	Φ	6	1278	25	125	141.58

构件配筋图中注明的尺寸除箍筋外一般是指钢筋外轮廓尺寸（也称外皮尺寸），即从钢筋外皮到外皮量得的尺寸。钢筋在弯曲后，外皮尺寸长，内皮尺寸短，中轴线长度保持不变。按钢筋外皮尺寸总和下料是不准确的，只有按钢筋的轴线尺寸（也就是钢筋的下料长度）下料加工，才能使加工后的钢筋形状、尺寸符合设计要求。钢筋的下料长度为各段外皮尺寸之和减去弯曲处的量度差值，再加上两端弯钩的增长值。

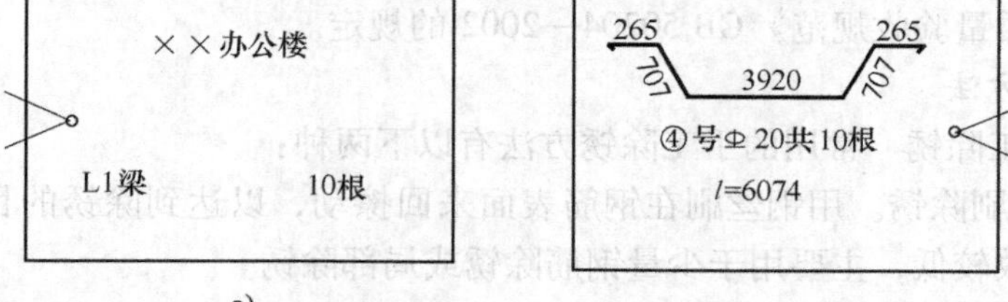

a）　　b）

图4-1　钢筋料牌

a）正面　b）反面

二、钢筋料牌

钢筋料牌是根据列入加工计划的配料单，为每一编号钢筋制作的一块100mm×70mm的木板或纤维板（见图4-1），将钢筋的工程及构件名称、钢筋编号、数量、规格、钢筋简图及下料长度等内容分别注写于料牌的两面。料牌是钢筋加工和绑扎的依据，它随着工艺流程的传送，最后系在加工好的钢筋上，作为钢筋安装工作中区别各工程项目、各类构件和不同钢筋的标志。

第二节　钢筋加工操作

钢筋加工是指根据设计图样要求和施工规范将钢筋在钢筋车间加工成符合要求的形状和尺寸。钢筋的加工工序主要包括除锈、调直、切断、弯曲成形等。

一、钢筋的除锈

1. 钢筋锈蚀现象

由于保管不善或长时间存放，钢筋会在空气中氧化而在其表面形成一层铁锈。钢筋被严重锈蚀就会影响到与混凝土的粘结，从而降低了构件的承载力。铁锈按锈蚀的程度可分为三种。

（1）浮锈（轻锈、水锈）　钢筋表面附着较均匀的细粉末，黄褐色或淡红色，用粗布或棕刷可擦掉。

（2）陈锈（中锈）　钢筋表面附着粉末较粗，呈红褐色（或淡赭色），用硬棕刷或钢丝刷可以除去。

（3）老锈（重锈）　钢筋表面锈斑明显，有麻坑，出现起层的片状分离现象，锈斑几乎遍及整根钢筋表面，颜色呈暗褐色（或红黄色），用硬钢刷或钢丝刷可以除去。

带有铁锈的钢筋叫锈蚀钢筋。锈蚀钢筋在工程上使用应要符合《混凝土结构工程施工质量验收规范》GB 50204—2002 的规定。

2. 除锈方法

（1）手工除锈　常用的手工除锈方法有以下两种：

1）钢丝刷除锈。用钢丝刷在钢筋表面来回擦动，以达到除锈的目的。这种除锈方法工效较低，主要用于少量钢筋除锈或局部除锈。

2）砂盘除锈。用砂盘中的干燥砂子摩擦钢筋表面，以达到除锈的目的。这种除锈方法效果较好，主要用于较粗的钢筋除锈。

（2）酸洗除锈　它是将钢筋放入酸洗槽中，分别将油污、铁锈清洗干净。这种方法较人工除锈彻底，工效也高，适用于大量除锈工作。

（3）机械除锈　机械除锈常用以下两种方法：

1）除锈机除锈。用小功率电动机带动圆盘钢丝刷，通过圆盘钢丝刷高速转动清除钢筋表面铁锈。这种方法工效高，也能获得良好的除锈效果。

2）喷砂法除锈。它主要是用空压机、储砂机、喷砂管、喷头等设备，利用空压机产生的强大气流形成高压砂流除锈。这种方法除锈效果较好，适用于大量除锈工作。

在钢筋除锈过程中发现钢筋表面的氧化铁皮鳞落现象严重并已损伤钢筋截面，

或在除锈后钢筋表面有严重的麻坑、斑点伤蚀截面时，应降级使用或剔除不用。

二、钢筋的调直

钢筋在加工成形前，均应调直。钢筋的调直方法有手工调直和机械调直两种。

1. 手工调直

对工程量小或临时在工地加工钢筋，常采用手工调直钢筋。

（1）钢丝的调直　钢丝可以采用夹轮牵引调直（见图4-2a），如牵引过轮的钢丝还存在局部弯曲，可用小锤敲打平直；也可以采用蛇形管调直。蛇形管是用长40～50cm，外径20mm的厚壁钢管，蛇形管壁四周打上小孔，排漏铁锈粉末，管两端连接喇叭状进出口，将蛇形管固定在支架上，需要调直的钢丝穿过蛇形管，用人力向前牵引，即可将钢丝基本调直，局部慢弯处可用小锤加以平直，如图4-2b所示。

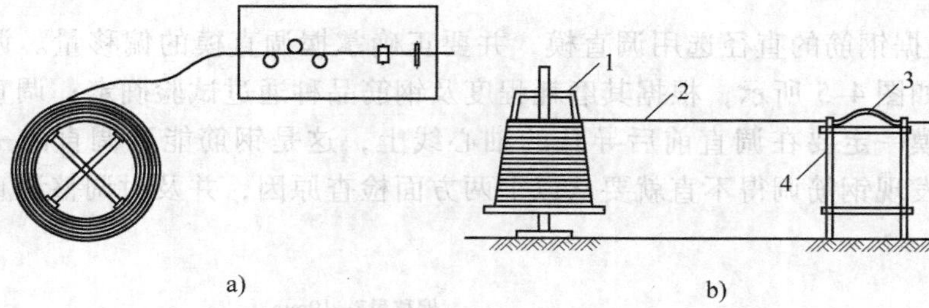

图4-2　钢丝调直装置示意

a）夹轮牵引调直　b）蛇形管调直

1—盘条架　2—钢丝　3—蛇形管　4—固定支架

（2）细钢筋调直　直径10mm以下的盘圆钢筋称为细钢筋。细钢筋可以在工作台上用小锤敲直，也可用绞磨车拉直。绞磨车装置是由一台手摇绞车或木绞盘、钢丝绳、地锚和夹具组成（见图4-3）。操作时先将盘圆钢筋搁在盘条架上，

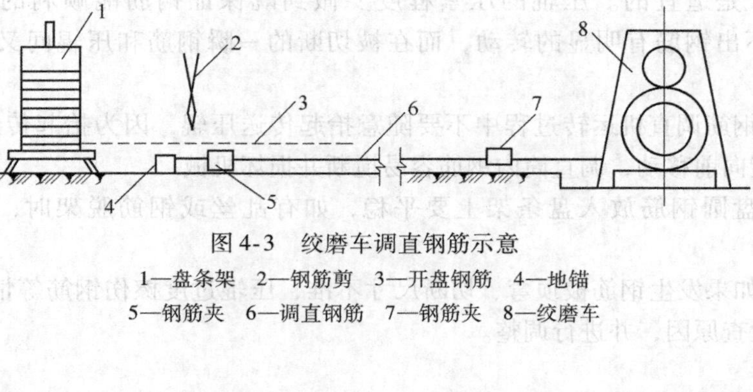

图4-3　绞磨车调直钢筋示意

1—盘条架　2—钢筋剪　3—开盘钢筋　4—地锚

5—钢筋夹　6—调直钢筋　7—钢筋夹　8—绞磨车

人工将钢筋拉到一定长度切断，分别将钢筋两端夹在地锚和绞磨端的夹具上，推动绞磨，即可将钢筋基本拉直。

（3）粗钢筋调直　直条粗钢筋的曲折是在运输和堆放过程中造成的，一般仅在直条上出现一些缓弯，常用人工在工作台上调直，如图4-4所示。

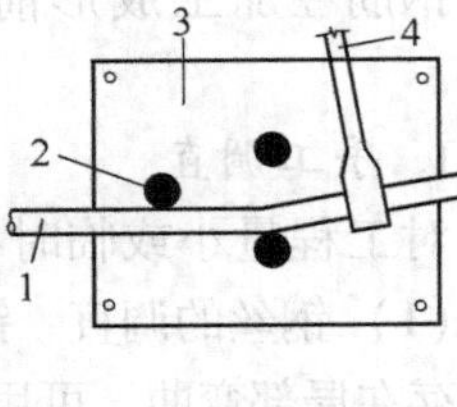

图4-4　粗钢筋人工调直

1—钢筋　2—扳柱　3—底盘　4—扳手

2. 机械调直

机械调直是利用钢筋调直机或卷扬机把弯曲的钢筋调直使其达到钢筋加工的要求。

（1）调直机调直　目前采用的钢筋调直机械，都具有钢筋除锈、调直和切断三项功能，这三项工序能在操作中一次完成，使用方便、工效高、调直质量好。

钢筋调直机的调整和使用，以TQ4—8型调直机为例。

1）根据钢筋的直径选用调直模，并要正确掌握调直模的偏移量。调直模的偏移量如图4-5所示，根据其磨耗程度及钢筋品种通过试验确定；调直筒两端的调直模一定要在调直前后导孔的轴心线上，这是钢筋能否调直的一个关键。如果发现钢筋调得不直就要从以上两方面检查原因，并及时调整调直模的偏移量。

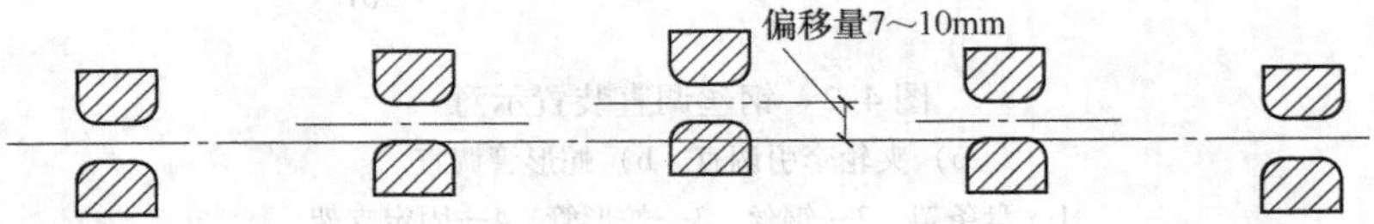

图4-5　调直模的安装

2）根据钢筋的直径选用适当的压辊槽宽，并要正确掌握压辊的压紧程度。压辊的槽宽，一般在钢筋穿入压辊之后，保证上下压辊间有3mm之内的间隙才是适宜的。压辊的压紧程度要做到既保证钢筋能顺利的被牵引前进，看不出钢筋有明显的转动，而在被切断的一瞬钢筋和压辊间又能允许发生打滑。

3）钢筋调直机运转过程中不要随意抬起传送压辊，因为抬起传送压辊后，钢筋不能向前移动，调直筒内钢筋容易搅断并损坏机械。

4）盘圆钢筋放入盘条架上要平稳，如有乱丝或钢筋脱架时，必须停机处理。

5）如果发生钢筋被顶弯、切断尺寸不准、压辊过度擦伤钢筋等情况，应立即停机检查原因，并进行调整。

6）操作人员不准离机器过近，上盘、穿丝、引头、切断时都应停机进行。

7）每盘钢筋末尾或调直短盘钢筋时，应手持套管护送钢筋到导料器，以免发生伤人事故。

（2）卷扬机冷拉调直　直径10mm以下的盘圆钢筋，可采用卷扬机拉直，卷扬机能完成除锈、拉伸、调直三道工序。冷拉调直时，HPB235、HPB300光圆钢筋的冷拉率不宜大于4%；HRB335、HRB400、HRB500、HRBF335、HRBF400、HRBF500及RRB400带肋钢筋的冷拉率不宜大于1%。

三、钢筋的切断

钢筋经过除锈、调直后，根据钢筋配料单和料牌上标示的钢筋下料长度、规格切断钢筋。钢筋的切断方法有手工切断和机械切断两种。

1. 钢筋切断前的准备工作

1）根据钢筋配料单复核料牌上所写钢筋种类、直径、尺寸、根数是否正确。

2）根据钢筋原材料长度，将同规格钢筋根据不同长度，进行长短搭配；一般应先断长料，后断短料，以尽量减少短头，减少损耗。

3）检查测量长度所用工具或标志的准确性；在工作台上有量尺刻度线的，应事先检查定尺挡板的牢固和可靠性。

4）调试好切断设备，先试切1~2根，设备运转正常后再成批加工。

2. 手工切断

（1）断线钳切断　断线钳可切断钢丝及6mm以下的钢筋。

（2）手动切断机切断　手动切断机一般能切断16mm以下的钢筋，它可根据所切断钢筋直径来调整手柄长度，切断时比较省力。

（3）液压切断器切断　手动液压切断器能切断16mm以上的钢筋，它主要通过液压传动使刀片切割钢筋来完成切断。

（4）克子切断　钢筋加工工作量较小时可用克子切断。操作时将钢筋放在克子槽内，上克边紧贴下克边，用锤子打上克将钢筋切断。

3. 机械切断

机械切断是指用钢筋切断机来切断钢筋，较手工切断钢筋速度快，加工量大。

使用钢筋切断机时应注意以下几点：

1）使用前应检查刀片安装是否正确、牢固，润滑油是否充足，并且要空车运转正常后，再进行操作。

2）在钢筋切断机进行操作过程中，要注意刀片的水平、垂直间隙位置，若有变化应及时停机调整。

3）钢筋要在调直后才进行切断。为了保证断料正确，钢筋和切断机刀口要成垂直。在切断细钢筋时，要将钢筋摆直，注意不要形成弧线。

4）每次可切断的根数是根据钢筋直径来确定的，GJ5—40 型钢筋切断机每次可切断钢筋根数可参考表 4-2。

表 4-2 GJ5—40 型钢筋切断机每次切断根数

钢筋直径/mm	6	8	10	12	14~16	18~20	22~40	备 注
每次切断根数	15	10	7	5	3	2	1	HPB235 级钢筋

四、钢筋的弯曲

钢筋弯曲成形是指将已经切断或配好的钢筋按钢筋配料单或料牌上的钢筋式样和尺寸，弯曲加工成相应的形状、尺寸。钢筋弯曲成形的方法有手工和机械两种。其操作顺序是：划线——试弯——弯曲成形。

1. 划线

划线是指在钢筋弯曲前，根据钢筋配料单或料牌上标明的尺寸，用石笔将各弯曲点位置画出。

对于所弯曲的钢筋，要根据料牌上要求的式样和尺寸将各段分隔划线，划线长度应考虑弯曲调整值，并在弯曲操作方向相反的一侧长度内扣除（见图 4-6a，两段长度分别为 a 和 b，根据不同的弯曲方式，划线长度也不同），弯曲时使划线点处于扳柱外缘。对于弯折 135°和 180°的，划线点的位置按图样上的长度尺寸减

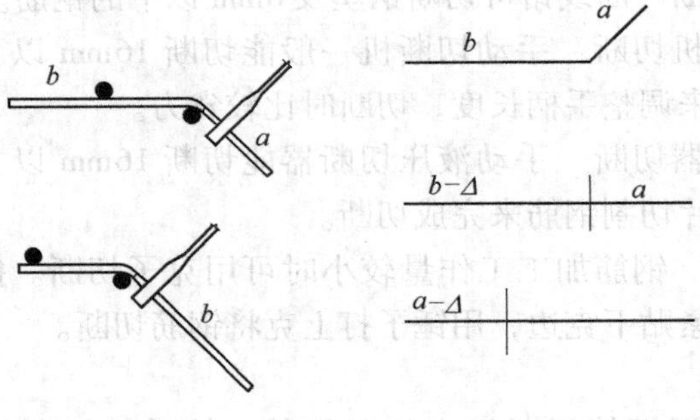

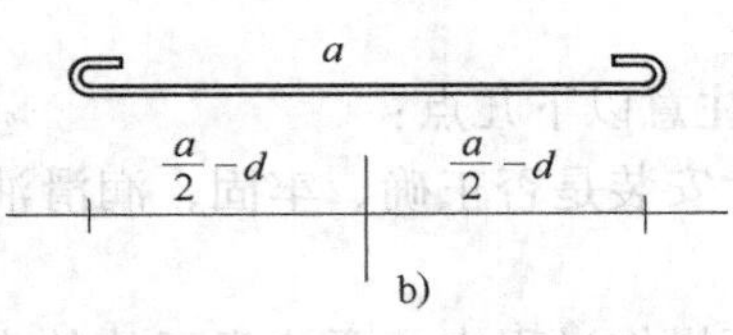

图 4-6 弯曲钢筋的划线方法

小一个直径长，如图 4-6b 所示。划线工作宜从中线开始向两端进行；两端不对称的钢筋，也可以从钢筋一端开始划线，如划到另一端有出入时，则应重新调整。

2. 试弯

弯曲钢筋划线后，即可试弯一根，以检查划线的结果是否符合设计要求，如不符合，应对弯曲顺序、划线、弯曲标志、板距等进行调整，待调整合格后，才能成批弯制。

3. 弯曲成形

（1）手工弯曲　手工弯曲钢筋成形的方法设备简单，成形正确，在工地上经常采用。手工弯曲直径 12mm 以下的钢筋时，通常使用手摇扳手，一次可以弯 1 ~4 根钢筋。手工弯曲粗钢筋时，可用横口扳手在工作台上进行，这种方法可以弯曲直径 32mm 以下的钢筋。

在进行钢筋弯曲操作时，为保证钢筋弯曲形状正确，使钢筋弯曲处圆弧有一定的曲率，操作时要注意扳柱、弯曲点线和板距三者的关系，扳手端部不碰到扳柱。板距是指扳手口与扳柱之间的净距，可以参考表 4-3 来确定。钢筋弯曲点在扳柱钢板上的位置要配合划线的操作方向，当钢筋弯曲 90°以内时，弯曲点线与扳柱外边缘相平；当钢筋弯曲 135° ~180°时，弯曲点线距扳柱外边缘的距离约 1 倍钢筋直径，如图 4-7 所示。

表 4-3　板距值参考表（d 为钢筋直径）

弯曲角度/(°)	45	90	135	180
板距	(1.5 ~2) d	(2.5 ~3) d	(3 ~3.5) d	(3.5 ~4) d

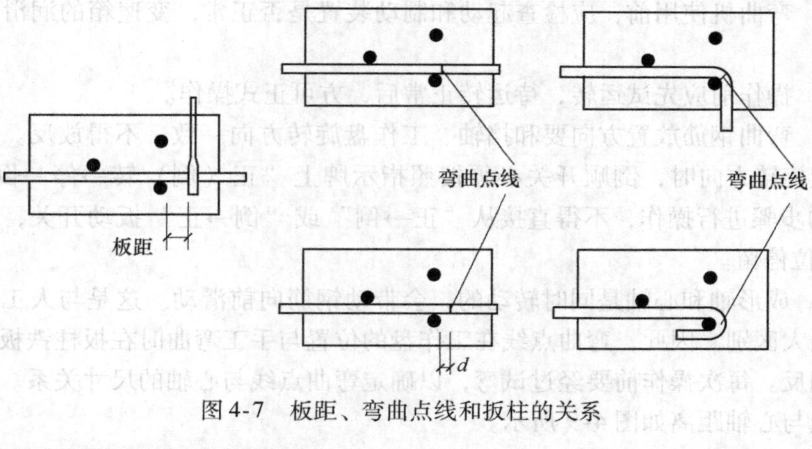

图 4-7　板距、弯曲点线和扳柱的关系

手工弯曲操作应注意的问题：

1）弯曲钢筋时，钢筋必须放平，扳子要托平，用力均匀，不能上下摆动，以免弯曲钢筋发生翘曲。

2）弯曲钢筋时，要将钢筋的弯曲点放正，搭好扳手，注意扳距，扳口卡牢钢筋。起弯时用力要慢，用力过猛容易使扳手扳脱。结束时要稳，掌握好弯曲位置，以免把钢筋弯过头或没弯到要求角度。

（2）机械弯曲成形　将钢筋需要弯曲的部位放到心轴与成形轴（工作轴）之间，开动弯曲机。当工作盘旋转90°时，成形轴也转动90°。由于钢筋被挡铁轴阻止不能运动，成形轴就将钢筋绕着心轴弯成90°的弯钩。如果工作盘继续旋转到180°，成形轴也就把钢筋弯成180°的弯钩。用倒顺开关使工作盘反转，成形轴就回到原来位置，即弯曲结束。如图4-8所示。

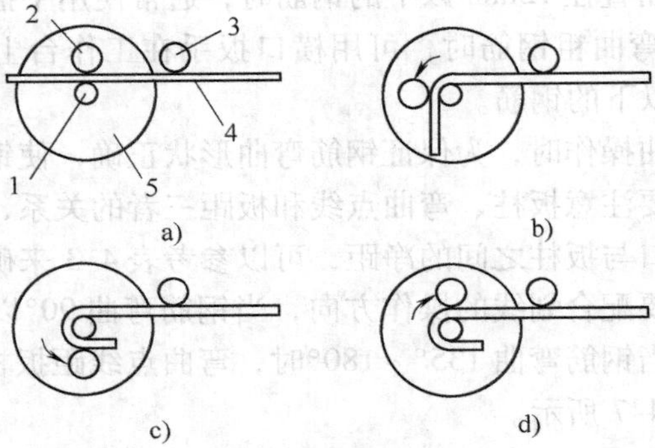

图4-8　弯曲机工作示意图

1—心轴　2—成形轴　3—挡铁轴　4—钢筋　5—工作盘

弯曲机操作注意事项：

1）弯曲机使用前，应检查起动和制动装置是否正常，变速箱的润滑油是否充足。

2）操作前应先试运转，待运转正常后，方可正式操作。

3）弯曲钢筋放置方向要和挡轴、工作盘旋转方向一致，不得放反。在变换工作盘旋转方向时，倒顺开关必须按照指示牌上“正（倒）转→停→倒（正）转”的步骤进行操作，不得直接从“正→倒”或“倒→正”扳动开关，而不在“停”位停留。

4）成形轴和心轴是同时转动的，会带动钢筋向前滑动。这是与人工弯曲的一个最大区别。因此，弯曲点线在工作盘的位置与手工弯曲时在扳柱铁板的位置正好相反。每次操作前要经过试弯，以确定弯曲点线与心轴的尺寸关系。一般弯曲点线与心轴距离如图4-9所示。

5）不允许在运转过程中更换心轴、成形轴及挡铁轴，加润滑油或保养。

6）弯曲机机身应设接地装置，电源应安装在开关刀开关上。

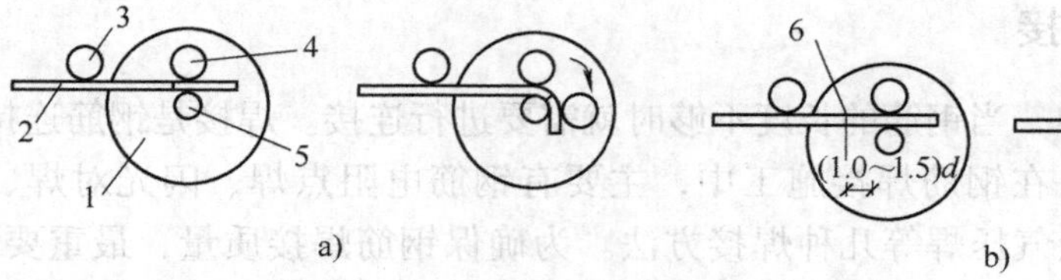

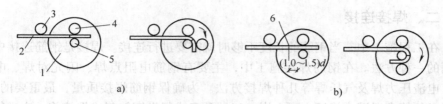

图 4-9 弯曲点线与心轴关系

a）弯 90° b）弯 180°

1—工作盘 2—钢筋 3—挡铁轴 4—成形轴 5—心轴 6—弯曲点线

第三节 钢筋的连接技术

钢筋的连接是指钢筋接头的连接，有绑扎连接、焊接连接和机械连接三种。

一、绑扎连接

钢筋的绑扎连接就是钢筋按照规定的搭接长度搭接，在搭接部分的中心和两端用铁丝扎紧，如图 4-10 所示。

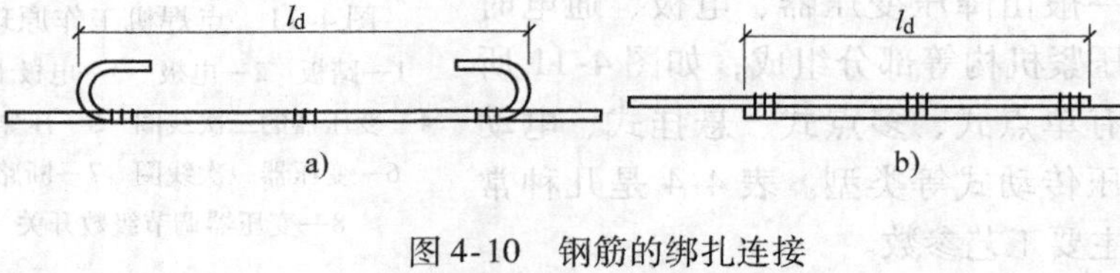

图 4-10 钢筋的绑扎连接

a）光面钢筋 b）带肋钢筋

采用钢筋绑扎连接时，钢筋绑扎接头位置以及搭接长度应符合国家现行《混凝土结构工程施工质量验收规范》GB 50204—2002 的规定。

在任何情况下，受拉钢筋的搭接长度不应小于 300mm；受压钢筋的搭接长度不应小于 200mm。

同一构件中相邻纵向受力钢筋的绑扎搭接接头宜相互错开。绑扎搭接接头中钢筋的横向净距不应小于钢筋直径，且不应小于 25mm。

轴心受拉及小偏心受拉杆件（如桁架和拱的拉杆）的纵向受力钢筋不得采用绑扎搭接接头。当受拉钢筋的直径 $d>25$mm 及受压钢筋的直径 $d>28$mm 时，不宜采用绑扎搭接接头。

二、焊接连接

在工程施工中，当钢筋的长度不够时就需要进行连接。焊接是钢筋连接中最常用的一种方法。在钢筋焊接施工中，主要有钢筋电阻点焊、闪光对焊、电弧焊、电渣压力焊及气压焊等几种焊接方法。为确保钢筋焊接质量，最重要的是：焊工必须持有考试合格证方可上岗；工程开工或每批钢筋正式焊接前，应进行现场条件下的焊接性能试验，合格后方可正式生产。

1. 钢筋电阻点焊

它是将两根钢筋安放成交叉叠接形式，压紧于两极之间，利用电阻热融化母材金属，同时加压形成焊点的一种压焊方法。它主要用于钢筋的交叉连接，如用来焊接钢筋骨架和钢筋网片，是一种生产效率高、质量好的工艺方法。

(1) 电阻点焊工作原理　电阻点焊的工作原理是将表面清理好的两根钢筋的交叉叠合点放在电焊机的两个电极间预压夹紧，使两根钢筋在交叉叠合点紧密接触，然后接通电源，使接触点处产生的电阻热达到一定温度后该处金属受热熔化，同时通过压紧而形成焊接接点。

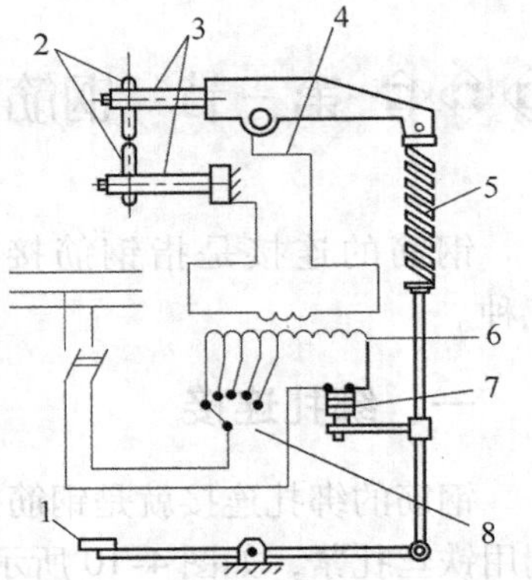

图 4-11　点焊机工作原理

1—踏板　2—电极　3—电极卡头　4—变压器的二次线圈　5—压紧机构　6—变压器一次线圈　7—断路器　8—变压器调节级数开关

点焊机一般由降压变压器、电极、通电时间调节器和压紧机构等部分组成，如图 4-11 所示。点焊机有单点式、多点式、悬挂式、电动凸轮式、气压传动式等类型。表 4-4 是几种常用点焊机的主要工艺参数。

表 4-4　常用点焊机的主要工艺参数

项　目	单位	型　号					
		SO232A	SO432A	DN3—75	DN3—100	DN—63	DN—125
额定容量	kV·A	17	31	75	100	63	125
一次电压	V	380					
一次额定电流	A	44.7	81.6	197.4	263	166	380
可焊钢筋直径	mm	8～10	10～12	8～10	10～12	15	20
最多焊点数	点/h	900	1800	3000	1740	1500	900
二次电压调节范围	V	1.8～3.6	2.5～4.6	3.33～6.66	3.65～7.30	3.22～6.67	4.22～8.44

（续）

项目		单位	型号							
			SO232A		SO432A		DN3—75	DN3—100	DN—63	DN—125
二次电压调节级数		级	6		8		8	8	4	4
电极臂有效伸出距离		mm	230	550	250	800	800	800	600	600
电极间最大压力		kN	2.64	1.18	5.52	1.95	6.5	6.5	9	14
外形尺寸	长	mm	765		860		1610	1610	1400	1550
	宽	mm	400		400		730	730	400	400
	高	mm	14058		1405		1460	1460	1890	1890
重量		kg	160		225		800	850	790	900

（2）电阻点焊的操作工艺要点

1）焊接之前，钢筋必须除锈，保证钢筋与钢筋之间以及钢筋与电极之间接触表面的清洁平整；如发现电极变形，要及时修整。

2）接通焊机电源，应检查电气设备、操作机构、冷却系统、气路系统以及机体外壳有无漏电现象。

3）操作前要根据钢筋牌号、直径及焊机性能等具体情况，选择好合适的焊接参数，调整变压器级数、电极行程、焊接通电时间、电极压力等，然后开放冷却水，接通电源，进行点焊前试验。

4）当焊接不同直径的钢筋时，焊接骨架较小、钢筋直径小于或等于10mm时，大、小钢筋直径之比不宜大于3；若较小钢筋直径为12～16mm时，大小钢筋直径之比，不宜大于2。焊接网较小，钢筋直径不得小于较大钢筋直径的0.6倍。

5）焊点的压入深度为较小钢筋直径的18%～25%。压入深度是指在焊接骨架或焊接网的电阻点焊中，两根钢筋相互压入的深度，如图4-12所示。

图4-12 压入深度

6）钢筋多头点焊机适用于同规格焊接网的成批生产。点焊生产时，除按上述规定外，尚应准确调整好各个电极之间的距离、电极电压，并应经常检查各个焊点的焊接电流和焊接通电时间是否均匀一致，以保证各焊点质量。

7）钢筋点焊时，电极的直径应根据较小钢筋直径选用，见表4-5。

表4-5 电极直径选用表

较小钢筋直径/mm	电极直径/mm	较小钢筋直径/mm	电极直径/mm
3～10	30	12～14	40

(3) 点焊制品焊接缺陷及防止措施　钢筋点焊生产过程中应随时检查制品的外观质量，当发现焊接缺陷时，可参照表4-6查找原因并采取相应措施，及时消除。

表4-6　点焊制品焊接缺陷及防止措施

缺　陷	产生原因	防止措施
焊点过热	1）变压器级数过高 2）通电时间太长 3）上下电极不对中心 4）继电器接触失灵	1）降低变压器级数 2）缩短通电时间 3）切断电源，校正电极 4）清理触点，调节间隙
焊点脱落	1）电流过小 2）压力不够 3）压入深度不足 4）通电时间太短	1）提高变压器级数 2）加大弹簧压力或调大气压 3）调整两电极间距离，使之符合压入深度要求 4）延长通电时间
钢筋表面烧伤	1）钢筋和电极接触表面太脏 2）焊接时没有预压过程或预压力过小 3）电流过大 4）电极变形	1）清刷电极与钢筋表面的铁锈和油污 2）保证预压过程和适当的预压力 3）降低变压器级数 4）修理或更换电极

2. 闪光对焊

闪光对焊将两钢筋安放成对接形式，利用电阻热使接触点金属融化，产生强烈飞溅，形成闪光，迅速施加顶锻力完成的一种压焊方法。闪光对焊具有工效高、材料省、费用低、质量好等优点。它是目前在建筑工程中比较常用的一种接头焊接方法，是电阻焊的一种对接方法。

(1) 闪光对焊的工作原理　闪光对焊的工作原理可用图4-13所示来说明。图4-13中焊机的两个电极分别装在机身的固定平板和活动平板上，活动平板可沿机身导轨作水平直线运动并与压力机构连接，电流从机身的变压器二次线圈引到接触板，并通过接触板引到电极，需要对焊的钢筋夹在电极内，待两根钢筋接触到一起时发生短路，使钢筋的两端面发热到足够的温度，再利用压力机

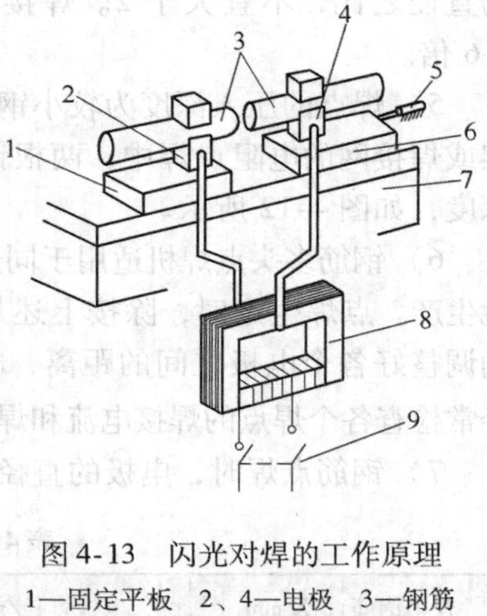

图4-13　闪光对焊的工作原理
1—固定平板　2、4—电极　3—钢筋　5—压力机构　6—活动平板　7—机身　8—变压器　9—刀开关

将钢筋用力挤压，使两根钢筋焊接在一起。

（2）闪光对焊　闪光对焊有连续闪光焊、预热闪光焊、闪光-预热闪光焊、焊后热处理。

1）连续闪光焊：在对焊机的电极钳口上夹紧钢筋并通电后，使对焊钢筋的端面轻微接触，此时钢筋端面的间隙中即喷射出火花状熔化后的金属微粒，形成“闪光”现象；然后徐徐地移动钢筋，形成连续闪光过程，端头金属很快熔化，待钢筋熔化到规定的长度后，迅速进行带电和断电顶锻至一定长度，使两根钢筋焊牢。

2）预热闪光焊：在进行连续闪光焊之前，再增加一个钢筋预热过程，以扩大焊接热影响区。在对焊机的电极钳口上夹紧钢筋并通电后，开始以较小的压力使两钢筋的端面交替地接触、分开，这时钢筋端面的间隙中即发生断续的闪光而形成预热过程。预热后，随即进行连续闪光和顶锻。

3）闪光-预热闪光焊：在预热闪光焊前再增加一次闪光过程，使不平整的钢筋端面先变成比较平整的端面，再进行预热、闪光及顶锻过程。

4）焊后热处理：当对HRB500钢筋焊接时，应采用预热闪光焊或闪光-预热闪光焊工艺。当接头拉伸试验结果发生脆性断裂，或弯曲试验不能达到规定要求时，尚应在焊机上进行焊后热处理，其热处理工艺方法如下：

① 待接头冷却至常温，将电极钳口调至最大距离，重新夹紧。

② 采用较低的变压器级数，进行脉冲式通电加热；每次脉冲循环包括通电时间和间歇时间宜为3s。

③ 焊后热处理温度应在750～850℃（橘红色）范围内选择，随后在环境温度下自然冷却。

（3）闪光对焊操作注意事项

1）钢筋的纵向连接宜采用闪光对焊，其焊接工艺应根据钢筋种类进行选择。钢筋直径较小，牌号较低，在表4-7范围内，可采用连续闪光焊；当超过表4-7的规定，且钢筋端面较平整，宜采用预热闪光焊；当超过表4-7的规定，且钢筋端面不平整，应采用闪光—预热闪光焊。HRB500钢筋应采用预热闪光焊或闪光—预热闪光焊。

2）连续闪光焊所能焊接的最大钢筋上限直径，应随着焊机容量、钢筋牌号等具体情况而定，并应符合表4-7的规定。

3）钢筋焊接接头必须除锈，保持平直，如有弯曲，应把钢筋弯曲的接头部位调直或切除。

4）安放钢筋于焊机上要放正、夹牢；夹紧钢筋时，应使两钢筋端面的凸出部分相接触，以便均匀加热和保证焊缝与钢筋轴线相垂直；闪光过程应该稳定、强烈，防止焊缝金属氧化；顶锻应在足够大的压力下快速完成，以保证焊口闭合良好和使接头处产生足够的墩粗变形。

表 4-7　连续闪光焊钢筋上限直径

焊机容量/（kV·A）	钢筋牌号	钢筋直径/mm	焊机容量/（kV·A）	钢筋牌号	钢筋直径/mm
160（150）	HPB235 HRB335 HRB400 RRB400	20 22 20 20	80（75）	HPB235 HRB335 HRB400 RRB400	16 14 12 12
100	HPB235 HRB335 HRB400 RRB400	20 18 16 16	40	HPB235 Q235 HRB335 HRB400 RRB400	10

5）钢筋焊接完毕，应待接头由白红色变为黑红色才能松开夹具，平稳地取出钢筋，以免引起接头弯曲。

6）钢筋闪光对焊时，应做到：预热要充分；顶锻前瞬间闪光要强烈；顶锻快而有力。

7）采用 UN2—150 型（电动机凸轮传动）或 UN17—150—1 型对焊机（气—液传动）进行大直径钢筋焊接时，宜首先采取锯割或气割方式对钢筋端面进行平整处理；然后采取预热闪光焊。

（4）闪光对焊缺陷及防止措施　在钢筋闪光对焊过程中，操作过程的各个环节应密切配合，以保证焊接质量，若出现异常现象或焊接缺陷时，参照表 4-8 查找原因，及时消除。

表 4-8　钢筋对焊异常现象、焊接缺陷及防止措施

异常现象和缺陷	防止措施
闪光过分剧烈并产生强烈的爆炸声	1）降低变压器级数 2）减慢闪光速度
闪光不稳定	1）清除电极底部和表面的氧化物 2）提高变压器级数 3）加快闪光速度
接头中有氧化膜、未焊透或夹渣	1）增加预热程度 2）加快临近顶锻时的闪光速度 3）确保带电顶锻过程 4）加快顶锻速度 5）增大顶锻力
接头中有缩孔	1）降低变压器级数 2）避免闪光过程过分强烈 3）适当增大顶锻留量及顶锻力

（续）

异常现象和缺陷	防止措施
焊缝金属过烧	1）减少预热程度 2）加快闪光速度，缩短焊接时间 3）避免过多带电顶锻
接头区域裂纹	1）检验钢筋的碳、硫、磷含量；若不符合规定时应更换钢筋 2）采取低频预热方法，增加预热程度
钢筋表面微熔及烧伤	1）清除钢筋被夹紧部位的铁锈和油污 2）清除电极内表面的氧化物 3）改进电极槽口形状，增大接触面积 4）夹紧钢筋
接头弯折或轴线偏移	1）正确调整电极位置 2）修整电极钳口或更换已变形的电极 3）切除或矫直钢筋的接头

3. 焊条电弧焊

焊条电弧焊是以焊条作为一极，钢筋为另一极，利用焊接电流通过产生的电弧热进行焊接的一种熔焊方法，如图4-14所示。

（1）焊条电弧焊的工作原理　焊条电弧焊是利用弧焊机输出的低电压、高电流使钢筋和焊条之间产生高温电弧，熔化钢筋端面和焊条末端，使焊条金属过渡到熔化的焊缝内，金属冷却凝固后，便形成焊接接头。

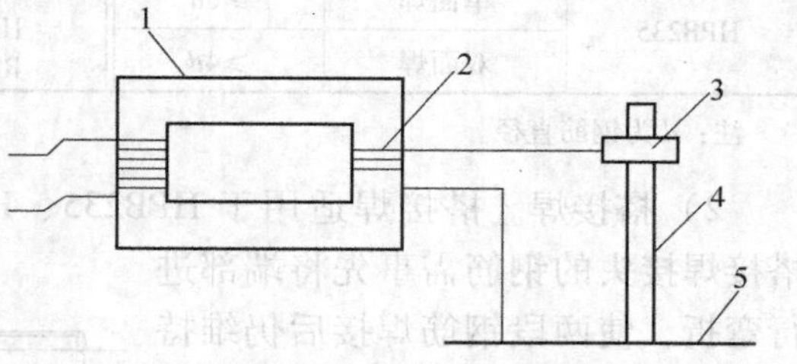

图4-14　焊条电弧焊示意图

1—焊接变压器　2—变压器二次线圈　3—焊钳　4—焊条　5—焊件

（2）焊条电弧焊的接头形式

钢筋电弧焊包括帮条焊、搭接焊、坡口焊、窄间隙焊和熔槽帮条焊5种接头形式。

1）帮条焊。帮条焊适用于HPB235、HRB335、HRB400、RRB400级钢筋，分单面焊、双面焊两种。接头形式及接头长度l如图4-15所示。钢筋帮条焊时，宜采用双面焊；不能进行双面焊时，也可采用单面焊。

当帮条牌号与主筋相同时，帮条直径可与主筋相同或小一个规格；其帮条长度见表4-9。如帮条直径与主筋相同时，帮条钢筋的牌号可与主筋相同或低一个牌号。

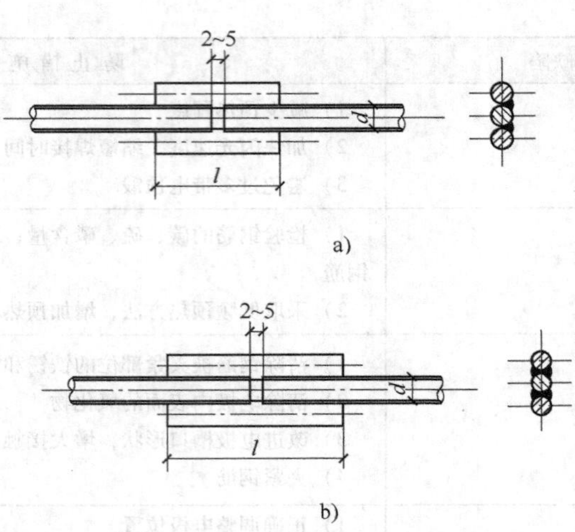

图 4-15 钢筋帮条焊

a）单面焊 b）双面焊

表 4-9 钢筋帮条长度

钢筋牌号	焊缝形式	帮条长度 l	钢筋牌号	焊缝形式	帮条长度 l
HPB235	单面焊	≥$8d$	HRB335 HRB400 RRB400	单面焊	≥$10d$
	双面焊	≥$4d$		双面焊	≥$5d$

注：d 为钢筋直径。

2）搭接焊。搭接焊适用于 HPB235、HRB335、HRB400、RRB400 级钢筋。搭接焊接头的钢筋需事先将端部进行弯折，使两段钢筋焊接后仍维持其轴线位于一条直线上。搭接焊分单面焊、双面焊两种，如图 4-16 所示。焊接时宜采用双面焊，不能进行双面焊时，方可采用单面焊。搭接长度应与表 4-9 帮条长度相同。

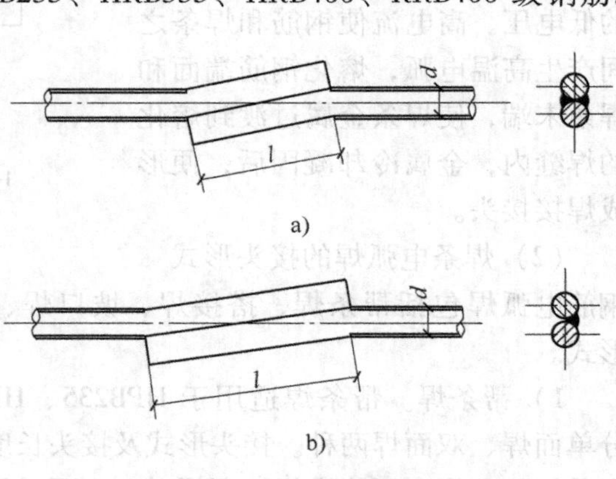

图 4-16 钢筋搭接焊

a）双面焊 b）单面焊

钢筋帮条焊接头或搭接焊接头的焊缝厚度 S 不应小于主筋直径的 0.3 倍；焊缝宽度 b 不小于钢筋直径的 0.8 倍，如图 4-17 所示。

3）坡口焊。坡口焊适用于 HPB235、HRB335、HRB400、RRB400 级钢筋。

接头形式如图 4-18 所示，钢垫板厚度宜为 4～6mm，长度宜为40～60mm；平焊时，垫板宽度应为钢筋直径加 10mm，V 形坡口角度宜为 55°～65°；立焊时，垫板宽度宜等于钢筋直径，坡口角度宜为 40°～55°（其中下钢筋宜为 5°～10°，上钢筋宜为35°～45°）。

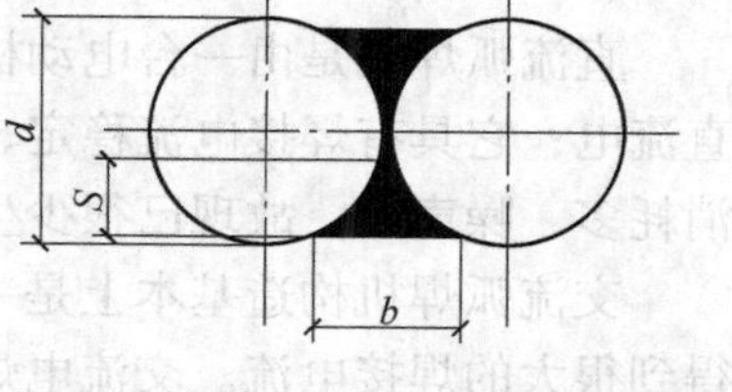

图 4-17 帮条焊、搭接焊尺寸示意
S—焊缝厚度 b—焊缝宽度
d—钢筋直径

4）窄间隙焊。窄间隙焊适用于直径 16mm 及以上钢筋的现场水平连接。焊接时，钢筋端部应置于铜模内，并应留出一定间隙，用焊条连续焊接，使熔化钢筋端面和熔敷金属填充间隙形成接头。接头形式如图 4-19 所示。

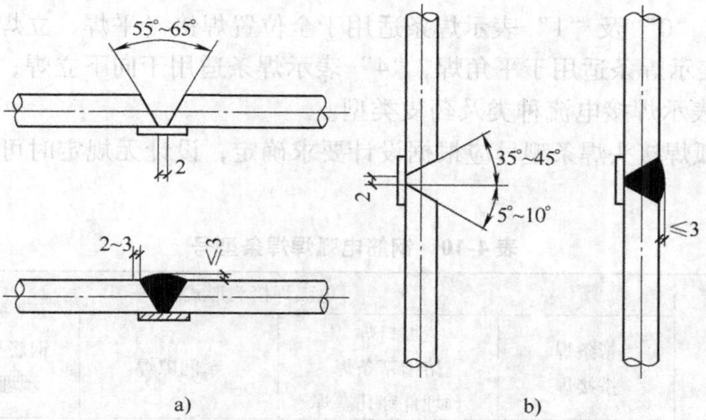

图 4-18 钢筋坡口焊接头
a）平焊 b）横焊

5）熔槽帮条焊。熔槽帮条焊适用于直径 20mm 及以上钢筋的现场安装焊接。焊接时应加角钢作垫板模，角钢边长宜为 40～60mm，长度宜为 80～100mm。接头形式如图 4-20 所示。

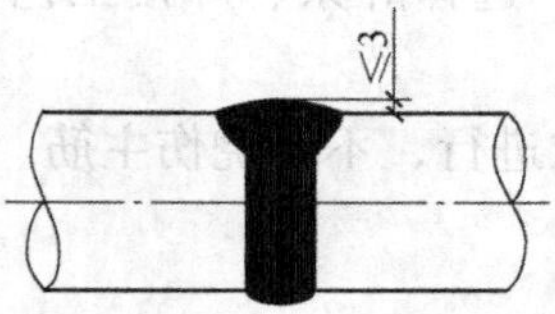

图 4-19 钢筋窄间隙焊接头

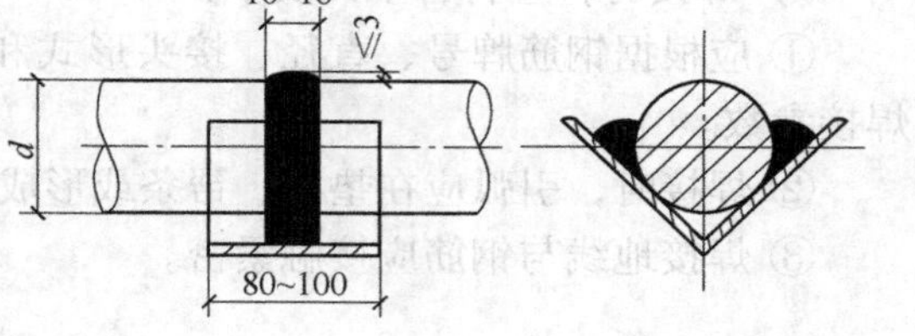

图 4-20 钢筋熔槽帮条焊接头

（3）弧焊机　弧焊机有直流弧焊机和交流弧焊机。

直流弧焊机是由一台电动机和一台直流弧焊发电机组成，发出适合于焊接的直流电；它具有焊接电流稳定、焊接质量高等优点；但是，由于它效率低、电能消耗多、噪声大，故现已很少生产由发电机驱动的产品。

交流弧焊机构造基本上是一台降压变压器，它将220V或380V的电压降低，得到很大的焊接电流。交流电焊机有结构简单、价格低廉、保养和维护方便等优点，所以施工现场多用交流弧焊机。

（4）焊条　用于钢筋焊接的焊条分碳钢焊条和低合金钢焊条两种。焊条型号根据熔敷金属的力学性能、药皮类型、焊接位置和焊接电流种类划分。焊条型号用E××××表示，其中E字后接四个数字。字母“E”表示焊条；后接的两位数字表示熔敷金属抗拉强度的最小值（以kgf/mm^2）㊀；第三位数字表示焊条的焊接位置，“0”及“1”表示焊条适用于全位置焊接（平焊、立焊、仰焊、横焊），“2”表示焊条适用于平角焊，“4”表示焊条适用于向下立焊；第三和第四位数组合时表示焊接电流种类及药皮类型。

钢筋电弧焊接头焊条型号应根据设计要求确定，设计无规定时可参照表4-10选用。

表4-10　钢筋电弧焊焊条型号

钢筋牌号	电弧焊接头形式			
	帮条焊 搭接焊	坡口焊 熔槽帮条焊 预埋件穿孔塞焊	窄间隙焊	钢筋与钢板搭接焊 预埋件T形角焊
HPB235	E4303	E4303	E4316 E4315	E4303
HRB335	E4303	E5003	E5016 E5015	E4303
HRB400	E5003	E5503	E6016 E6015	E5003
RRB400	E5003	E5503	—	—

（5）电弧焊操作要点

1）焊接时，应符合下列要求：

① 应根据钢筋牌号、直径、接头形式和焊接位置，选择焊条、焊接工艺和焊接参数。

② 焊接时，引弧应在垫板、帮条或形成焊缝的部位进行，不得烧伤主筋。

③ 焊接地线与钢筋应接触紧密。

㊀ kgf/mm^2 是非法定计量单位，$1MPa = 0.102kgf/mm^2$。

④ 焊接过程中应及时清渣，焊缝表面应光滑，焊缝余高应平缓过渡，弧坑应填满。

2）帮条焊或搭接焊时，钢筋的装配和焊接应符合下列要求：

① 帮条焊时，两主筋端头之间应留 2～5mm 的间隙。

② 搭接焊时，钢筋宜预弯，并应保证两钢筋的轴线在一直线上。

③ 帮条焊时，帮条与主筋之间用四点定位焊固定；搭接焊时用两点固定；定位焊缝与帮条端部或搭接端部的距离宜大于或等于 20mm。

④ 焊接时，应在帮条焊或搭接焊形成焊缝中引弧；在端头收弧前应填满弧坑，并应使主焊缝与定位焊缝的始端和终端熔合。

3）坡口焊工艺应符合下列要求：

① 坡口面应平顺，切口边缘不得有裂纹、钝边和缺棱。

② 焊缝的宽度应大于 V 形坡口的边缘 2～3mm，焊缝余高不得大于 3mm，并平缓过渡至钢筋表面。

③ 钢筋与钢垫板之间，应加焊 2～3 层侧面焊缝。

④ 当发现接头中有弧坑、气孔及咬边等缺陷时，应立即补焊。

4）窄间隙焊工艺应符合下列要求：

① 钢筋端面应平整。

② 端面间隙和焊接参数可按表 4-11 选用。

表 4-11 窄间隙焊端面间隙和焊接参数

钢筋直径/mm	端面间隙/mm	焊条直径/mm	焊接电流/A
16	9～11	3.2	100～110
18	9～11	3.2	100～110
20	10～12	3.2	100～110
22	10～12	3.2	100～110
25	12～14	4.0	150～160
28	12～14	4.0	150～160
32	12～14	4.0	150～160
36	13～15	5.0	220～230
40	13～15	5.0	220～230

③ 从焊缝根部引弧后应连续进行焊接，左右来回运弧，在钢筋端面处电弧应少许停留，并使之熔合。

④ 当焊至端面间隙的 4/5 高度后，焊缝逐渐扩宽；当熔池过大时，应改连续焊为断续焊，避免过热。

⑤ 焊缝余高不得大于 3mm，且应平缓过渡至钢筋表面。

5）熔槽帮条焊焊接工艺应符合下列要求：

① 钢筋端部应加工平整；两钢筋端面间隙为10～16mm。

② 从接缝处垫板引弧后应连续施焊，并应使钢筋端部熔合良好，防止未焊透、气孔或夹渣。

③ 焊接过程中应停焊清渣1次；焊平后，再进行焊缝余高的焊接，其高度不得大于3mm。

④ 钢筋与角钢垫模之间，应加焊1～3层侧面焊缝，焊缝应饱满，表面应平整。

4. 电渣压力焊

电渣压力焊是将两根钢筋安放成竖向对接形式，利用焊接电流通过两钢筋端面间隙，在焊剂层下形成电弧过程和电渣过程，产生电弧热和电阻热，熔化钢筋，加压完成的一种压焊方法，如图4-21所示。

（1）电渣压力焊的工作原理　电渣压力焊是利用电流通过渣池产生的电阻热将钢筋端部熔化，然后施加压力使钢筋焊合的一种焊接方法。它适用于现浇钢筋混凝土结构中竖向或斜向（倾斜度在4∶1范围内）钢筋的连接。

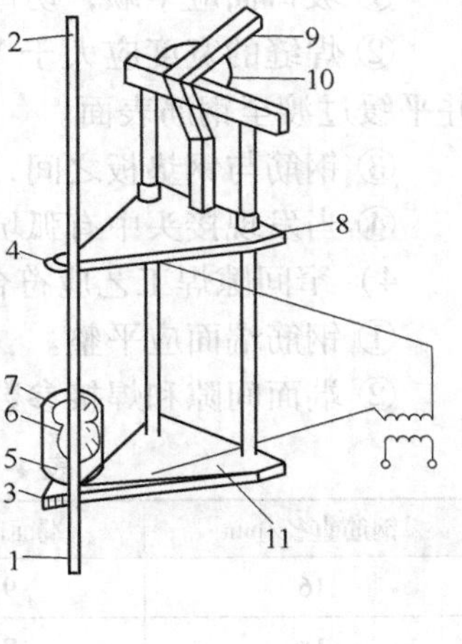

图4-21　电渣压力焊示意图
1、2—钢筋　3—固定电极　4—滑动电极　5—焊剂盒　6—导电剂　7—焊剂　8—滑动架　9—手柄　10—支架　11—固定架

（2）焊接工艺　电渣压力焊的工艺过程包括四个阶段：引弧过程、电弧过程、电渣过程和顶压过程。分手工操作和自动操作两种。

焊接时，先清除钢筋待焊端部约150mm范围内的浮锈、杂物以及油污，然后将钢筋分别夹入钳口，在上、下钢筋对接处放上一块导电剂（铁丝小球、焊条头等），当焊剂盒装满焊剂，通电后，用手柄使电弧引燃，钢筋端头及焊剂相继熔化而形成渣池，维持数秒后，随着钢筋的熔化，用手柄使上部钢筋缓缓下降，当熔化量达到规定值后，在断电的同时迅速下压上钢筋，挤出熔化金属和熔渣，形成坚实的焊接接头。待冷却一定时间后，打开焊剂盒，卸下夹具，敲去焊渣。

（3）电渣压力焊的操作要点

1）根据被焊接钢筋的长度搭设一定高度的操作架，确保工人扶直钢筋时操作方便，并防止钢筋夹紧后晃动。

2）检查电路，观察网络电压波动情况，若电压降大于5%以上时不宜焊接。当采用自动电渣压力焊时，还应检查操作箱、控制箱电气线路各接头接触是否良好。

3）将焊接夹具下钳口夹牢于下钢筋端部70~80mm的位置；将上钢筋扶直、夹牢于上钳口内150mm左右；钢筋一经夹紧，不得晃动，以保持上、下钢筋轴线重合。

4）不同直径钢筋焊接时，上下钢筋轴线应在同一直线上。

5）引弧可采用铁丝圈（焊条芯）引弧法，或直接引弧法，如图4-22所示。

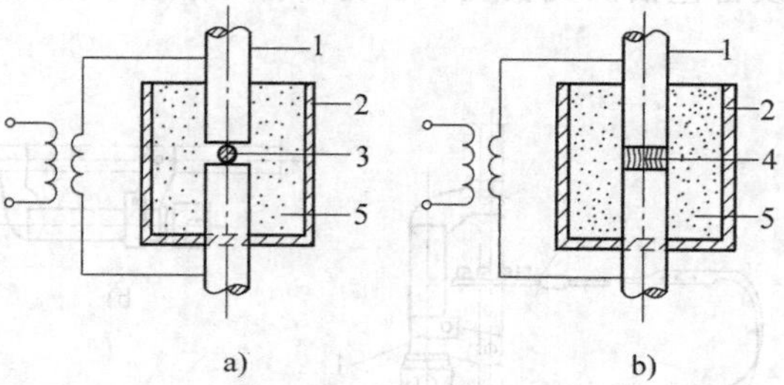

图4-22 电渣压力焊引弧方法

a）铁丝圈引弧法 b）或直接引弧法

1—钢筋 2—焊剂盒 3—铁丝圈 4—电弧 5—焊剂

6）接头焊完后，应稍作停歇，方可回收焊剂和卸下夹具；敲去渣壳后，四周焊缝凸出钢筋表面的高度不得小于4mm。

（4）电渣压力焊的焊接缺陷及防治措施 在焊接生产中焊工应进行自检，当发现轴线偏移（偏心）、弯折、烧伤等焊接缺陷时，应查找原因和采取措施，及时消除。电渣压力焊焊接缺陷及防治措施见表4-12。

表4-12 电渣压力焊焊接缺陷及防治措施

焊接缺陷	防治措施	焊接缺陷	防治措施
轴线偏移（偏心）	1）矫直钢筋端部 2）正确安装夹具和钢筋 3）避免过大的顶压力 4）及时修理和更换夹具	未焊合	1）增大焊接电流 2）避免焊接时间过短 3）检修夹具，确保上钢筋下送自如
弯折	1）矫直钢筋端部 2）注意安装和扶持上钢筋 3）避免焊后过快卸夹具 4）修理和更换夹具	焊缝不均	1）钢筋端面要求平整 2）装填焊剂尽量均匀 3）延长电渣过程时间，适当增加熔化量
咬边	1）减小焊接电流 2）缩短焊接时间 3）注意上钳口的起点和止点，确保上钢筋顶压到位	烧伤	1）钢筋导电部位除尽铁锈 2）尽量夹紧钢筋
		焊缝下淌	1）彻底封堵焊剂盒的漏孔 2）避免过快回收焊剂

5. 气压焊

气压焊是采用氧乙炔火焰或其他火焰对两钢筋对接处加热，使其达到塑性状态（固态）或熔化状态（熔态）后，施加压力将钢筋接合在一起的一种压焊方法。气压焊可用于钢筋在垂直位置、水平位置或倾斜位置的对接焊接。当两钢筋直径不同时，其直径之差不得大于7mm。

用于气压焊的设备包括供气装置、多嘴环管加热器、加压器和压接器等，如图4-23所示。

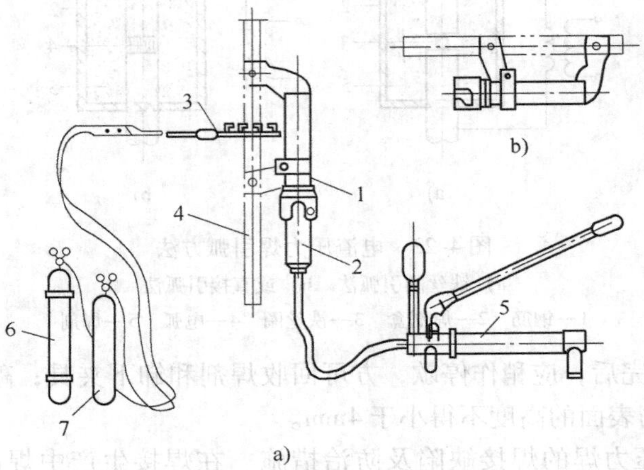

图4-23 气压焊装置系统图

a）竖向焊接 b）横向焊接

1—压接器 2—顶头液压缸 3—加热器 4—钢筋

5—加压器（手动） 6—氧气 7—乙炔

（1）气压焊操作要点

1）钢筋端头加工：用砂轮锯切断钢筋，切口处应平整并与钢筋轴线垂直，然后用磨光机打磨倒角，断面呈现金属光泽；用电动钢丝刷清除切口处约100mm范围内的锈斑、水泥浆、油污和其他杂质。

2）安装钢筋：上紧夹具，对齐上、下钢筋的轴线；利用加压器对钢筋施加约30~40MPa的预压力。

3）加热压接钢筋：先用强碳化焰对准焊缝，加热到焊缝呈橘黄色；待焊缝闭合后，立即施加顶锻力，改用中性焰对焊缝实行宽幅加热，其范围约为钢筋直径的1.2~1.4倍。顶锻结果应使焊点镦粗至钢筋直径1.4倍以上。

4）卸除夹具，应经大气冷却数分钟，在接头的红色消失后卸除夹具，避免过早卸除而导致接头变形。

（2）气压焊焊接缺陷及防治措施　气压焊焊接缺陷及防治措施见表4-13。

表 4-13 气压焊焊接缺陷及防治措施

焊接缺陷	产生原因	防治措施
轴线偏移（偏心）	1）焊接夹具变形，两夹头不同心，或夹具刚度不够 2）两钢筋安装不正 3）钢筋接合端面倾斜 4）钢筋未夹紧进行焊接	1）检查夹具，及时修理或更换 2）重新安装夹紧 3）切平钢筋端面 4）夹紧钢筋再焊
弯折	1）焊接夹具变形，两夹头不同心 2）平焊时，钢筋自由端过长 3）焊接夹具拆卸过早	1）检查夹具，及时修理或更换 2）缩短钢筋自由端长度 3）熄火后半分钟再拆夹具
镦粗直径不够	1）焊接夹具动夹头有效行程不够 2）顶压液压缸有效行程不够 3）加热温度不够 4）压力不够	1）检查夹具和顶压液压缸，及时更换 2）采用适宜的加热温度及压力
镦粗长度不够	1）加热幅度不够宽 2）顶压力过大过急	1）增大加热幅度 2）加压时应平稳
钢筋表面严重烧伤	1）火焰功率过大 2）加热时间过长 3）加热器摆动不匀	调整加热火焰，正确掌握操作方法
未焊合	1）加热温度不够或热量分布不均 2）顶压力过小 3）接合端面不洁 4）端面氧化 5）中途灭火或火焰不当	合理选择焊接参数，正确掌握操作方法

三、机械连接

钢筋机械连接是指通过钢筋与连接件的机械咬合作用或钢筋端面的承压作用，将一根钢筋中的力传递到另一根钢筋的连接方法。钢筋机械连接的形式很多，有套筒挤压连接、锥螺纹连接、墩粗直螺纹连接、滚扎直螺纹连接、熔融金属充填连接和水泥灌浆充填连接等。

1. 套筒挤压连接

套筒挤压连接是将需连接的带肋钢筋插入特制钢套筒内，利用挤压机对钢套筒进行径向或轴向挤压，使它产生塑性变形与带肋钢筋紧紧咬合形成接头，从而实现钢筋的连接。如图 4-24 所示。它适用于竖向、横向及其他方向的粗直径带肋钢筋的连接。与焊接相比，

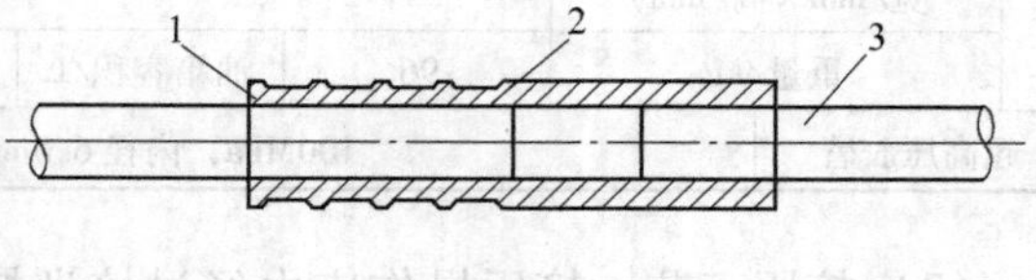

图 4-24 钢筋套筒挤压连接

1—已挤压的钢筋 2—钢套筒 3—未挤压的钢筋

它具有省电、无明火作业、施工简便和接头可靠度高等特点，不受钢筋焊接性及气候影响。

（1）钢套筒　钢套筒的材料宜选用强度适中、延性好的优质钢材。钢套筒的规格和尺寸应符合表4-14的规定。钢套筒的尺寸与材料应与一定的挤压工艺配套，必须经生产厂型式检验认定。施工单位采用经过形式检验认定的套筒及挤压工艺进行施工，不要求对套筒原材料进行力学性能检验。

表4-14　钢套筒的规格和尺寸

钢套筒型号	钢套筒尺寸/mm			压接标志道数
	外　径	壁　厚	长　度	
G40	70	12	240	8×2
G36	63	11	216	7×2
G32	56	10	192	6×2
G28	50	8	168	5×2
G25	45	7.5	150	4×2
G22	40	6.5	132	3×2
G20	36	6	120	3×2

（2）挤压设备　钢筋挤压设备由压接钳、超高压泵及超高压胶管等组成。其型号与参数见表4-15。

表4-15　钢筋挤压设备的主要技术参数

设备型号		YJH—25	YJH—32	YJH—40	YJ—32	YJ—40
压接钳	额定压力/MPa	80	80	80	80	80
	额定挤压力/kN	760	760	900	600	600
	外形尺寸/mm×mm	ϕ150×433	ϕ150×480	ϕ170×530	ϕ120×500	ϕ150×520
	重量/kg	28	33	41	32	36
	适用钢筋/mm	20~25	25~32	32~40	20~32	32~40
超高压泵	电动机	380V，50Hz，1.5kW			380V，50Hz，1.5kW	
	高压泵	80MPa，0.8L/mm			80MPa，0.8L/mm	
	低压泵	2.0MPa，4.0~6.0L/mm			—	
	外形尺寸（长/mm×宽/mm×高/mm）	790×540×785			390×525（高）	
	重量/kg	96	油箱容积/L	20	40，油箱12	
超高压胶管		100MPa，内径6.0mm，长度3.0m（5.0m）				

（3）挤压工艺　挤压操作应由经过培训持上岗证的工人操作。挤压操作时采用的挤压力，压模宽度，压痕直径或挤压后套筒长度的波动范围以及挤压道

数，均应符合经形式检验确定的技术参数要求。挤压前应做下列准备工作：

1）钢筋端头的锈皮、泥沙、油污等杂物应清理干净。

2）应对套筒作外观尺寸检查。

3）应对钢筋与套筒进行试套，如钢筋有马蹄，弯折或纵肋尺寸过大者，应预先矫正或用砂轮打磨；对不同直径钢筋的套筒不得相互串用。

4）钢筋连接端应划出明显定位标记，确保在挤压时和挤压后可按定位标记检查钢筋伸入套筒内的长度，定位标记与钢筋端头的距离为钢套筒长度的一半。

5）检查挤压设备情况，并进行试压，符合要求后方可作业。

挤压操作应符合下列要求：

应按标记检查钢筋插入套筒内深度，钢筋端头离套筒长度中点不宜超过10mm；挤压时挤压机与钢筋轴线应保持垂直；钢筋挤压连接宜先在地面上挤压一端套筒，在施工作业区插入待接钢筋后再挤压另端套筒。压接钳施压顺序由钢套筒中部顺次向端部进行。每次施压时，主要控制压痕深度。

（4）异常现象及消除措施　在套筒挤压连接中，当出现异常现象或连接缺陷时。宜按表4-16查找原因，采取措施，及时消除。

表4-16　钢筋套筒挤压连接异常现象及消除措施

异常现象和缺陷	原因或消除措施
挤压机无挤压力	1）高压油管连接位置不正确 2）油泵故障
钢套筒套不进钢筋	1）钢筋弯折或纵肋超偏差 2）砂轮修磨纵肋
压痕分布不均	压接时将压模与钢套筒的压接标志对正
接头弯折超过规定值	1）压接时摆正钢筋 2）切除或调直钢筋弯头
压接程度不够	1）泵压不足 2）钢套筒材料不符合要求
钢筋伸入套筒内长度不够	1）未按钢筋伸入位置、标志挤压 2）钢套筒材料不符合要求
压痕明显不均	检查钢筋在套筒内伸入度是否有空压现象

2. 钢筋锥螺纹连接

钢筋锥螺纹连接是先将钢筋需要连接的端部加工成锥形螺纹，利用钢筋端部的锥形螺纹与内壁带有相同内螺纹（锥形）的连接套筒相互拧紧后，靠锥形螺纹相互咬合形成接头的连接，如图4-25所示。它施工速度快、不受气候影响、质量稳定、对中性好。

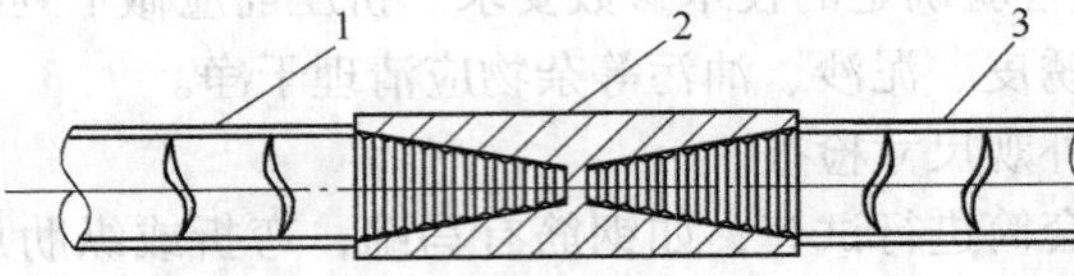

图 4-25　钢筋锥螺纹连接

1、3—钢筋　2—连接套筒

（1）机具设备　主要有钢筋套丝机、量规和力矩扳手等。

1）钢筋套丝机：钢筋套丝机是加工钢筋连接端的锥形螺纹用的专用设备。型号有 SZ—50A、GZL—40 等。

2）量规：量规包括牙型规、卡规和锥形螺纹塞规。

牙型规是用来检查钢筋连接端的锥螺纹牙型加工质量的量规。

卡规是用来检查钢筋连接端的锥螺纹小端直径的量规。

锥螺纹塞规是用来检查锥螺纹连接套的加工质量的量规。

3）力矩扳手：力矩扳手必须是经计量管理部门批准，有制造计量器具许可证的生产厂生产的产品。力矩扳手需定期经计量管理部门批准生产的扭力仪检定，检定合格后方准使用。检定期限每半年一次，且新开工工程必须先进行检定方可使用。

（2）钢筋连接套　提供锥螺纹连接套应有产品合格证；两端锥孔应有密封盖；套筒表面应有规格标记。连接套应分类包装存放，不得混淆和锈蚀。进场时，施工单位应进行复检。

连接套质量检验：锥螺纹塞规拧入连接套后，连接套的大端边缘应在锥螺纹塞规大端的缺口范围内（见图 4-26）。

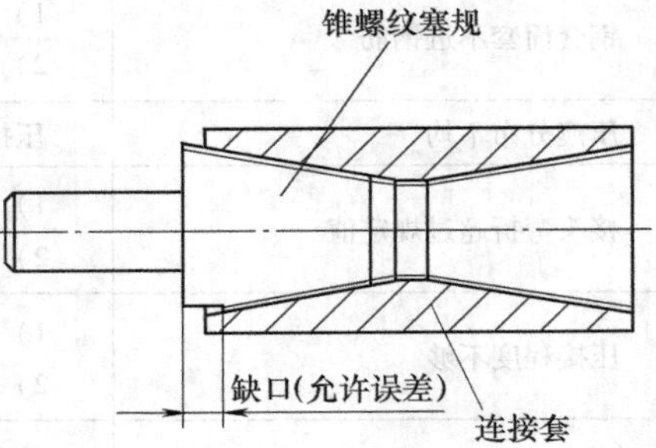

图 4-26　用锥螺纹塞规检查套筒

（3）操作工艺　钢筋锥螺纹连接工艺流程：钢筋下料——钢筋套螺纹——钢筋连接——质量检查。

1）钢筋下料。钢筋应先调直再下料。钢筋下料可用钢筋切断机或砂轮锯，不得用气割下料。钢筋下料时，要求钢筋端面与钢筋轴线垂直，端头不得弯曲、不得出现马蹄形。

2）钢筋套螺纹。套丝机必须用水溶性切削冷却润滑液；当气温低于 0℃时，应掺入质量分数为 15%~20% 的亚硝酸钠。不得用润滑油润滑或不加润滑液套螺纹。

加工的钢筋锥螺纹的锥度、牙型、螺距等必须与连接套的锥度、牙型、螺距一致，且经配套的量规检测合格。

已加工好的螺纹应用量规逐个检查，要求牙型饱满，无断牙、秃牙缺陷，且与牙型规的牙型吻合，牙齿表面光洁（见图4-27a）。螺纹锥度与卡规或环规吻合，小端直径在卡规或环规的允许误差之内（见图4-27b、c）。锥螺纹完整牙数不得小于表4-17的规定值。不合格螺纹应重新加工，经再次检验合格后方可使用。

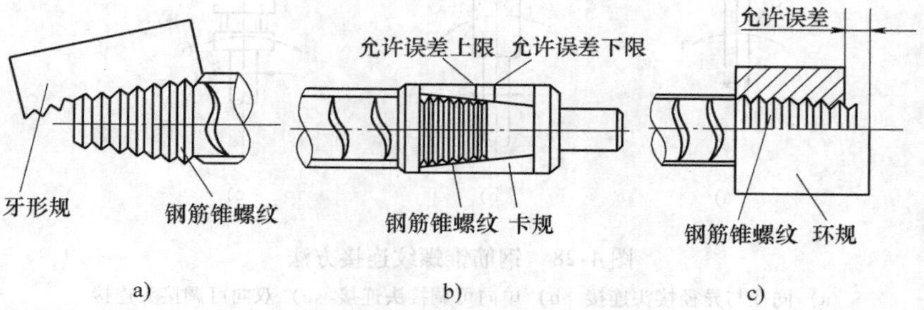

图4-27　钢筋套螺纹检查

表4-17　锥螺纹完整牙数

钢筋直径/mm	16～18	20～22	25～28	32	36	40
完整牙数不小于/个	5	7	8	10	11	12

已检验合格的螺纹应加以保护。钢筋一端螺纹应戴上保护帽，另一端可按表4-18规定的力矩值拧紧连接套，并按规格分类堆放整齐待用。

表4-18　拧紧力矩值

钢筋直径/mm	≤16	18～20	22～25	28～32	36～40
拧紧力矩/N·m	100	180	240	300	360

3）钢筋连接。连接钢筋前，将下层钢筋上端的塑料保护帽拧下来露出螺纹，并将螺纹上的水泥浆等污物清理干净；后将已经拧好套筒的上层钢筋拧到被连接的钢筋上，并用力矩扳手拧紧。

连接钢筋时，钢筋规格和连接套的规格应一致，并确保钢筋和连接套的螺纹干净完好无损。采用预埋接头时，连接套的位置、规格和数量应符合设计要求。带连接套的钢筋应固定牢，连接套的外露端应有密封盖。

连接钢筋时，应对正轴线将钢筋拧入连接套。接头拧紧值应满足表4-18规定的力矩值，不得超拧。拧紧后的接头应作上标记。力矩扳手的精度为±5%，要求每半年用扭力仪检定一次。钢筋连接的操作如图4-28所示。连接水平钢筋时，必须先将钢筋托平对正用手拧紧，再按图示操作。

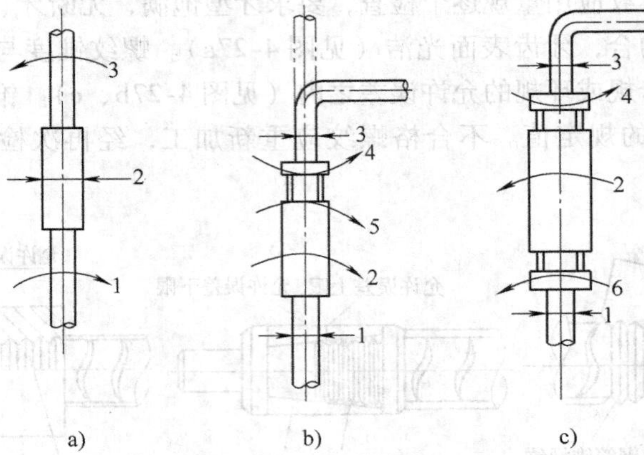

图4-28 钢筋锥螺纹连接方法

a）同径与异径接头连接 b）单向可调接头连接 c）双向可调接头连接

1、3—钢筋 2—连接套 4、6—可调连接器 5—锁紧螺母

连接完的接头必须立即用油漆作上标记，防止漏拧。

3. 镦粗直螺纹连接

这种方法是先把钢筋端部镦粗，然后再削切直螺纹，再用连接套筒对接钢筋。这种接头综合了套筒挤压连接和锥螺纹连接的优点，具有接头质量高、质量稳定、施工方便、连接速度快、应用范围广、综合经济效益好等优点。

由于镦粗段钢筋切削后的净截面大于钢筋原截面，即螺纹并不削弱钢筋截面，从而确保接头强度大于母材强度。直螺纹不存在扭紧力矩对接头性能的影响，从而提高了连接的可靠性，也加快了施工速度。直螺纹接头比套筒挤压接头省钢70%，比锥螺纹接头省钢35%，技术经济效果显著。其主要工艺分以下3个步骤：

1）钢筋端部扩粗。

2）切削直螺纹。

3）用连接套筒对接钢筋。

第四节 钢筋的冷加工技术

钢筋的冷加工（也称冷处理）包括钢筋冷拉、冷拔、冷轧、冷轧扭。冷拉和冷拔是目前采用较为普遍的冷加工方法。

一、钢筋的冷拉

钢筋的冷拉是指在常温下，以超过钢筋屈服强度的拉应力拉伸钢筋，使钢筋产生塑性变形，以达到调直钢筋、除锈、提高强度、节约钢材的目的。

1. 钢筋的冷拉工艺

钢筋的冷拉工艺是根据所采用的机械设备、钢筋的品种规格、现场施工条件布置等条件来决定的。

（1）卷扬机冷拉工艺　它是采用卷扬机带动滑轮组装置系统作为冷拉动力的机械式冷拉工艺。卷扬机冷拉工艺是钢筋冷拉施工中最常用的施工工艺。卷扬机冷拉工艺有四种方案，如图 4-29 所示。冷拉细钢筋和中粗钢筋宜选用图 4-29a、b 方案，冷拉粗钢筋宜选用图 4-29c、d 方案。

（2）液压冷拉工艺　是采用长行程（1500mm 以上）的专用液压千斤顶和高压油泵作为冷拉动力，配合台座机构进行冷拉的一种液压冷拉工艺，这种冷拉工艺没有过多的附属设备，具有工艺布置紧凑、工效高、劳动强度小、操作平稳、能正确测定冷拉率和冷拉控制应力等优点。但行程较短，设备制造复杂。适用于冷拉 20mm 以上的钢筋。工艺布置如图 4-30 所示。

2. 钢筋冷拉的主要设备

钢筋冷拉所需的主要设备有以下几种：

（1）电动卷扬机　主要有电动快速和电动慢速卷扬机两种。冷拉工艺一般采用电动慢速卷扬机。

（2）滑轮组及回程装置　滑轮组是配合卷扬机冷拉工艺的主要附属工具，由一定数量的定滑轮和动滑轮及绕过它们的绳索组成，其作用是增加拉力、降低冷拉速度。一般采用 3～8 门，可拉的拉力为 150～500kN。

（3）冷拉夹具　是夹紧冷拉钢筋的器具，要求夹紧能力强、安全可靠、耐用、操作方便及加工简单等。目前常用的冷拉夹具有：

1）楔块式夹具。基本构造及尺寸如图 4-31a 所示。它采用优质碳素钢制作而成，加工后应进行热处理，经淬火后硬度很大。适用于冷拉直径在 14mm 以下的钢筋。

2）偏心夹具。基本构造及尺寸如图 4-31b 所示。它采用优质碳素钢制作，加工后应热处理，经淬火后硬度很大。适用于 HPB235 级盘圆钢筋冷拉。

3）槽式夹具。基本构造如图 4-31c 所示。它没有一定的形式及规格，可依据实际情况而定。一般适用于两端有螺杆或墩粗头的冷拉钢筋。

（4）测力器　测力器是控制钢筋冷拉应力的测量装置，主要有以下几种：

1）千斤顶。千斤顶张拉力大，达 490～980kN，最大的有 4900kN。工作情况如图 4-32 所示，其压力表上的读数乘以活塞底面积等于冷拉力。

2）弹簧测力器。弹簧测力器是用大车缓冲弹簧改制而成的，以弹簧的压缩

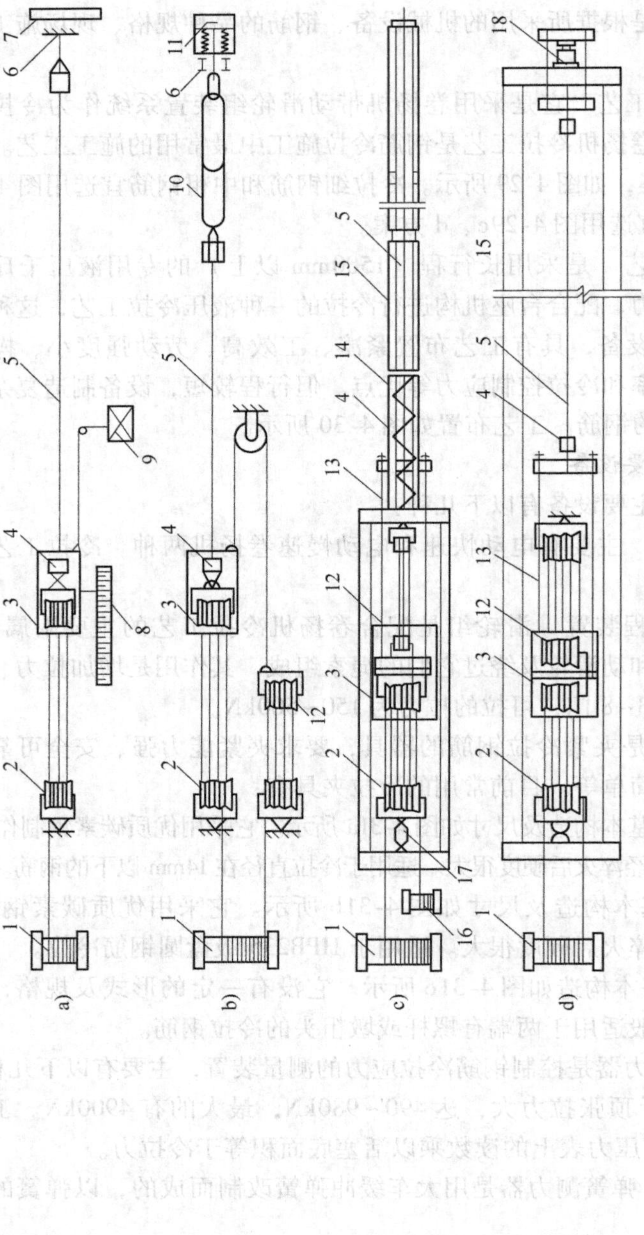

图 4-29 卷扬机冷拉工艺

1—卷扬机 2—滑轮组 3—冷拉小车 4—钢筋夹具 5—钢筋 6—地锚 7—防护壁 8—标尺
9—回程荷重架 10—连接杆 11—弹簧测力器 12—回程滑轮组 13—传力架 14—钢压柱
15—槽式台座 16—回程卷扬机 17—电子秤 18—液压千斤顶

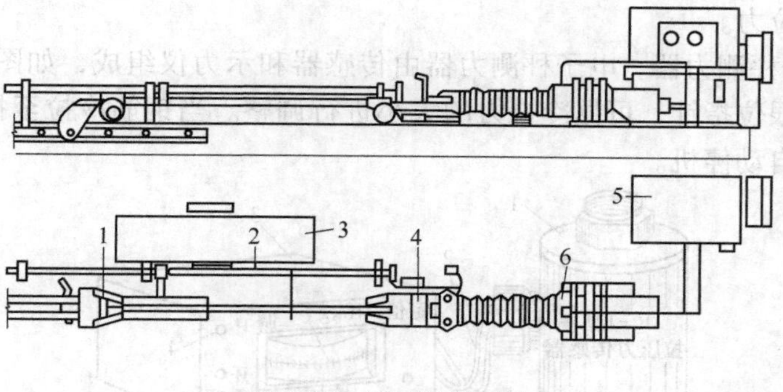

图 4-30　液压冷拉工艺

1—末端挂钩夹具　2—翻料架　3—装料小车　4—前端夹具

5—泵阀控制器　6—液压冷拉机

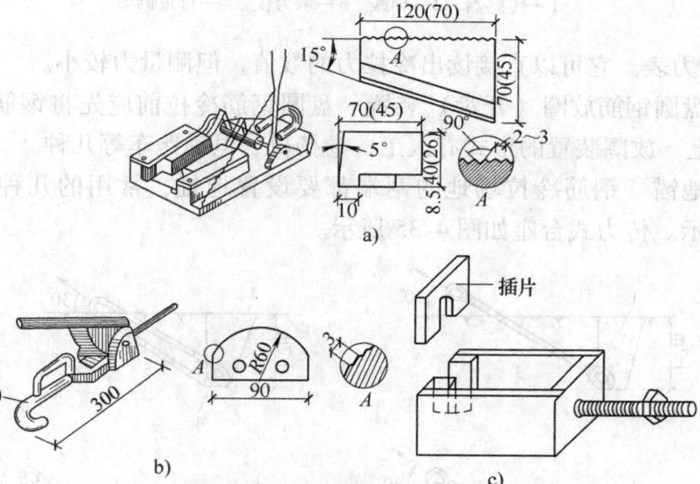

图 4-31　常用冷拉夹具

a）楔块式夹具（括号内数字为另一种夹具加工尺寸）

b）偏心夹具　c）槽式夹具

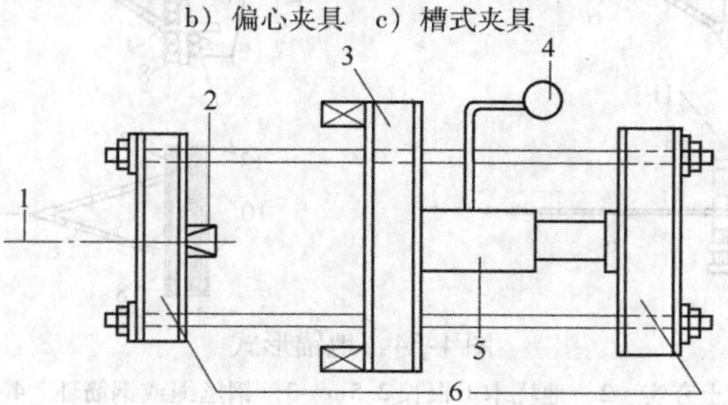

图 4-32　千斤顶测力器和工作情况

1—钢筋　2—夹具　3—固定横梁　4—压力表　5—千斤顶　6—活动横梁

来换算成冷拉力。

3）电子秤测力器。电子秤测力器由传感器和示力仪组成，如图4-33所示。示力仪上有限位指针，可据冷拉力的大小进行调整。当钢筋冷拉至控制应力时，卷扬机就会自动停机。

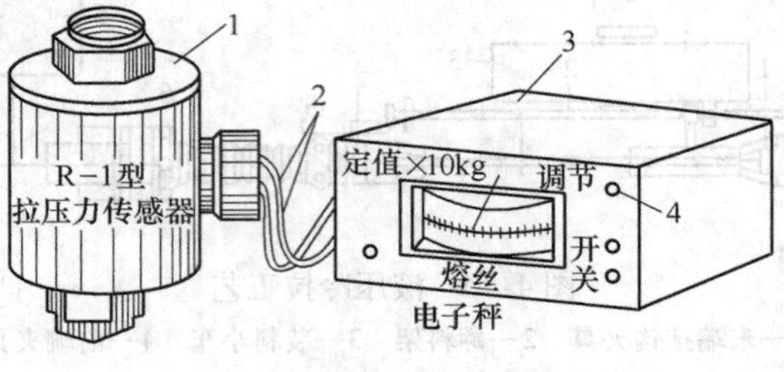

图4-33 电子秤

1—传感器 2—导线 3—示力仪 4—自重调节

4）拉力表。它可以直接读出冷拉力的数值，但测量力较小。

（5）盘圆钢筋放圈（开盘）装置 盘圆钢筋冷拉前应先将钢筋拉开，夹在两端夹具上。放圈装置的形式有人工、卷扬机、电动跑车等几种。

（6）地锚 钢筋冷拉场地的两端都要设置地锚，常用的几种地锚形式如图4-34所示。传力式台座如图4-35所示。

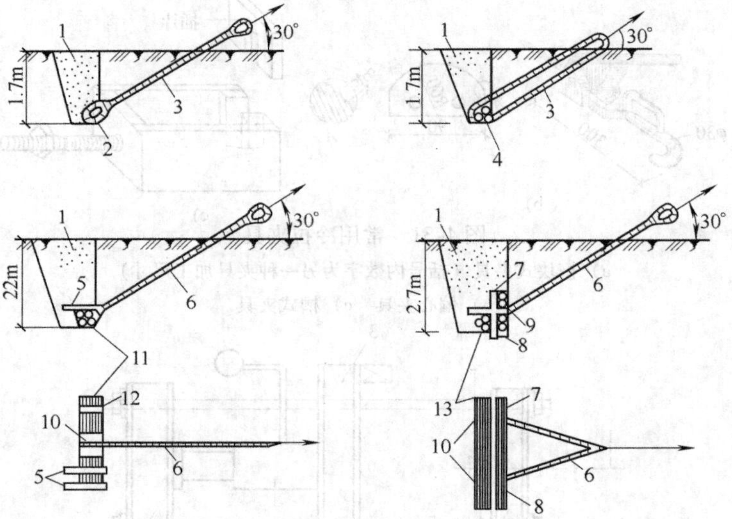

图4-34 地锚形式

1—回填土夯实 2—地垅木1根长2.5m 3—钢丝绳或钢筋环 4—地垅木3根长2.5m 5—压板 6—钢丝绳 7—柱木 8—挡木 9—压板长1.5m 10—钢垫板 11—地垅木3根长3.2m 12—铅丝捆紧 13—地垅木3根长4m

3. 钢筋冷拉控制方法

为了保证钢筋经冷拉后强度有所提高、同时又具有一定的塑性，就需要合理地控制冷拉力和冷拉率。

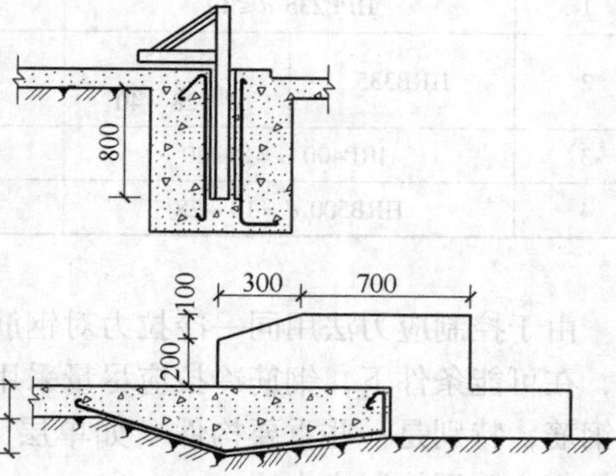

图 4-35 传力式台座

钢筋冷拉的控制方法分为控制应力和控制冷拉率两种方法。钢筋的控制应力和冷拉率两项指标统称为冷拉参数。控制应力是指冷拉时的拉力与钢筋截面积的比值，单位为兆帕(MPa)；冷拉率是指钢筋被冷拉后所增加的长度与钢筋冷拉前长度的比值。

(1) 控制冷拉率法 当采用控制冷拉率冷拉钢筋时，冷拉率必须由试验确定。同炉批钢筋测定的试件不宜少于 4 个，取其平均值作为该炉批钢筋的实际冷拉率。试验时所采用的冷拉应力应符合表 4-19 的规定。这种冷拉操作只要按照冷拉率的大小计算出钢筋的拉伸长度，拉伸时控制这个长度即可，因而操作比较简单，不需要复杂的测力设备。

表 4-19 测定冷拉率时钢筋的冷拉应力

项 次	钢 筋		冷拉控制应力/MPa
1	HPB235 $d \leqslant 12$		280
2	HRB335	$d \leqslant 25$	480
		$d = 28 \sim 40$	460
3	HRB400 $d = 8 \sim 40$		530
4	HRB500 $d = 10 \sim 28$		730

由于热轧钢筋的材质是有差异的，当对一批钢筋冷拉时，即使冷拉控制应力相同，其冷拉率也是随冷拉钢筋抗拉强度的大小而变化的。即按同一冷拉率冷拉的钢筋，其强度是不一致的。因此，控制冷拉率的钢筋通常仅适用于普通钢筋混凝土结构。

(2) 控制应力法 控制应力是以控制钢筋的冷拉应力为主，同时检查钢筋的冷拉率。冷拉时，如果钢筋达到表 4-20 规定的控制应力，而冷拉率未超过规定的最大冷拉率，则认为冷拉合格，否则为不合格。

表4-20 钢筋冷拉参数

项次	钢筋		冷拉控制应力/MPa	冷拉率<（%）
1	HPB235 $d \leqslant 12$		280	10
2	HRB335	$d \leqslant 25$	450	5.5
		$d = 28 \sim 40$	430	
3	HRB400 $d = 8 \sim 40$		500	5.0
4	HRB500 $d = 10 \sim 28$		700	4.0

由于控制应力法用同一冷拉力对钢筋冷拉，所以冷拉后的钢筋强度稳定。因此，在可能条件下，钢筋冷拉应尽量采用控制应力法。一般作为预应力钢筋的冷拉钢筋，特别是一些重要构件（如单层工业厂房中的屋架、吊车梁等）的预应力筋都应采用控制应力法。

4. 冷拉的操作要点及注意事项

1）冷拉前应对设备进行复核与校验，以确保冷拉钢筋质量；冷拉过程中要做好原始记录。

2）钢筋的冷拉速度不宜过快，待拉到规定长度或控制应力后应稍停，然后再行放松。

3）钢筋冷拉伸长值的起点应以卷扬机或千斤顶拉紧钢筋（约为冷拉应力的10%）时为准。

4）钢筋冷拉应先焊接后冷拉，以免因焊接而降低冷拉后的强度，并可检验对焊接头的质量。

5）钢筋冷拉时，若焊接接头被拉断，可重新焊接后再张拉，但一般不应超过两次。

6）测力器应经常维护，定期检查，确保数据准确。

7）钢筋冷拉不宜在低于-20℃的环境中进行。

8）钢筋冷拉后表面容易发生锈蚀，要做好防锈工作。

二、钢筋的冷拔

钢筋的冷拔是在常温下，将直径为6~8mm的HPB235级光圆钢筋，以强力拉拔的方式通过比钢筋直径小0.5~1mm的钨合金拔丝模（见图4-36），把钢筋拔成强度高、规格小的钢丝（简称冷拔丝）。钢筋在通过冷拔后，其强度大幅度提高（一般可提高40%~90%），塑性降低，硬度增加，故冷拔低碳钢丝被列为硬钢种。

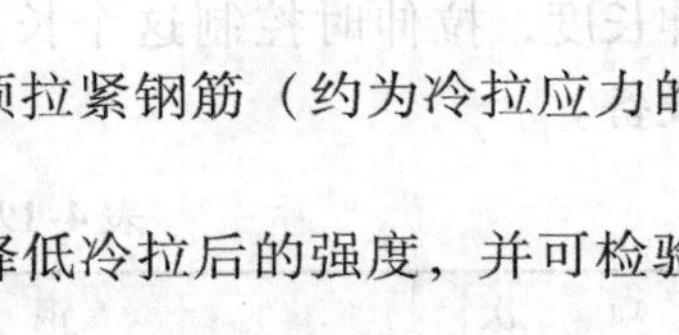

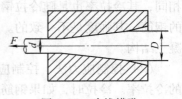

图4-36 冷拔模孔

根据有关规范规定，冷拔钢丝可分为甲级和

乙级两种，甲级冷拔丝主要用于预应力混凝土结构中的预应力筋，乙级冷拔丝用于焊接网、焊接架、箍筋和构造钢筋等。

1. 钢筋的冷拔工艺

冷拔工艺流程为：钢筋剥皮——轧头——拔丝。

（1）钢筋剥皮　盘圆钢筋表面常有一种氧化铁锈层，硬度高，极易磨损拔丝模孔。由于拔丝模孔损坏后会使钢丝表面产生沟痕或其他缺陷甚至断丝，因此盘圆钢筋冷拔前应经除锈剥皮处理。

除锈剥皮一般采用机械方法，将钢筋通过2~3个上下交错排列的辊轮，钢筋经反复弯曲后锈层即能碎裂剥落，如图4-37所示。

（2）钢筋轧头　盘圆钢筋经除锈剥皮后，端头应再使用轧头机轧细，以便于穿过拔丝模孔。轧头机内有上、下一对轧轮，两个轧轮上有不同直径的半圆形槽。钢筋被放入对应直径的圆槽内反复轧细，直至钢筋能穿过拔丝模孔，如图4-38所示。

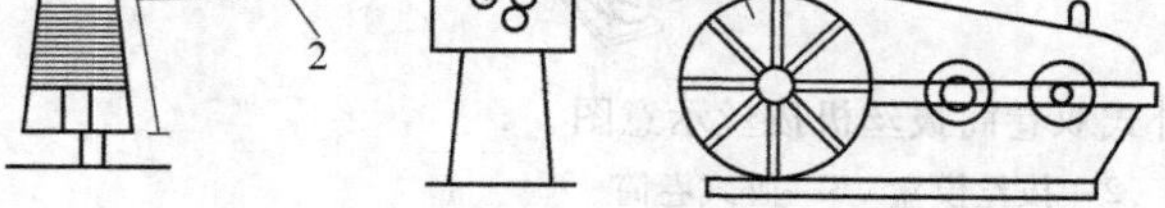

图4-37　除锈剥皮机示意图

1—放圈架　2—钢筋　3—辊轮　4—卷筒

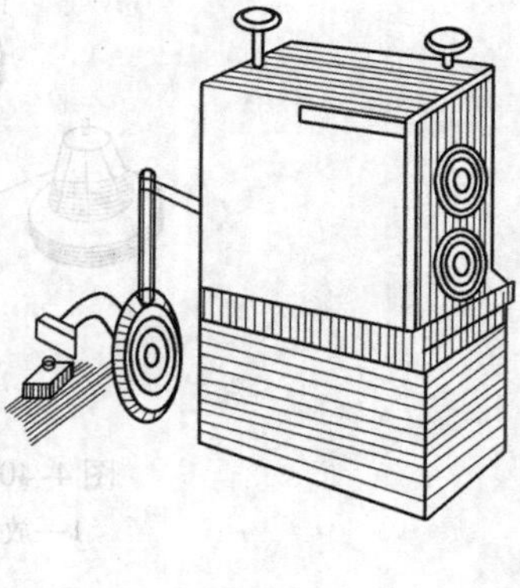

图4-38　钢筋轧头机

（3）拔丝　将已轧细的钢筋端头穿过拔丝机的拔丝模孔，盘上钢丝架，在拔丝壳内接通冷却水后即可进行拔丝操作。

拔丝机按构造分为立式和卧式两种，如图4-39及图4-40所示，而每种又有单卷筒和多卷筒之分。立式拔丝机多用于拔细丝，卧式拔丝机适用于拔粗丝或长度较大的盘圆钢筋。

2. 钢筋冷拔操作的要点及注意事项

1）冷拔前应对原材料进行检验。甲级冷拔低碳钢丝宜优先采用甲类3号钢盘圆拔制。

2）原材料截面不规则的、扁圆的、带刺的、太硬的、潮湿的钢筋不能勉强上机拔制，否则，不但拔丝的质量难以保证，而且容易损坏拔丝模。

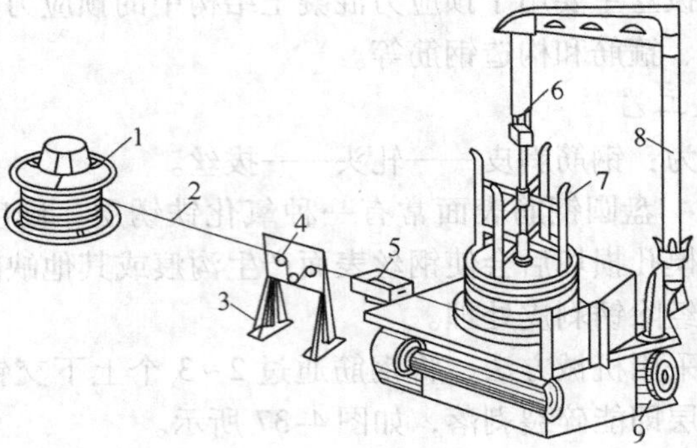

图4-39 立式单卷筒拔丝机拔丝示意图

1—盘圆架 2—钢筋 3—剥壳装置 4—辊轮 5—拔丝模

6—滑轮 7—绕丝筒 8—支架 9—电动机

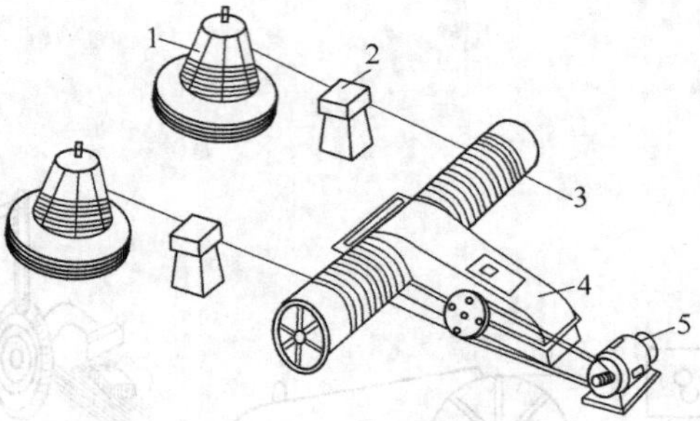

图4-40 卧式双卷筒拔丝机拔丝示意图

1—放圈架 2—拔丝模盒 3—卧式卷筒

4—变速箱 5—电动机

3）钢筋轧头要求达到圆度均匀，长度约300mm，直径比拔丝模小0.5~0.8mm，钢筋每冷拔一次应轧头一次。

4）钢筋由盘圆加工成冷拔丝要经过多次冷拔，冷拔时，每次的压缩率不能过大，一般按以下两种方案进行：

ϕ8mm 的盘圆拔制直径为5mm 的冷拔丝：ϕ8mm —— ϕ6.5mm —— ϕ5.7mm —— ϕ5mm。

ϕ6.5mm 的盘圆拔制直径为4mm 和3mm 的冷拔丝：ϕ6.5mm —— ϕ5.5mm —— ϕ4.6mm —— ϕ4mm —— ϕ3.5mm —— ϕ3mm。

5）正确选用符合规格要求的拔丝模，注意拔丝模的正反面不要放反；拔制过程中如发现冷拔丝出现砂孔、沟痕和夹皮等缺陷时，应立即更换拔丝模和调整拔丝速度。

◆◆◆ 第五节 钢筋加工安全生产操作规程

一、一般安全规定

1）操作人员应经过专业培训、考核合格取得建设行政主管部门颁发的操作证后，方可持证上岗，学员应在专人指导下进行工作。

2）操作人员在进入施工现场前，必须进行安全生产、安全技术措施和安全操作规程等方面的教育。

3）操作人员在作业过程中，应集中精力正确操作，注意机械工况，不得擅自离开工作岗位或将机械交给其他无证人员操作。严禁无关人员进入作业区或操作室内。

4）工作时，操作人员和配合作业人员必须按规定穿戴劳动保护用品，长发应束紧不得外露，高处作业时必须系安全带。

5）夜间施工时，要有足够的照明设备和亮度。行灯照明必须有防护罩，并不得超过36V的安全电压；金属容器内行灯照明不得超过12V的安全电压。

6）机械的安装应坚实稳固，保持水平位置。固定式机械应有可靠的基础；移动式机械作业时应揳紧行走轮。

7）机械不得带病运转，运转中发现不正常时，应先停机检查，排除故障后方可使用。

8）室外作业应设置机棚，机旁应有堆放原料、半成品的场地。

9）加工较长的钢筋时，应有专人帮扶，并听从操作人员指挥，不得任意推拉。

10）作业后，应堆放好成品，清理场地，切断电源，锁好开关箱，做好钢筋加工机械的保养工作。

11）现场使用的焊机应设有防雨、防潮、防晒的机棚，并应装设相应的消防器材。焊接场所应通风良好；施焊现场10m范围内，不得堆放油类、木材、氧气瓶、溶解乙炔瓶等易燃、易爆物品。

12）施工现场用电必须符合国家现行标准《施工现场临时用电安全技术规范》JGJ 46—2005的规定。

二、钢筋加工的安全技术要求

1. 除锈安全技术要求

1）使用电动除锈机进行除锈时，传动带、钢丝刷等转动部分要设置防护罩，并须设有排尘装置（排尘罩或排尘管道），使用前应检查各装置是否处于良好和有效状态。

2）操作时应将钢筋放平握紧，操作人员必须侧身送料，禁止在除锈机的正前方站人；钢筋与钢丝刷松紧程度要适当，避免过紧使钢丝刷损坏，或过松影响除锈效果；钢丝刷转动时不可在附近清锈尘；换钢丝刷时要认真检查，务必使更换的刷子固定牢固。

2. 钢筋调直安全技术要求

1）使用钢筋调直机调直钢筋时，每次工作前应用手转动飞轮，检查传动机构和工作装置，调整间隙，紧固螺栓，确认正常后，起动空运转，并应检查轴承无异响，齿轮啮合良好，运转正常后，方可作业。

2）在调直块未固定、防护罩未盖好前不得送料。作业中严禁打开各部分防护罩并调整间隙。

3）当钢筋送入后，手与曳轮应保持一定的距离，不得接近。

4）送料前，应将不直的钢筋端头切除。导向筒前应安装一根1m长的钢管，钢筋应先穿过钢管再送入调直前端的导孔内。

3. 钢筋切断安全技术要求

1）使用钢筋切断机切断钢筋时，接送料的工作台面应和切刀下部保持水平，工作台的长度可根据加工材料长度确定。

2）启动前，应检查并确认切刀无裂纹，刀架螺栓紧固，防护罩牢靠。然后用手转动皮带轮，检查齿轮啮合间隙，调整切刀间隙。启动后，应先空运转，检查各传动部分及轴承运转正常后，方可作业。

3）机械未达到正常转速时，不得切料。切料时，应使用切刀的中，下部位，紧握钢筋对准刃口迅速投入，操作者应站在固定刀片一侧用力压住钢筋，应防止钢筋末端弹出伤人。严禁用两手分在刀片两边握住钢筋俯身送料。

4）不得剪切直径及强度超过机械铭牌规定的钢筋和烧红的钢筋。一次切断多根钢筋时，其总截面积应在规定范围内。

5）剪切低合金钢时，应更换高硬度切刀，剪切直径应符合机械铭牌规定。

6）切断短料时，手和切刀之间的距离应保持在150mm以上，如手握端小于400mm时，应采用套管或夹具将钢筋短头压住或夹牢。

7）运转中，严禁用手直接清除切刀附近的断头和杂物。钢筋摆动周围和切刀周围，不得停留非操作人员。

8）液压传动式切断机作业前，应检查并确认液压油位及电动机旋转方向符合要求。启动后，应空载运转，松开放油阀，排净液压缸体内的空气，方可进行切筋。

9）手动液压式切断机在使用前，应将放油阀按顺时针方向旋紧，切割完毕后，应立即按逆时针方向旋松。在作业中，手应持稳切断机，并戴好绝缘手套。

4. 钢筋弯曲安全技术要求

1）使用钢筋弯曲机弯曲钢筋时，工作台和弯曲机台面应保持水平，作业前应准备好各种芯轴及工具，检查并确认芯轴、挡铁轴、转盘等无裂纹和损伤，防护罩坚固可靠，空载运转正常后，方可作业。

2）挡铁轴的直径和强度不得小于被弯钢筋的直径和强度。不直的钢筋，不得在弯曲机上弯曲。

3）作业时，应将钢筋待弯一端插入转盘固定销的间隙内，另一端紧靠机身固定销，并用手压紧；应检查机身固定销并确认安放在挡住钢筋的一侧，方可开机。

4）作业中，严禁更换轴芯、销子和变换角度以及调速，也不得进行清扫和加油。

5）对超过机械铭牌规定直径的钢筋严禁进行弯曲。在弯曲未经冷拉或带有锈皮的钢筋时，应戴防护镜。

6）在弯曲钢筋的作业半径内和机身不设固定销的一侧严禁站人。弯曲好的半成品，应堆放整齐，弯钩不得朝上。

7）转盘换向时，应待停稳后进行。

三、钢筋焊接安全技术要求

1. 焊接安全技术要求

1）焊机导线应具有良好的绝缘，绝缘电阻不得小于1MΩ，不得将焊机导线放在高温物体附近。焊机导线和接地线不得搭在易燃、易爆和带有热源的物品上，接地线不得接在管道、机械设备和建筑物金属构架或轨道上，接地电阻不得大于4MΩ，严禁利用建筑物的金属结构、管道、轨道或其他金属物体搭接起来形成焊接回路。

2）焊钳应有良好的绝缘和隔热能力。焊钳握柄必须绝缘良好，握柄与导线连接应牢靠，接触良好，连接处应采用绝缘布包好并不得外露。操作人员不得用胳膊夹持焊钳。

3）高空焊接或切割时，必须系好安全带，焊接周围和下方应采取防火措施，并应有专人监护。

4）雨天不得在露天焊接，在潮湿地带作业时，操作人员应站在铺有绝缘物品的地方，并应穿绝缘鞋。

5）下列作业情况时应先切断电源：

① 改变焊机接头。

② 更换焊件、改接二次回路。

③ 焊机转移作业地点。

④ 焊机检修。

⑤ 暂停工作或下班时。

6）对焊机应安置在室内，并应有可靠的接地或接零。当多台对焊机并列安装时，相互间距不得小于3m，应分别接在不同相位的电网上，并应分别有各自的刀开关。导线的截面不应小于表4-21的规定。

表4-21 导线截面

对焊机的额定功率/kVA	25	50	75	100	150	200	500
一次电压为220V时导线截面/mm^2	10	25	35	45	—	—	—
一次电压为380V时导线截面/mm^2	6	16	25	35	50	70	150

7）点焊、对焊作业时，必须开放冷却水，排水温度不得超过40℃；排水量应根据温度调节。冬季施焊时，室内温度不应低于8℃；作业后，应放尽机内冷却水，以免冻塞。

8）对焊焊接较长钢筋时，应设置托架，配合搬运钢筋的操作人员，在焊接时应防止火花烫伤。

9）对焊机闪光区应设挡板，与焊接无关的人员不得入内。

2. 钢筋气压焊接安全技术要求

1）溶解乙炔瓶、氧气瓶和焊炬相互间的距离不得小于10m。当不满足上述要求时，应采取隔离措施。同一地点有两个以上溶解乙炔瓶时，其相互间距不得小于10m。

2）氧气瓶应与其他易燃气瓶、油脂和其他易燃、易爆物品分别存放，且不得同车运输。氧气瓶应有防振圈和安全帽；不得倒置；不得在强烈日光下曝晒。不得用吊车吊运氧气瓶。

3）开启氧气瓶阀门时，应采用专用工具，动作应缓慢，不得面对减压器，压力表指针应灵敏正常。氧气瓶中的氧气不得全部用尽，应留49kPa以上的剩余压力。

4）未安装减压器的氧气瓶严禁使用。

5）安装减压器时，应先检查氧气瓶阀门接头，不得有油脂，并略开氧气瓶阀门吹除污垢，然后安装减压器，操作者不得正对氧气瓶阀门出气口，关闭氧气瓶阀门时，应先松开减压器的活门螺钉。

6）点燃焊（割）炬时，应先开乙炔阀点火，再开氧气阀调整火焰，关闭时，应先关闭乙炔阀，再关闭氧气阀。

7）在作业中，发现氧气瓶阀门失灵或损坏不能关闭时，应让瓶内的氧气自动放尽后，再进行拆卸修理。

8）当溶解乙炔瓶因漏气着火燃烧时，应立即将溶解乙炔瓶朝安全方向推倒，并用黄砂扑灭火种，不得堵塞或拔出浮筒。

9）乙炔软管（黑色）、氧气软管（红色）不得错装。使用中，当氧气软管着火时，不得折弯软管断气，应迅速关闭氧气阀门，停止供氧。当乙炔软管着火时，应先关熄炬火，可采用弯折前面一段软管将火熄灭。

10）冬季在露天施工，当软管和回火防止器冻结时，可用热水或在暖气设备下化冻。严禁用火焰烘烤。

11）不得将橡胶软管背在背上操作。当焊枪内带有乙炔、氧气时不得放在金属管、槽、缸、箱内。

12）氢氧并用时，应先开乙炔气，再开氢气，最后开氧气，再点燃。熄灭时，应先关氧气，再关氢气，最后关乙炔气。

13）作业后，应卸下减压器，拧上气瓶安全帽，将软管卷起捆好，挂在室内干燥处，并将溶解乙炔瓶卸压，放水后取出电石篮。剩余电石和电石渣，应分别放在指定的地方。

四、钢筋冷加工安全技术要求

1. 钢筋冷拉安全技术要求

1）应根据冷拉钢筋的直径，合理选用卷扬机和夹具。卷扬钢丝绳应经封闭式导向滑轮并和被拉钢筋水平方向成直角。卷扬机的位置应使操作人员能见到全部冷拉场地，卷扬机与冷拉中线距离不得少于5m。

2）要经常检查冷拉地锚是否稳固，卷扬机、信号装置、钢丝绳、夹具、滑轮组等是否正常；要在冷拉前排除卷扬机滑动，信号、机械、夹具失灵，或钢丝绳断裂等安全隐患。

3）冷拉场地应在两端地锚外侧设置警戒区，并应安装防护栏及警告标志。无关人员不得在此停留。操作人员在作业时必须离开钢筋2m以外，以防止因钢筋拉断或从夹具滑脱而飞出伤人。

4）整个冷拉操作过程应听从统一指挥，操作人员思想要集中。卷扬机操作人员必须看到指挥人员发出信号，并待所有人员离开危险区后方可作业。冷拉应缓慢、均匀。当有停机信号或见到有人进入危险区时，应立即停拉，并稍稍放松卷扬钢丝绳。

5）夜间作业的照明设施，应装设在张拉危险区外。当需要装设在场地上空时，其高度应超过5m。灯泡应加防护罩，导线严禁采用裸线。

6）作业后，应放松卷扬钢丝绳，落下配重，切断电源，锁好开关箱。

2. 钢筋冷拔安全技术要求

1）应检查并确认机械各连接件牢固，模具无裂纹，轧头和模具的规格配套，然后启动主机空运转，确认正常后，方可作业。

2）注意拔丝模的正、反面不要放错。拔丝模放入拔丝模盘内后，将上、下卡板用螺母拧紧，不得松动。

3）在冷拔钢筋时，每道工序的冷拔直径应按机械出厂说明书规定进行，不得超量缩减模具孔径，无资料时，可按每次缩减孔径0.5~1.0mm。

4）轧头时，应先使钢筋的一端穿过模具长度达100~150mm，再用夹具夹牢。

5）作业时，操作人员的手和轧辊应保持300~500mm的距离。不得用手直接接触钢筋和滚筒。

6）冷拔模架中应随时加足润滑剂，润滑剂应采用石灰和肥皂水调和晒干后的粉末。钢筋通过冷拔模前，应抹少量润滑脂。

7）当钢筋的末端通过冷拔模后，应立即脱开离合器，同时用手闸挡住钢筋末端，避免钢丝末端弹出伤人。

8）拔丝过程中，当出现断丝或钢筋打结乱盘时，应立即停机；在处理完毕后，方可开机。

五、钢筋机械连接安全技术要求

1）有下列情况之一时，应对挤压机的挤压力进行标定：

① 新挤压设备使用前。

② 旧挤压设备大修后。

③ 油压表受损或强烈振动后。

④ 套筒压痕异常且查不出其他原因时。

⑤ 挤压设备使用超过一年。

⑥ 挤压的接头数超过5000个。

2）作业前检查挤压设备情况，应进行试压，符合要求后方可作业。

3）在高空进行挤压操作时，必须遵守国家现行标准《建筑施工高处作业安全技术规程》JGJ 80—1991的规定。

4）高压胶管应防止负重拖拉、弯折和尖利物体的刻划。以避免油管损坏引起喷油伤人。

5）作业后，应收拾好成品、套筒和压模，清理场地，切断电源，锁好开关箱，最后将挤压机和挤压钳放到指定地点。

第六节　钢筋加工操作技能训练实例

训练1　配料单的识读

钢筋配料单的内容包括工程及构件名称、钢筋编号、钢筋简图及外形尺寸、钢筋规格、加工根数、下料长度、重量等。构件配筋图中注明的尺寸一般是指钢筋外轮廓尺寸（也称外皮尺寸），即从钢筋外皮到外皮量得的尺寸。钢筋在弯曲后，外皮尺寸长，内皮尺寸短，中轴线长度保持不变。按钢筋外皮尺寸总和下料是不准确的，只有按钢筋的轴线尺寸（也就是钢筋的下料长度）下料加工，才能使加工后的钢筋形状、尺寸符合设计要求。钢筋的下料长度为各段外皮尺寸之和减去弯曲处的量度差值，再加上两端弯钩的增长值。

表 4-22 所列是某工程钢筋混凝土简支梁 L1 的配料单形式。

表 4-22 配料单

构件名称	钢筋编号	简图	符号	直径/mm	下料长度/mm	单位根数	合计根数	重量/kg
L1 梁共 5 根	①		Φ	22	5102	2	10	152.04
L1 梁共 5 根	②		Φ	22	5588	1	5	76.02
	③		ф	14	5165	2	10	61.73
	④	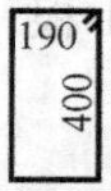	ф	6	1280	25	125	141.80

① 号钢筋为直径 22mm 的 HRB335 级钢筋，其下料长度为 5102mm，中间直线段长度为 4990mm，两端为 90°的弯钩，弯钩末端平直段长度为 100mm。每根梁有 2 根①号钢筋，总共有 10 根。

② 号钢筋为直径 22mm 的 HRB335 级钢筋，是弯起钢筋，其下料长度为 5588mm，中间直线段长度为 3160mm，两端平直部分长度为 515mm，斜段为 45°弯曲角，长为 565mm，两端为 90°的弯钩，弯钩末端平直段长度为 100mm。每根梁有 1 根②号钢筋，总共有 5 根。

③ 号钢筋为直径 14mm 的 HPB235 级钢筋，其下料长度为 5165mm，中间直线段长度为 4990mm，两端为 180°的弯钩，弯钩末端平直段长度按规定不少于 $3d$（$3\times14\text{mm}=42\text{mm}$）。每根梁有 2 根③号钢筋，总共有 10 根。

④ 号钢筋为直径 6mm 的 HPB235 级钢筋，是梁的箍筋，其下料长度为 1280mm，末端为 135°的弯钩（注：在施工过程中，箍筋末端弯钩的弯折角度应按照设计要求确定），一根梁中共有 25 根④号箍筋，总共有 125 根。

• 训练 2 钢筋的调直

钢筋的人工调直。

1. 实训内容

钢筋的人工调直。

2. 施工准备

1~2m长的ϕ10钢筋（局部弯折、不平直）数根、钢筋调查台、横口扳子、锤子、工作台。

3. 操作工艺

首先将钢筋弯折处放在卡盘上扳柱间，用平头横口扳子将钢筋弯曲处基本扳直。也可以手持直段钢筋处作为力臂，直接将钢筋弯曲处在扳柱间扳直，然后将基本扳直的钢筋放在工作台上，用锤子将钢筋慢弯处打平。

4. 质量标准

钢筋在工作台上可以滚动。

5. 注意事项

用扳子扳直钢筋时不能用力过猛。

训练3　箍筋的制作

1. 实训内容

用ϕ6钢筋制作400mm×190mm（内皮尺寸）箍筋4只，箍口平直部分长$10d$，箍筋弯钩的弯折角度为135°。

2. 准备要求

材料与设备：手动切断机；ϕ6线材（长6m）1根；工作台；手摇扳手；2m盒尺；粉笔；铁钉。

3. 训练要求

1）个人独立完成下料和制作。

2）钢筋的断口不得有马蹄形或弯曲现象。

3）钢筋形状正确，平面没有翘曲现象。

4）钢筋的内皮尺寸要满足要求（±5mm）。

4. 操作程序

（1）钢筋下料　按箍筋的下料长度1280mm切断钢筋。

（2）钢筋弯曲成形

1）在手摇扳的左侧工作台上标出钢筋1/2长（640mm）、箍筋长边内侧长（400mm）、短边内侧长（190mm）三个标志。

2）在钢筋的1/2位置处，用手摇扳手弯出第一个垂直箍角，如图4-41a所示。

3）在钢筋短边，弯第二个垂直箍角，如图4-41b所示。

4）在钢筋长边，弯箍口第一个135°箍角，如图4-41c所示。

5）在钢筋短边，弯第三个垂直箍角，如图 4-41d 所示。

6）在钢筋短边，弯箍口第二个 135°箍角，如图 4-41e 所示。

第 4）、6）步的弯钩角度为 135°，所以要比其他只弯至 90°的角度在操作时靠近标志尺寸略松些，预留一定的长度，以免引起箍筋不方正。

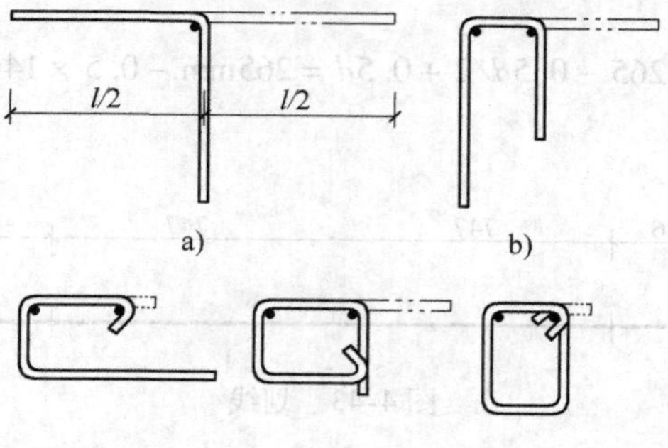

图 4-41 箍筋弯曲成形步骤

• 训练 4 弯起钢筋的制作

1. 训练内容

用 ϕ14 钢筋制作如图 4-42 所示弯起钢筋 2 根。钢筋下料长度为 2883mm。

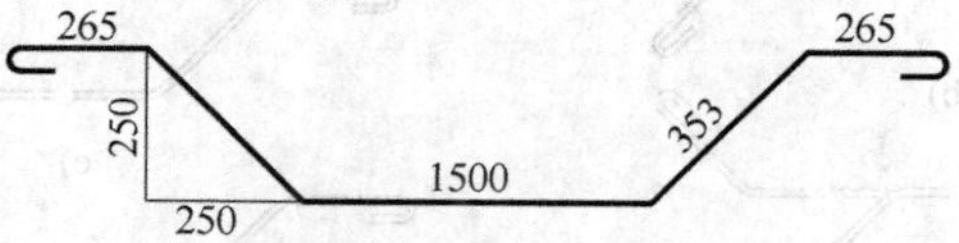

图 4-42 弯起钢筋

2. 准备要求

材料与设备：手动切断机；ϕ14 线材（长 6m）1 根；工作台；手摇扳手；2m 盒尺；粉笔；铁钉。

3. 训练要求

1）个人独立完成下料和制作。

2）钢筋的断口不得有马蹄形或弯曲现象。

3）钢筋形状正确，平面平整没有翘曲现象。

4. 操作程序

（1）按钢筋下料长度切断钢筋。

（2）划线

按图 4-43 所示将钢筋的各段长度划在钢筋上。

第一步：在钢筋中心线上划第一道线；

第二步：取中段 $1500/2-0.5d/2=750\text{mm}-0.5\times14\text{mm}/2=747\text{mm}$，划第二道线；

第三步：取斜段 $353-2\times0.5d/2=353\text{mm}-2\times0.5\times14\text{mm}/2=346\text{mm}$，划第三道线；

第四步：取直段 $265-0.5d/2+0.5d=265\text{mm}-0.5\times14\text{mm}/2+0.5\times14\text{mm}=269\text{mm}$，划第四道线。

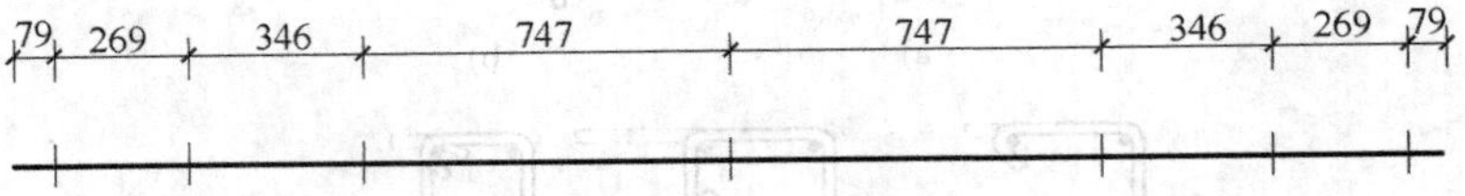

图 4-43　划线

（3）弯曲成形

弯起钢筋一般比较长，可以在工作台两端设置卡盘，分别在工作台两端完成成形工序。弯起钢筋的成形步骤如图 4-44 所示。

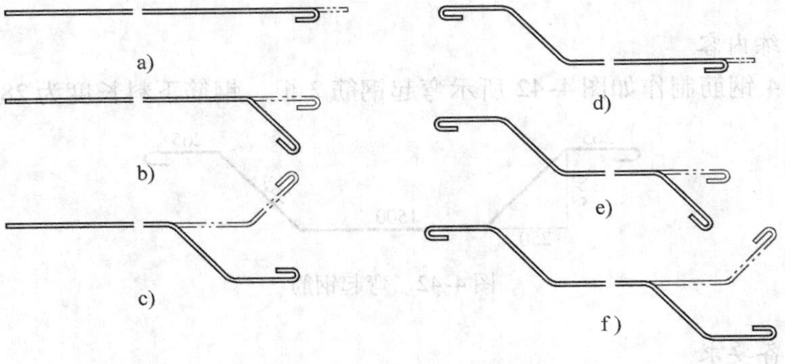

图 4-44　弯起钢筋的成形步骤

复习思考题

1. 怎样编制钢筋配料单？
2. 钢筋料牌有什么用处？
3. 钢筋锈蚀按锈蚀的程度可分为哪几种？
4. 钢筋除锈有哪几种方法？
5. 采用卷扬机冷拉钢筋时，有什么要求？
6. 使用钢筋切断机切断钢筋时，有什么要求？

7. 手工弯曲钢筋时，应注意什么问题？
8. 钢筋有哪几种连接方式？
9. 钢筋焊接主要有哪几种方法？
10. 简述电渣压力焊的焊接工艺。
11. 钢筋的机械连接有哪几种形式？
12. 简述套筒挤压连接的施工方法。
13. 简述钢筋锥螺纹连接的操作工艺。

第五章

钢筋绑扎和安装

培训学习目标 熟悉钢筋的绑扎方法和绑扎程序，能完成梁、板、柱等各种构件中各种形式钢筋的绑扎；了解钢筋加工过程中易出现的质量问题，掌握其防止方法和措施，并能修复钢筋在混凝土浇捣过程中的一般缺陷；掌握大钢筋骨架的搬运就位知识。

第一节 钢筋的绑扎方法

钢筋绑扎安装是钢筋施工的最后工序。一般的做法是在钢筋车间将钢筋按照图样要求弯曲成形后，运到施工现场在模板内组合绑扎安装，也可以把成形钢筋预制成钢筋网、钢筋骨架运到施工现场进行吊装。

一、钢筋绑扎前的准备工作

在钢筋混凝土工程中，模板安装、钢筋绑扎安装、混凝土浇捣，常是在同一个工作面上交叉进行的。为了保证施工质量、提高效率，必须认真做好钢筋绑扎安装前的准备工作，主要从以下几方面进行：

1. 熟悉施工图样，核对钢筋配料单和料牌

绑扎前要认真反复地熟悉施工图样和设计变更通知单；熟记各种结构中的各钢筋网或钢筋骨架之间的相互关系，通晓钢筋施工与本工程有关的模板、结构安装、管道配置等多方面的联系。根据施工进度，明确该处各结构部位的钢筋安装位置、标高、形状、细部尺寸安装的特殊要求，是否都在配料单上反映全面了，同时按配料单的顺序找到已加工好的各种钢筋堆查对料牌，检查钢筋规格、数量、外形尺寸是否与料牌符合，如有差错应及时纠正补全。

图样要求，钢筋配料单，料场挂料牌的各种钢筋规格、外形尺寸、总数量等三部分相符合，才算做好备料工作。避免安装时因缺料、短料影响工期。

2. 制定绑扎顺序，确定施工方法

为了确保工程能顺利进行，不在绑扎时发生问题，应合理安排钢筋绑扎安装的施工顺序，明确进度要求，以便填写钢筋用料表。

3. 机具材料的准备

应预先准备好必要的施工工具（如绑扎用的绑扎架、钢筋钩、撬棍、板子等）和材料（如控制混凝土保护层用的水泥砂浆垫块或塑料卡、绑扎用的铁丝等）。

4. 了解现场施工条件

施工条件所包括的内容很广，如钢筋的运料路线是否畅通、现场钢筋的堆放点是否合理、模板清扫和润滑是否完成、模板支撑是否稳固及与其他有关工种的配合情况等。

二、钢筋的绑扎方法

1. 钢筋位置划线

钢筋位置划线（一般称为“划线”）就是在绑扎钢筋时，需要在适当的位置上用粉笔画上标记，以便确定钢筋的相应位置。

一般情况下，梁的箍筋位置划在纵向钢筋上；平板或墙板钢筋划在模板上；柱的箍筋划在两根对角线纵向钢筋上；基础钢筋在每个方向的两边各取一个划点，或划在垫层上。

梁、柱、板等类型较多时，为了避免混乱和差错，对各种型号的钢筋规格、形状和数量，应在模板上分别标明。

结构施工图上标明的钢筋间距一般是按整数取的。如Φ10@100或Φ10@80，其中@是间距的符号，只是近似值。在确定钢筋划线位置时，可先按式（5-1）算出钢筋根数，再按式（5-2）算出实际间距。

$$n=\frac{s}{a}+1 \tag{5-1}$$

$$a=\frac{s}{n-1} \tag{5-2}$$

式中　n——钢筋根数；

s——配筋范围的长度；

a——钢筋间距。

n、s、a之间的关系如图5-1所示，其中配筋范围的长度是指首根钢筋至末根钢筋之间的范围；n根钢筋实际上有$n-1$个间距。

例　试确定图5-2所示的箍筋的实际划线间距。

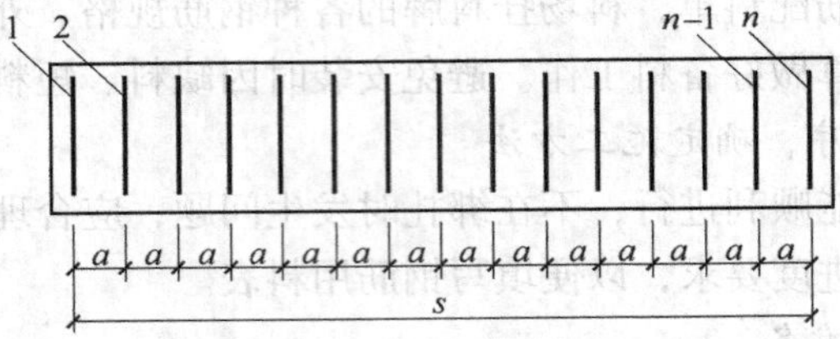

图 5-1

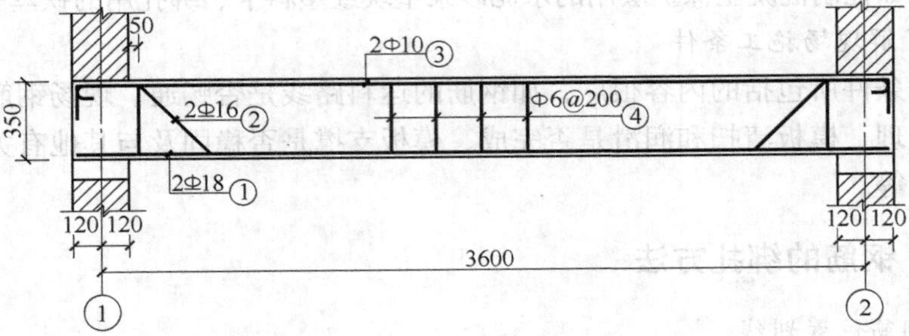

图 5-2

解 箍筋的配筋范围的长度为

$$s = 3600\text{mm} - 2 \times (120 + 50)\text{mm} = 3260\text{mm}$$

根据式（5-1）

$$n = \frac{s}{a} + 1 = \frac{3260\text{mm}}{200\text{mm}} + 1 = 17.3\text{，用 18 个}$$

根据式（5-2）

$$a = \frac{s}{n-1} = \frac{3260\text{mm}}{18-1} = 192\text{mm}$$

考虑尾数差，17 个间距 192mm 应为 17 × 192mm = 3264mm，3264mm − 3260mm = 4mm，因此，17 个间距中得有 4 个间距为 191mm 和 13 个间距 192mm。划线位置如图 5-3 所示。

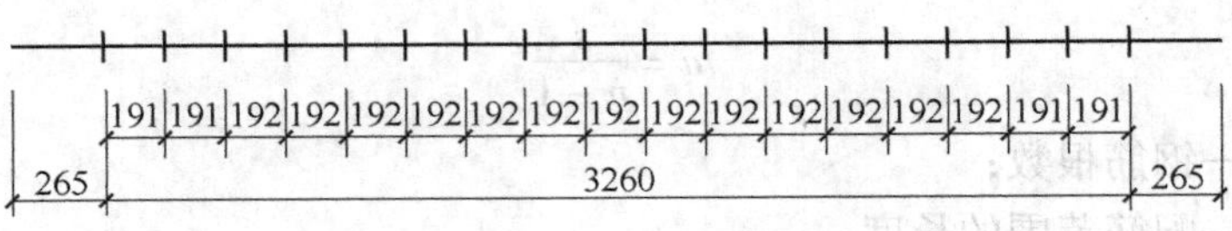

图 5-3

2. 绑扎的操作方法

绑扎钢筋是借助钢筋钩用铁丝把各种单根钢筋绑扎成整体网片或骨架。绑扎钢筋的扎口方法（见表5-1）有：

表 5-1　钢筋绑扎扎口方法

名　　称	绑扎方法
一面顺扣	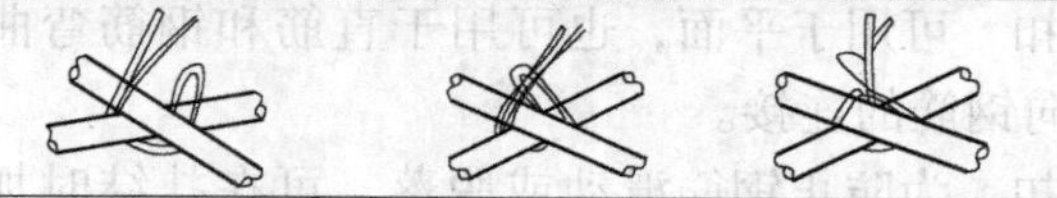
十字花扣	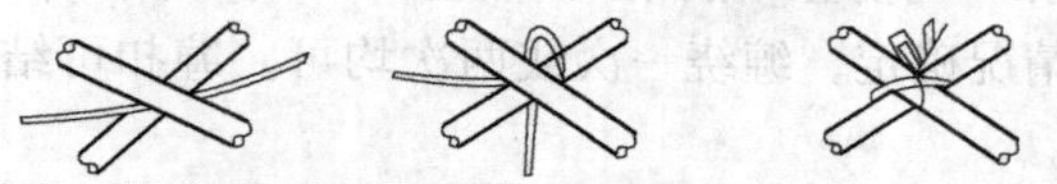
反十字花扣	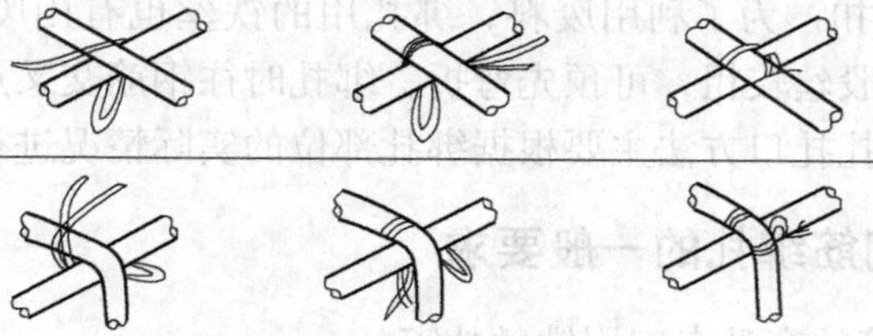
兜扣	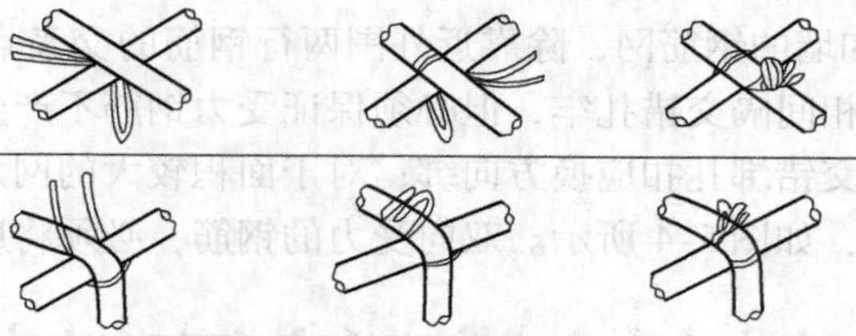
缠扣	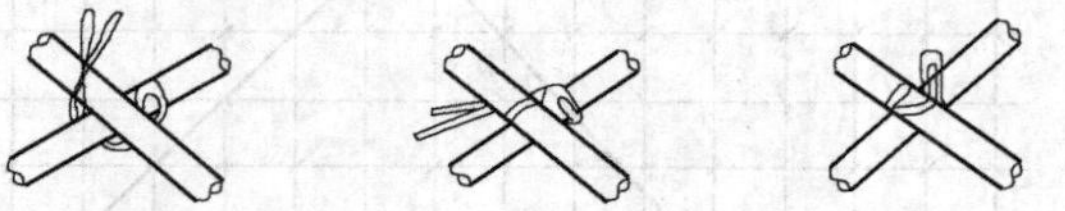
反十字缠扣	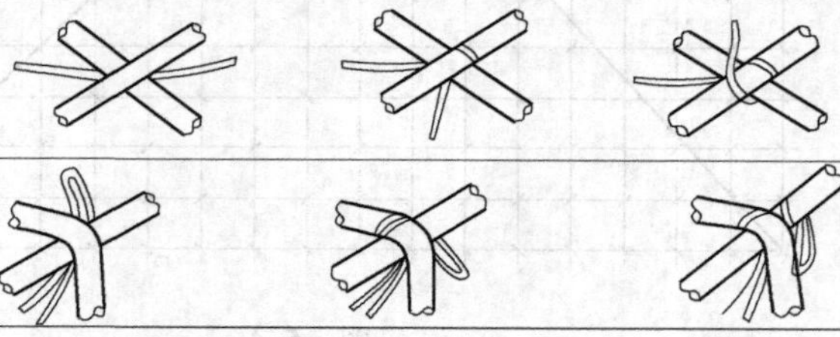
套扣	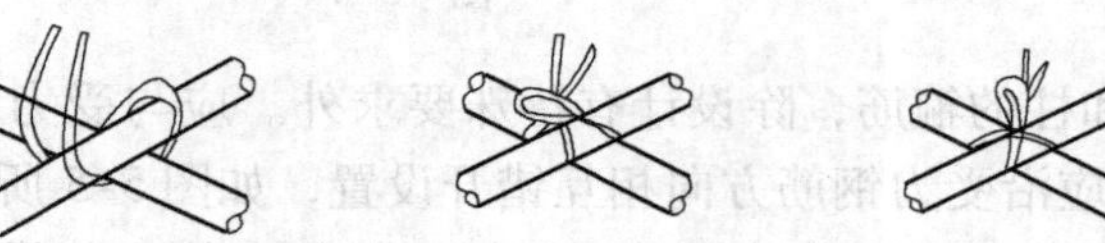

（1）一面顺扣　这种方法最为常用。绑扎时先将铁丝扣穿套钢筋交叉点，接着用钢筋钩钩住铁丝弯成圆圈的一端，旋转钢筋钩，一般 1.5~2.5 转即可。扣要短，才能少转快扎。这种方法具有操作简单，方便，绑扎效率高，适应钢筋

网、架各个部位的绑扎，扎点也比较牢靠。

（2）十字花扣和反十字扣　用于要求比较牢固结实的地方。

（3）兜扣　可用于平面，也可用于直筋和钢筋弯曲处的交接，如梁的箍筋转角处与纵向钢筋的连接。

（4）缠扣　为防止钢筋滑动或脱落，可在扎结时加缠，缠绕方向根据钢筋可能移动的情况确定，缠绕一次或两次均可。缠扣可结合十字花扣、反十字扣、兜扣等实现。

（5）套扣　为了利用废料，绑扎用的铁丝也有用废钢丝绳烧软破出股丝代替的，这种股丝较粗，可预先弯折，绑扎时往钢筋交叉点插套即可，操作方便。

这些绑扎扎口方法主要根据绑扎部位的实际情况进行选用，灵活变通。

三、钢筋绑扎的一般要求

1）钢筋的交叉点应用铁丝扎牢。

2）板和墙的钢筋网，除靠近外围两行钢筋的交叉点全部扎牢外，中间部分交叉点可以相间隔交错扎牢，但必须保证受力钢筋不产生位置偏移。如采用一面顺扣绑扎，交错绑扎扣应换方向绑；对于面积较大的网片，可适当地用钢筋作斜向拉结加固，如图5-4所示。双向受力的钢筋，必须将所有交叉点全部扎牢。

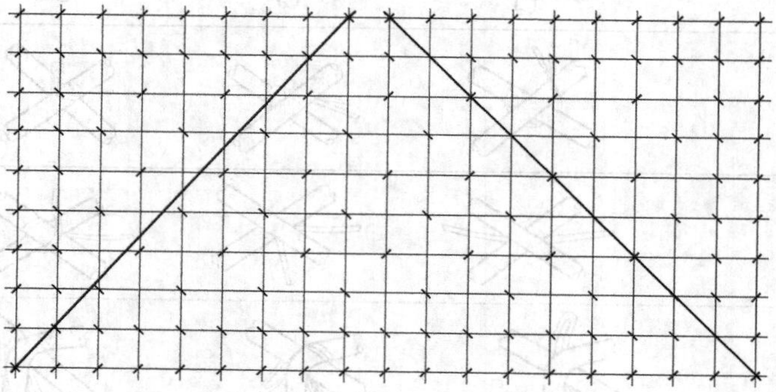

图　5-4

3）梁和柱的箍筋，除设计有特殊要求外。应与受力钢筋垂直设置。箍筋弯钩叠合处，应沿受力钢筋方向相互错开设置，如图5-5所示。

4）绑扎长方形柱的钢筋时，角部钢筋的弯钩应与模板面成45°（多边形柱为模板内角的平分角；圆形柱应与模板切线垂直）；中间钢筋的弯钩应与模板面成90°。当采用插入式振捣器浇筑截面很小的柱时，弯钩平面与模板平面的夹角不得小于15°。

5）在绑扎钢筋接头时，一定要把接头先行绑扎好，然后再和其他钢筋绑扎。

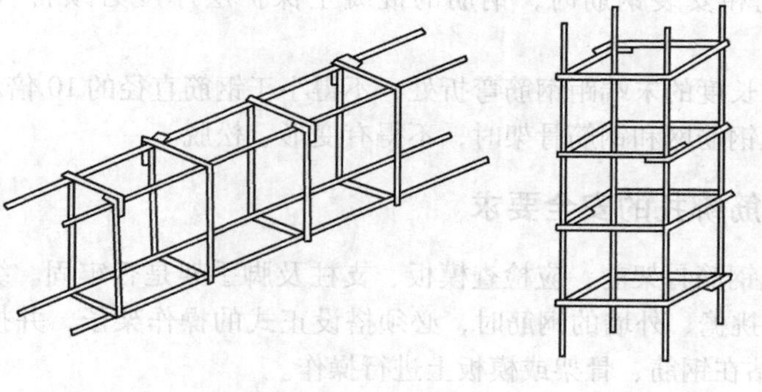

图　5-5

6）钢筋绑扎搭接时，纵向受力钢筋的搭接长度应符合表 5-2 的规定。

表 5-2　纵向受拉钢筋的最小搭接长度

钢筋类型		混凝土强度等级								
		C20	C25	C30	C35	C40	C45	C50	C55	≥C60
光面钢筋	235 级	37d	33d	29d	27d	25d	23d	23d	—	—
	300 级	49d	41d	37d	35d	31d	29d	29d	—	—
带肋钢筋	335 级	47d	41d	37d	33d	31d	29d	27d	27d	25d
	400 级	55d	49d	43d	39d	37d	35d	33d	31d	31d
	500 级	67d	59d	53d	47d	43d	41d	39d	39d	37d

注：1. 表中为纵向受拉钢筋的绑扎搭接接头面积百分率为 25% 时的最小搭接长度。

2. 两根直径不同钢筋的搭接长度，以较细钢筋的直径计算。

3. 当纵向受拉钢筋搭接接头面积百分率大于 25%，但不大于 50% 时，其最小搭接长度应按本表中的数值乘以系数 1.2 取用；当接头面积百分率大于 50% 时，应按本表中的数值乘以系数 1.35 取用。

4. 纵向受拉钢筋的最小搭接长度根据上述注 1～3 条确定后，可按下列规定进行修正：

1）当带肋钢筋的直径大于 25mm 时，其最小搭接长度应按相应数值乘以系数 1.1 取用。

2）对环氧树脂涂层的带肋钢筋，其最小搭接长度应按相应数值乘以系数 1.25 取用。

3）当在混凝土凝固过程中受力钢筋易受扰动时（如滑模施工），其最小搭接长度应按相应数值乘以系数 1.1 取用。

4）对末端采用机械锚固措施的带肋钢筋，其最小搭接长度可按相应数值乘以系数 0.6 取用。

5）当带肋钢筋的混凝土保护层厚度大于搭接钢筋直径的 3 倍，且配有箍筋时，其最小搭接长度可按相应数值乘以系数 0.8 取用。

6）对有抗震要求的受力钢筋的最小搭接长度，对一、二级抗震等级应按相应数值乘以系数 1.15 采用；对三级抗震等级应按相应数值乘以系数 1.05 采用。

7）本条中第 4 款、第 5 款不应同时考虑。在任何情况下，受拉钢筋的搭接长度不应小于 300mm。

5. 纵向受压钢筋绑扎搭接时，其最小搭接长度应根据上述注 1～3 条的规定确定相应数值后，乘以系数 0.7 取用。在任何情况下，受压钢筋的搭接长度不应小于 200mm。

7）绑扎和安装钢筋时，钢筋的混凝土保护层厚度必须符合设计及规范要求。

8）搭接长度的末端距钢筋弯折处，不得小于钢筋直径的10倍。

9）绑扎钢筋网和钢筋骨架时，不得有变形、松脱。

四、钢筋绑扎的安全要求

1）绑扎钢筋骨架前，应检查模板、支柱及脚手架是否牢固。绑扎高度超过4m的圈梁、挑檐、外墙的钢筋时，必须搭设正式的操作架子，并按规定挂好安全网。不得站在钢筋、骨架或模板上进行操作。

2）绑扎深基础的钢筋时，应设马道以联系上下基础，马道不准堆料。往基坑搬运或传送钢筋时，应有明确的联系信号，禁止向基坑内抛掷钢筋。

3）高处绑扎钢筋时，钢筋不要集中堆放在脚手板或模板上，避免超载。不要在高处随意放置工具、箍筋或钢筋短料，避免下滑坠落伤人。

4）严禁以柱或墙的钢筋骨架作为上下梯子攀登操作。柱子钢筋骨架高度超过5m时，应在骨架中间加设支撑拉杆，以加强钢筋骨架的稳固性。

5）绑扎完毕的钢筋骨架放置的平台，不准在上面踩踏行走或放置重物于骨架上，保护好钢筋骨架成品。

6）夜间施工必须有足够的照明，在绑扎钢筋时不要碰撞电线、钢筋上严禁绑电线，以防触电。

第二节 钢筋混凝土构件的钢筋绑扎

在钢筋绑扎前，一定要仔细研究绑扎程序，确定绑扎方法，这样才能提高工效，保证绑扎质量。不同的钢筋混凝土构件有不同的绑扎程序。

一、钢筋网、钢筋骨架的预先绑扎

1. 预制钢筋网的绑扎

钢筋网一般多为形状规则，同规格数量多的基础、板、墙等构件的钢筋网。

（1）操作程序 预制钢筋网绑扎的操作程序为：划线——摆长方向筋——摆短方向筋——交叉点绑扎牢固。

（2）操作要求

1）划线。按设计要求的纵横钢筋间距在地坪上划线，如图5-6所示。

2）摆放钢筋。长方向筋放在下面，短方向筋放在上面，钢筋有弯钩时，要注意弯钩朝向，如图 5-7、图 5-8 所示。

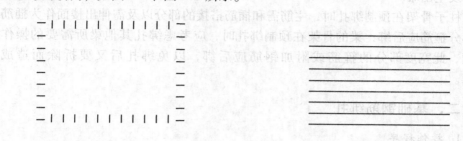

图 5-6 划线

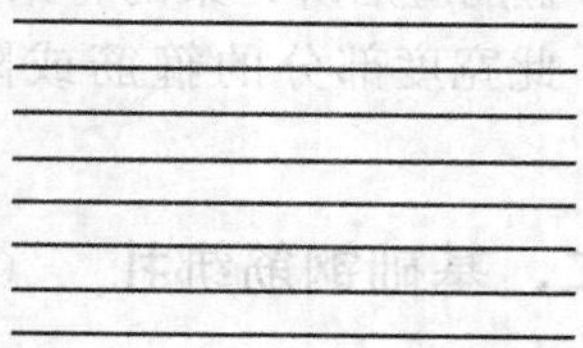

图 5-7 摆长方向筋

3）绑扎。当钢筋网为单向受力钢筋的构件时，只需将外围两行的交叉点绑扎。中间部分可梅花点绑扎；双向受力钢筋网，每个交叉点均应绑扎。用一面顺扣绑扎时，要交错方向绑扎。为防止松扣，可适当加一些十字花扣或缠扣，如图 5-9 所示。

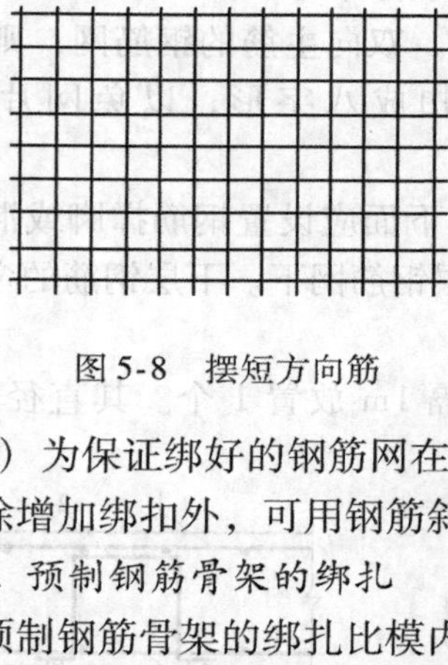

图 5-8 摆短方向筋

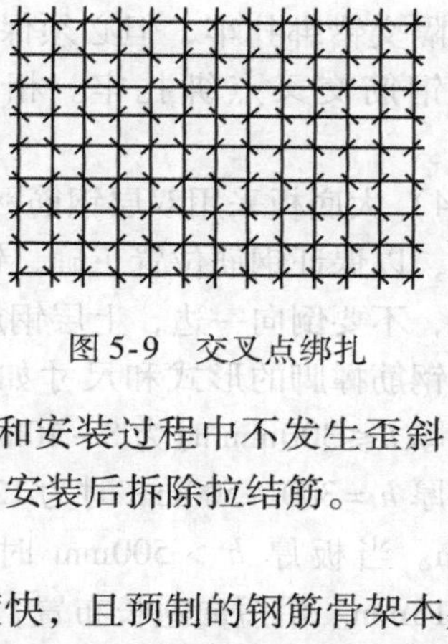

图 5-9 交叉点绑扎

4）为保证绑好的钢筋网在堆放、搬运、起吊和安装过程中不发生歪斜、扭曲，除增加绑扣外，可用钢筋斜向拉结临时固定，安装后拆除拉结筋。

2. 预制钢筋骨架的绑扎

预制钢筋骨架的绑扎比模内绑扎工效高、速度快，且预制的钢筋骨架本身刚度大，在运输和安装过程中不易发生变形和损坏。因此，在施工中形状比较规则，同类型号数量较多的梁、柱、板等预制构件及现浇构件，为加快施工进度，减少高空和现场绑扎作业，在起重运输条件允许的情况下，经常采用在加工场地预制钢筋骨架，然后安装。

（1）绑扎方法和步骤　先按施工平面布置的规定选择合适的绑扎场地，然后根据骨架类型布置三角形钢筋绑扎架。绑扎架横杆长度要大于骨架宽度，每对绑扎架横杆间距要根据骨架配筋情况而定。若骨架刚度较大，横杆间距可大一些，但一般不宜超过 4m。绑扎架横杆的高度以适合绑扎操作为准。

（2）操作要求　在预制钢筋骨架时要注意骨架外形尺寸是否正确，特别是多边形的钢筋骨架，更要注意多边形的各个内角和各边是否正确，避免在入模安装时发生困难。

柱子骨架在预制绑扎时，主筋需和插筋搭接的部分以及需伸出楼面作为插筋的部分箍筋应后绑；梁的骨架在预制绑扎时，应考虑绑扎其他梁所需要的操作宽度，此宽度部分的箍筋或附加钢筋应后绑，以免绑扎后又要拆除而造成返工。

二、基础钢筋绑扎

1. 操作程序

基础钢筋绑扎的操作程序为：清理垫层——划线——摆放基础钢筋——绑扎基础钢筋——绑扎墙、柱预留插筋。

2. 操作要求

1）将基础垫层清扫干净，用石笔和墨斗在上面弹放钢筋位置线。

2）按钢筋位置线布放基础钢筋。

3）绑扎基础钢筋。四周两行钢筋交叉点应每点绑扎牢。中间部分交叉点可相隔交错绑扎牢，但必须保证受力钢筋不位移。双向主筋的钢筋网，则需将全部钢筋交叉点绑扎牢。相邻绑扎点的钢丝扣成八字形，以免网片歪斜变形。

4）大底板采用双层钢筋网时，在上层钢筋网下面应设置钢筋撑脚或混凝土撑脚，以保证钢筋位置正确，钢筋撑脚应垫在下层钢筋网下。下层钢筋的弯钩应朝上，不要倒向一边，上层钢筋弯钩应朝下。

钢筋撑脚的形式和尺寸如图5-10所示，每隔1m放置1个。其直径选用：当板厚 $h\leqslant300$mm 时为8~10mm；当板厚 $h=300\sim500$mm 时为12~14mm。当板厚 $h>500$mm 时为16~18mm。沿短向通长布置，间距以能保证钢筋位置为准。

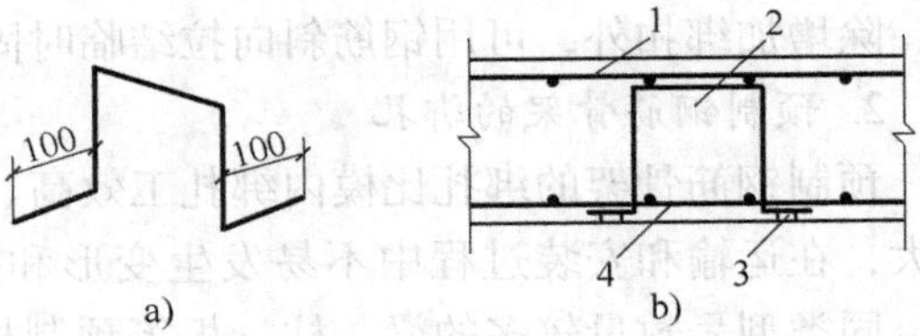

图5-10 钢筋撑脚

a）钢筋撑脚 b）撑脚位置

1—上层钢筋网 2—撑脚

3—水泥垫块 4—下层钢筋网

5）独立基础为双向弯曲，其底面短向的钢筋应放在长向钢筋的上面。

6）现浇柱与基础连接用的插筋，其箍筋应比柱的箍筋小一个柱筋直径，以便连接。箍筋的位置一定要绑扎固定牢靠，以免造成柱轴线偏移。

7）基础中纵向受力钢筋的混凝土保护层厚度不应小于40mm，当无垫层时不应小于70mm。

8）基础浇筑完毕后，把基础上预留墙柱插筋扶正理顺，保证插筋位置准确。

三、矩形简支梁钢筋绑扎

矩形简支梁钢筋既可在梁模板内绑扎，也可在梁模板上口绑扎成形后再入模内。

1. 操作程序

模内绑扎：画箍筋位置线——放箍筋——穿梁底钢筋及弯起筋——穿梁上层纵向架立筋——绑扎箍筋。

模外绑扎：画箍筋位置线——在梁模板上口铺横杆数根——放箍筋——穿梁下层纵筋——穿梁上层钢筋——绑扎箍筋。

2. 操作要求

1）按设计图样要求间距，在梁侧模板上画箍筋位置线，摆放箍筋。

2）先穿梁的下部纵向受力钢筋及弯起钢筋，将箍筋按已画好的间距逐个分开；再穿梁的架立筋。

3）根据画线位置，将箍筋套在受力筋上逐个绑扎。为防止骨架变形，宜采用反十字扣或套扣绑扎。箍筋应与受力钢筋保持垂直；箍筋弯钩叠合处，应沿受力钢筋方向错开放置。

4）梁端第一个箍筋应设置在距离支座边缘50mm处。梁端箍筋应加密，其间距与加密区长度均要符合设计要求。

5）钢筋绑完后，应加水泥砂浆垫块（或塑料卡），以控制受力钢筋的保护层。

四、板钢筋绑扎

1. 操作程序

板钢筋绑扎操作程序：清理模板——模板上画线——绑板下受力筋——绑负弯钢筋。

2. 操作要求

1）清理模板上面的杂物，用粉笔在模板上划好主筋，分布筋间距。

2）按划好的间距，先摆放受力主筋、后放分布筋。预埋件、电线管、预留孔等及时配合安装。

3）在现浇板中有板带梁时，应先绑板带梁钢筋，再摆放板钢筋。

4）绑扎板筋时一般用顺扣或八字扣，除外围两根筋的相交点应全部绑扎外，其余各点可交错绑扎（双向板相交点须全部绑扎）。如板为双层钢筋，两层筋之间须加钢筋马凳，以确保上部钢筋的位置。负弯钢筋每个相交点均要绑扎。

5）绑扎板的上部负弯钢筋时（见图5-11），要注意防止被踩下，特别是雨篷、阳台、挑檐等悬挑板。要严格控制其位置，以免拆模时断裂。

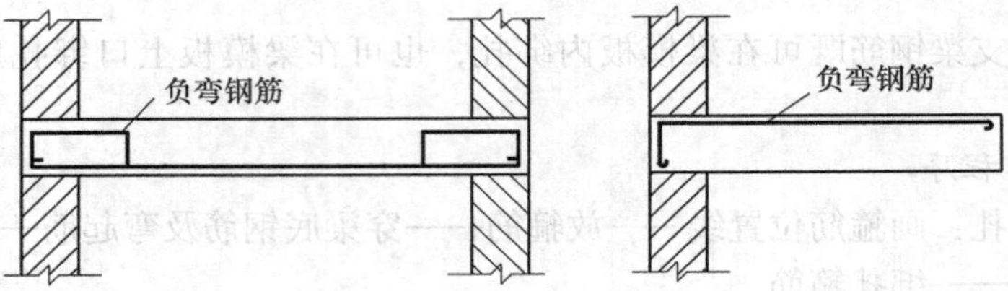

图5-11　板的上部负弯钢筋

6）在钢筋的下面垫好砂浆垫块，间距1.5m。垫块的厚度等于保护层厚度，应满足设计要求，如设计无要求时，板的保护层厚度应为15mm，钢筋搭接长度与搭接位置应满足设计要求。

五、构造柱钢筋绑扎

1. 操作程序

柱钢筋绑扎的操作程序为：调整插筋位置——套柱箍筋——立主筋——绑插筋接头——画箍筋间距线——绑扎箍筋。

2. 操作要求

1）调整好从基础或楼板面伸出的插筋。根据已放好的构造柱位置线，检查插筋位置及搭接长度是否符合设计和规范的要求。

2）按图样要求间距，计算好每根柱箍筋数量，按照箍筋弯钩叠合处需要错开的要求，将箍筋套在下层伸出的搭接筋上。

3）立柱子钢筋并与插筋绑扎。在搭接长度内，绑扣不少于3个，绑扣要指向柱中心。柱子主筋搭接时，角部弯钩应与模板成45°，中间钢筋的弯钩应与模板成90°角。

4）在立好的柱子竖向钢筋上，按图样要求用粉笔划箍筋间距线。按已划好的箍筋位置线，将已套好的箍筋往上移动，由上往下绑扎，宜采用缠扣绑扎。箍筋与主筋要垂直，箍筋转角处与主筋交点均要绑扎，主筋与箍筋非转角部分的相交点成梅花交错绑扎。绑扣相互间应成八字形。

5）有抗震要求的地区，柱箍筋端头应弯成135°，平直部分长度不小于10d（d为箍筋直径）。

6）柱上下两端箍筋应加密，加密区长度及加密区内箍筋间距应符合设计图样要求。

7）柱筋保护层厚度应符合规范要求，主筋外皮为25mm，垫块应绑在柱竖筋外皮上，间距一般1000mm，（或用塑料卡卡在外竖筋上）以保证主筋保护层厚度准确。当柱截面尺寸有变化时，柱截面应在板内变化，变化后的尺寸要符合设计要求。

8）构造柱钢筋必须与各层纵横墙的圈梁钢筋绑扎连接，形成一个封闭框架。在砌砖墙大马牙槎时，沿墙高每500mm埋设两根$\phi6$水平拉结筋（见图5-12），与构造柱钢筋绑扎连接。

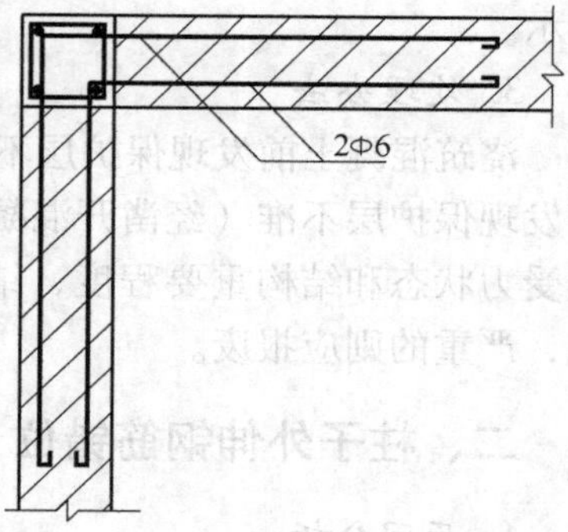

图5-12 水平拉结筋

9）砌完砖墙后，应对构造柱钢筋进行修整，以保证钢筋位置及间距准确。

第三节 混凝土浇捣过程中钢筋易出现的缺陷及处理办法

在混凝土浇捣过程中，施工人员直接在钢筋上运输、操作，振捣器碰上钢筋，这些情况都容易造成钢筋的移位、变形、绑扣松脱等缺陷出现，对钢筋受力性能影响很大。所以，浇捣混凝土时，施工现场必须留有钢筋工看守钢筋骨架，发现问题，及时处理。

一、平板中钢筋的混凝土保护层不准

1. 原因分析

1）保护层砂浆垫块厚度不准，或垫块（塑料卡）垫得太少。

2）当采用翻转模板生产预制平板时，如保护层处在混凝土浇捣位置上方，由于没有采取可靠措施，钢筋网片向下移位。浇筑阳台板、挑檐板等悬臂板时，虽然是现浇的，不用翻转模板，也有这种情况。

2. 预防措施

1）检查保护层砂浆垫块厚度是否准确，并根据平板面积大小适当垫够。

2）钢筋网片有可能随混凝土浇捣而沉落时，应采取措施防止保护层偏差，例如，用铁丝将网片绑吊在模板楞上；采用翻转模板时，也可用钢筋承托网片（钢筋穿过侧模作为托件），再在翻转后抽除承托钢筋（如不是采用翻转模板，则在混凝土浇捣后抽除），如图5-13

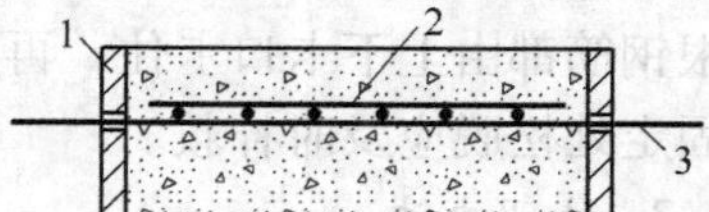

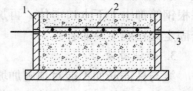

图5-13 承托钢筋设置示意
1—侧模 2—钢筋网片 3—承托钢筋

所示。

3. 处理办法

浇筑混凝土前发现保护层不准，可以采取以上预防措施补救；如构件已成形而发现保护层不准（经凿开混凝土观察或用必要的仪器探测确认），则应根据平板受力状态和结构重要程度，结合保护层厚度实际偏差状况，对其采取加固措施，严重的则应报废。

二、柱子外伸钢筋错位

1. 原因分析

1）钢筋安装后虽已检查合格，但由于固定钢筋措施不可靠，发生变位。

2）浇筑混凝土时被振动器或其他操作机具碰歪撞斜，没有及时校正。

2. 预防措施

1）在外伸部分加一道临时箍筋，按图样位置安设好，然后用样板、铁卡或木方卡好固定；浇筑混凝土前再复查一遍，如发生移位，则应矫正后再浇筑混凝土。

2）注意浇筑操作，尽量不碰撞钢筋；浇筑过程中由专人随时检查，及时校核改正。

3. 处理办法

在靠紧搭接不可能时，仍应使上柱钢筋保持设计位置，并采取垫筋焊接联系；对错位严重的外伸钢筋（甚至超出上柱模板范围），应采取专门措施处理，例如加大柱截面、设置附加箍筋以联系上、下柱钢筋，具体方案视实际情况由有关技术部门确定。

三、框架梁插筋错位

1. 原因分析

插筋固定措施不可靠，在浇筑混凝土过程中被碰撞，向上下或左右歪斜，偏离固定位置。

2. 预防措施

外伸插筋通过样模用特制箍筋套上，再利用梁的端部模板进行固定。端部模板一般做成上下两片，在钢筋位置上各留卡口，卡口深度约等于外伸插筋半径，每根钢筋都由上下卡口卡住，再加以固定。此外，浇筑过程中应随时注意检查，若固定处松脱应及时补救。

3. 处理办法

梁与柱插筋如不能对顶施加坡口焊，只好采取垫筋焊接，但这样做会使框架节点钢筋承受偏心力，对结构工作很不利。因此，垫筋焊接方案的选择必须通过设计部门核实同意。

四、露筋

1. 原因分析

保护层砂浆垫块垫得太稀或脱落；由于钢筋成形尺寸不准确，或钢筋骨架绑扎不当，造成骨架外形尺寸偏大，局部抵触模板；振捣混凝土时，振动器撞击钢筋，使钢筋移位或引起绑扣松散。

2. 预防措施

砂浆垫块垫得适量可靠；对于竖立钢筋，可采用埋有铁丝的垫块，绑在钢筋骨架外侧；同时，为使保护层厚度准确，需用铁丝将钢筋骨架拉向模板，挤牢垫块；如图 5-14 所示竖立钢筋虽然用埋有铁丝的垫块垫着，垫块与钢筋绑在一起却不能防止它向内侧倾倒，因此需用铁丝将其拉向模板挤牢，以免解决露筋缺陷的同时，使得保护层厚度超出允许偏差。此外，钢筋骨架如果是在模外绑扎，要控制好它的总外形尺寸，不得超过允许偏差。

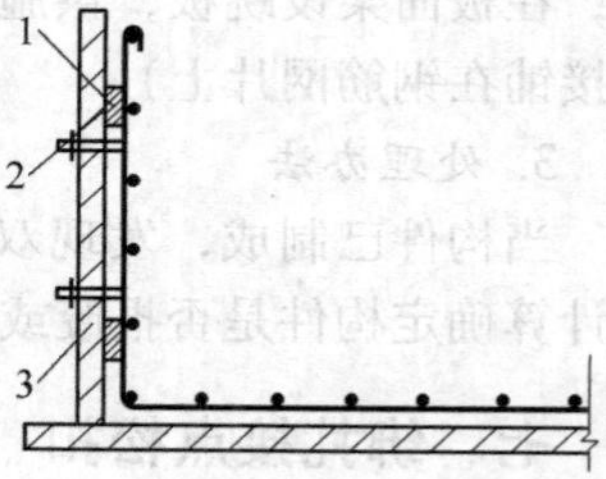

图 5-14　竖立钢筋固定垫块
1—垫块　2—铁丝　3—模板

3. 处理办法

范围不大的轻微露筋可用灰浆堵抹；露筋部位附近混凝土出现麻点的，应沿周围敲开或凿掉，直至看不到孔眼为止，然后用砂浆抹平。为保证修复灰浆或砂浆与混凝土接合可靠，原混凝土面要用水冲洗、用铁刷子刷净，使表面没有粉层、砂粒或残渣，并在表面保持湿润的情况下补修。重要受力部位的露筋应经过技术鉴定后，根据露筋严重程度采取措施补救，以封闭钢筋表面（采用树脂之类材料涂刷）防止其锈蚀为前提，影响构件受力性能的应对构件进行专门加固。

五、绑扎搭接接头松脱

1. 原因分析

搭接处没有扎牢，或搬运时碰撞、压弯接头处。

2. 预防措施

钢筋搭接处应用铁丝扎紧。扎结部位在搭接部分的中心和两端，共 3 处（见图 5-15）；搬运钢筋骨架应轻抬轻放；尽量在模内或模板附近绑扎搭接接头，

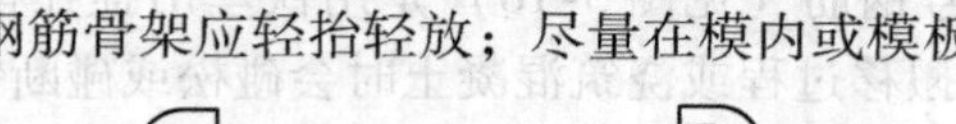

图 5-15　钢筋搭接处用铁丝扎紧

避免搬运有搭接接头的钢筋骨架。

3. 处理办法

将松脱的接头再用铁丝绑紧。若条件允许，可用电弧焊焊上几点。

六、双层网片移位

1. 原因分析

网片固定方法不当；振捣碰撞；绑扎不牢；被施工人员踩踏。

2. 预防措施

利用一些套箍或各种“马凳”等支架将上、下网片予以相互联系，成为整体；在板面架设跳板，供施工人员行走（跳板可支于底模或其他物件上，不能直接铺在钢筋网片上）。

3. 处理办法

当构件已制成，发现双层网片（实际上是指上层网片）移位情况时，应通过计算确定构件是否报废或降级使用（即降低使用荷载）。

七、绑扎接点松扣

1. 原因分析

用于绑扎的铁丝太硬或粗细不适当；绑扣形式不正确。

2. 预防措施

一般采用20~22号铁丝作为绑线。绑扎直径12mm以下钢筋宜用22号铁丝；绑扎直径12~16mm钢筋宜用20号铁丝；绑扎梁、柱等直径较大的钢筋可用双根22号铁丝，也可利用废钢丝绳烧软后破开钢丝充当绑线。

绑扎时要尽量选用不易松脱的绑扣形式，例如，绑平板钢筋网时，除了用一面顺扣外，还应加一些十字花扣；钢筋转角处要采用兜扣并加缠；对竖立的钢筋网，除了十字花扣外，也要适当加缠。

3. 处理办法

将接点松扣处重新绑牢。

八、梁上部钢筋下落

1. 原因分析

一般情况下，1号钢筋（见图5-16）是用铁丝吊挂在模板的横木方上或上面的钢筋上，有时在搬移过程或浇筑混凝土时会碰松或碰断铁丝，造成钢筋下落或下垂。

2. 预防措施

采取固定1号钢筋的办法：弯制一些类似开式箍筋的钢筋（见图5-16的2

号钢筋）将它们兜起来，必要时还可以加一些钩筋（见图 5-16 的 3 号钢筋）以供悬挂。2 号和 3 号钢筋的数量根据实际需要确定。

3. 处理办法

浇捣混凝土时，施工现场必须留有钢筋工看守钢筋骨架，若见到钢筋移位，应立即修整，以避免造成隐患。

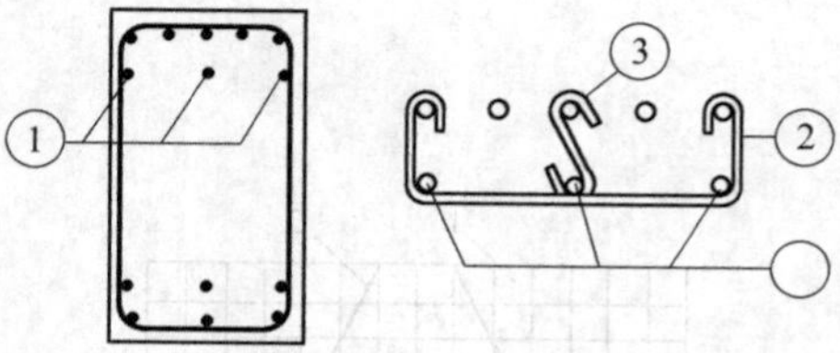

图 5-16　梁上部钢筋位置固定

九、板的弯起钢筋、负弯矩钢筋被踩倒

1. 原因分析

钢筋绑扎好后，施工人员直接在钢筋上行走、运输操作，将钢筋踩倒。浇捣混凝土时，没有保护好板的弯起钢筋、负弯矩钢筋，将其碰倒。

2. 预防措施

保证钢筋端部弯钩的平直长度。钢筋绑好后禁止上人行走，浇筑混凝土前检查修整。若采用手推车运输浇筑混凝土时，应架设栈桥。

3. 处理办法

将钢筋及时扶正、固定。

第四节　大钢筋骨架的搬运就位

在钢筋工程中，在钢筋加工车间预制好的钢筋网、钢筋骨架，由于其体形较大，在整体装运、吊装就位时，必须防止操作过程中发生扭曲、弯折、歪斜等变形。

一、大钢筋骨架的运输

钢筋网与钢筋骨架是否分段（块）安装，应按结构配筋的特点和吊装运输能力来决定。若需分段（块）安装，一般钢筋网的分块面积以 6 ~ 20m² 为宜，钢筋骨架的分段长度以 6 ~ 12m 为宜。

钢筋焊接网运输时应捆扎整齐、牢固，每捆重量不应超过 2t，必要时应加设刚性支撑或支架。

进场的钢筋焊接网宜按施工要求堆放，并应有明显的标志。

运输过程中使用专门的钢筋运料车。车辆应有足够长的车身，保持骨架的相对稳定。对骨架采用临时加固措施，采用较多的是八字形的剪刀撑，如图 5-17、图 5-18 所示。

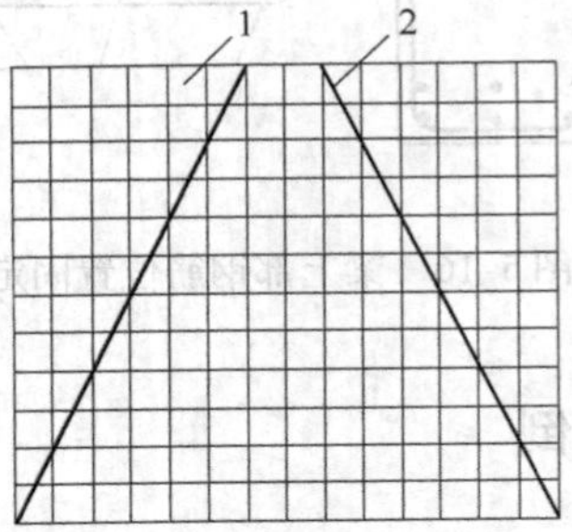

图5-17 绑扎钢筋网的临时加固

1—钢筋网 2—加固筋

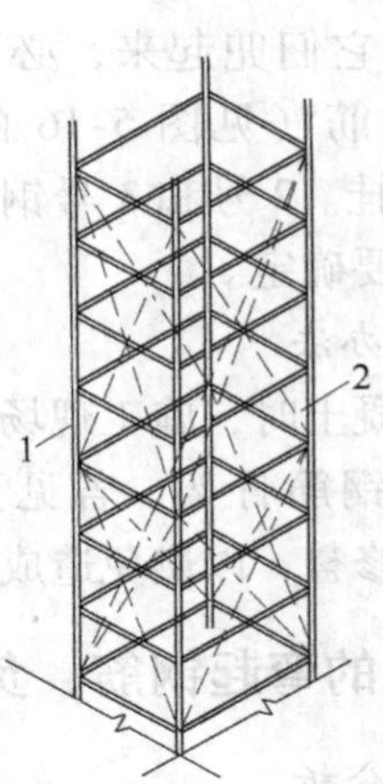

图5-18 绑扎钢筋骨架的临时加固

1—钢筋骨架 2—加固筋

钢筋网和钢筋骨架垂直运输，应正确选择吊点，研究吊索系结方法，起吊操作要平稳。钢筋网与钢筋骨架的吊点，应根据其尺寸、重量及刚度而定。宽度大于1m的水平钢筋网宜采用四点起吊，跨度大于6m的钢筋骨架可以采用两点起吊；跨度大且刚度又差的钢筋骨架要采用横梁吊（铁扁担）四点起吊。为了防止吊点处钢筋受力变形，可采用兜地起吊或加短钢筋的方法进行，如图5-19所示。

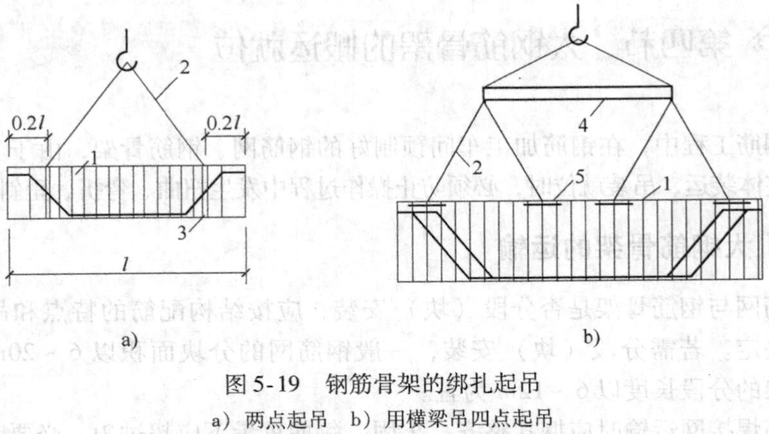

图5-19 钢筋骨架的绑扎起吊

a）两点起吊 b）用横梁吊四点起吊

1—钢筋骨架 2—吊索 3—兜底索 4—铁扁担 5—短钢筋

二、大钢筋骨架的安装就位

1. 绑扎钢筋骨架的安装就位

骨架安装时，应注意结构平面中构件代号和构件图中钢筋骨架的型号，要

"对号入座"、按号入模。构件骨架两端不对称时亦应注意端部不同，不能放错方向。

绑扎钢筋网和钢筋骨架在交接处的做法，与钢筋的现场绑扎相同；安装完毕，将交接的钢筋网或骨架交接处必要的部位用铁丝绑牢。

2. 焊接钢筋骨架的安装就位

对两端须插入梁内锚固的焊接网，当网片纵向钢筋较细时，可利用网片的弯曲变形性能，先将焊接网中部向上弯曲，使两端能先后插入梁内，然后铺平网片；当钢筋较粗焊接网不能弯曲时，可将焊接网的一端少焊 1 ~ 2 根横向钢筋，先插入该端，然后退插另一端，必要时可采用绑扎方法补回所减少的横向钢筋。

钢筋焊接网、焊接骨架沿受力钢筋方向的搭接接头，应位于构件受力较小的部位，其搭接长度应符合规范的规定。两张网片搭接时，在搭接区中心及两端应采用铁丝绑扎牢固。在附加钢筋与焊接网连接的每个节点处均应采用铁丝绑扎。

钢筋焊接网安装时，下部网片应设置与保护层厚度相当的水泥砂浆垫块或塑料卡；板的上部网片应在短向钢筋两端，沿长向钢筋方向每隔 600 ~ 900mm 设一钢筋支墩，如图 5-20 所示。

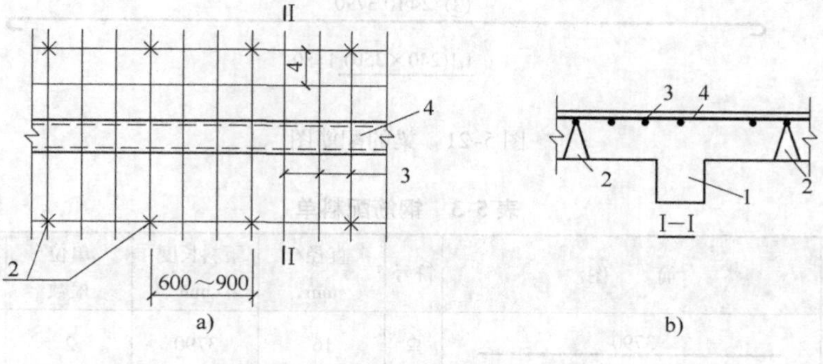

图 5-20 上部钢筋焊接网的支墩

1—梁 2—支墩 3—短向钢筋 4—长向钢筋

第五节 钢筋绑扎技能训练实例

• 训练 1 矩形截面简支梁的钢筋骨架绑扎

1. 训练内容

按图 5-21 所示梁的配筋图及表 5-3 钢筋配料单，加工并绑扎钢筋。

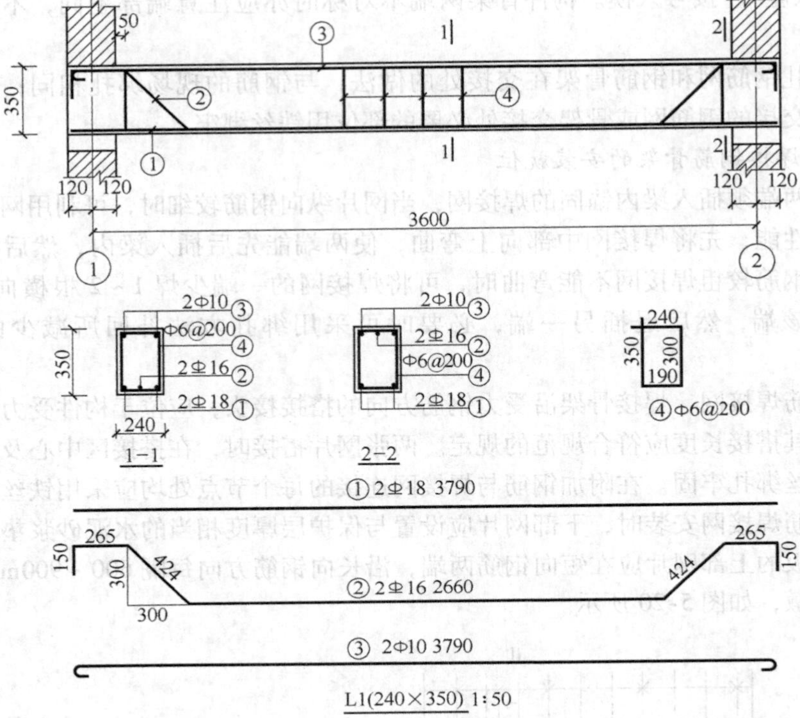

图 5-21 梁的配筋图

表 5-3 钢筋配料单

构件名称	钢筋编号	简图	符号	直径/mm	下料长度/mm	单位根数	合计根数
L1	1	3790	Φ	16	3790	2	2
	2	150 265 300 424 300 2660 424 265 150	Φ	16	4242	1	1
	3	3790	Φ	10	3915	2	2
	4	240 350 300 190	Φ	6	1080	17	17

2. *准备要求*

材料与设备：钢筋弯曲机一台；铁钳；切割机；2m 盒尺；Φ6 线材（长5m）4 根；Φ10 线材（长5m）2 根；Φ16 线材（长6m）3 根；粉笔；0.8mm 铁

丝 1kg；钢筋钩和绑扎架。

3. 训练要求

1）个人独立完成下料和制作。

2）质量要求见表 5-4。

表 5-4　钢筋加工、安装位置的允许偏差

项　　目		允许偏差/mm
钢筋加工	受力钢筋顺长度方向全长的净尺寸	±10
	弯起钢筋的弯折位置	±20
	箍筋内净尺寸	±5
绑扎钢筋骨架	长	±10
	宽、高	±5
绑扎箍筋间距		±20
钢筋弯起点位置		20

4. 操作程序

（1）钢筋切断　按钢筋配料表中各种钢筋的下料长度切断钢筋。

（2）钢筋弯曲成形　按钢筋形状将钢筋弯曲成形；在弯曲 4 号箍筋时，要注意保证箍筋的内皮尺寸。

（3）绑扎钢筋

1）绑扎方法。将切断的绑扎线在中间弯成 180°，并将每束绑扎线理顺，使每根铁丝在绑扎操作时容易抽出。绑扎时，将手中的铁丝靠近绑扎点的底部，另一只手拿钢筋钩，食指压在钩的前部，用钩尖端钩着铁丝底扣处，并紧靠铁丝开口端，绕铁丝扭转两圈半，在绑扎时铁丝扣伸出钢筋底部要短，并用钩尖将铁丝扣锤紧，这样可使铁丝扎得更牢，且绑扎速度快、效率高，如图 5-22 所示。

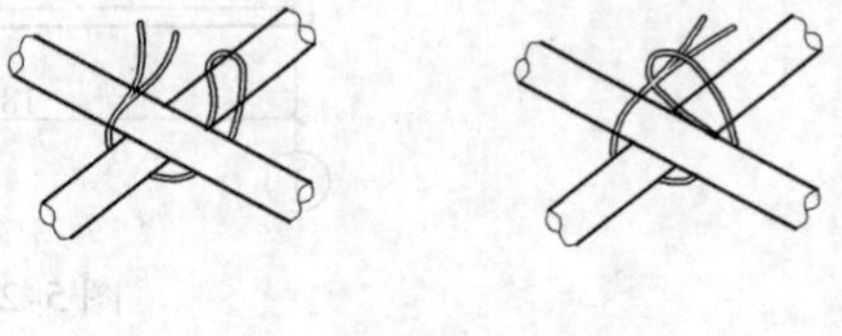

图 5-22　钢筋的绑扎方法

2）钢筋骨架绑扎顺序如下：

第一步（见图 5-23a）：将梁的受拉钢筋（1 号筋）和弯起钢筋（2 号筋）放在绑扎架上。根据梁的配筋图所示的箍筋间距在受拉钢筋上划线，划线时应从中间向两边分，以便使箍筋的间距均匀。

第二步（见图 5-23b）：将全部所需的箍筋从钢筋的一端套入，按线距将箍筋摆开，并将受拉钢筋、弯起钢筋和箍筋全部绑扎完毕。

第三步（见图 5-23c）：穿入并绑扎架立钢筋。

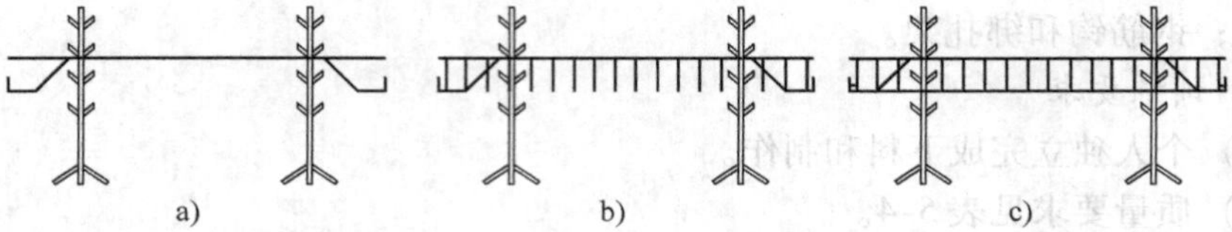

图 5-23 钢筋骨架绑扎顺序

• 训练 2 单（双）向板的钢筋骨架绑扎

1. 训练内容

按图 5-24 所示板（板厚 80mm）的配筋图及表 5-5 钢筋配料单，加工并绑扎钢筋。

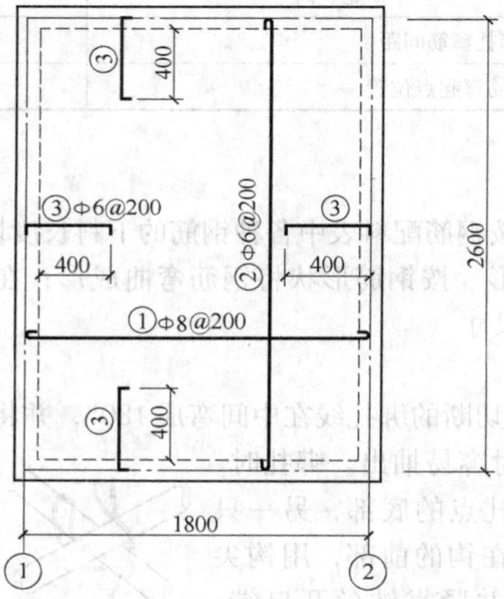

图 5-24 板的配筋图

表 5-5 钢筋配料单

构件名称	钢筋编号	简图	符号	直径/mm	下料长度/mm	单位根数	合计根数
B1	1	1800	Φ	8	2000	14	14
	2	2600	Φ	6	2675	10	10
	3	400	Φ	6	476	48	48

2. 准备要求

材料与设备：钢筋弯曲机一台；铁钳；切割机；2m 盒尺；Φ6 线材（长 6m）9 根；Φ8 线材（长 6m）5 根；粉笔；0.8mm 铁丝 3kg；钢筋钩。

3. 考核要求

1）个人独立完成下料和制作。

2）质量要求见表 5-6。

表 5-6　钢筋加工、安装位置的允许偏差

项　　目		允许偏差/mm
钢筋加工	受力钢筋顺长度方向全长的净尺寸	±10
绑扎钢筋网	长、宽	±10
	网眼尺寸	±20

4. 操作程序

（1）钢筋切断　按钢筋配料表中各种钢筋的下料长度切断钢筋。

（2）钢筋弯曲成形　按钢筋形状将钢筋弯曲成形。

（3）绑扎钢筋

1）划线。按板的配筋图划出纵横向的钢筋位置线。

2）摆放钢筋。按划线位置，先摆放 1 号筋，再摆放 2 号筋。

3）绑扎钢筋。将钢筋全部的交叉点采用一面顺扣法绑扎牢固，绑扎时要注意相邻绑扎点的铁丝扣要成八字。

复习思考题

1. 钢筋绑扎前应做好哪些准备工作？
2. 绑扎钢筋的扎口方法有哪些方式？如何应用？
3. 基础、梁、板、构造柱的绑扎顺序怎样？
4. 露筋是怎样造成的？如何防止？
5. 为什么会出现钢筋绑扎接点松脱？如何防止？
6. 大型钢筋骨架搬运安装时要注意些什么？

第六章 检查与整理

培训学习目标 熟悉《建筑工程施工质量验收统一标准》及《混凝土结构工程施工质量验收规范》，能根据施工图及规范要求进行质量检查和整改；能对现场材料和机具进行清理、归类、存放，做到文明施工。

第一节 质量自检

一、建筑工程施工质量验收统一标准

1. 基本规定

1）施工现场质量管理应有相应的施工技术标准，健全的质量管理体系、施工质量检验制度和综合施工质量水平评定考核制度。

2）建筑工程应按下列规定进行施工质量控制：

① 建筑工程采用的主要材料、半成品、成品、建筑构配件、器具和设备应进行现场验收。凡涉及安全、功能的有关产品，应按各专业工程质量验收规范规定进行复验，并应经监理工程师（建设单位技术负责人）检查认可。

② 各工序应按施工技术标准进行质量控制，每道工序完成后，应进行检查。

③ 相关各专业工种之间，应进行交接检验，并形成记录。未经监理工程师（建设单位技术负责人）检查认可，不得进行下道工序施工。

3）建筑工程施工质量应按下列要求进行验收：

① 建筑工程质量应符合《建筑工程施工质量验收统一标准》和相关专业验收规范的规定。

② 建筑工程施工应符合工程勘察、设计文件的要求。

③ 参加工程施工质量验收的各方人员应具备规定的资格。

④ 工程质量的验收均应在施工单位自行检查评定的基础上进行。

⑤ 隐蔽工程在隐蔽前应由施工单位通知有关单位进行验收，并应形成验收文件。

⑥ 涉及结构安全的试块、试件以及有关材料，应按规定进行见证取样检测。

⑦ 检验批的质量应按主控项目和一般项目验收。

⑧ 对涉及结构安全和使用功能的重要分部工程应进行抽样检测。

⑨ 承担见证取样检测及有关结构安全检测的单位应具有相应资质。

⑩ 工程的观感质量应由验收人员通过现场检查，并应共同确认。

4）检验批的质量检验，应根据检验项目的特点在下列抽样方案中进行选择：

① 计量、计数或计量—计数等抽样方案。

② 一次、二次或多次抽样方案。

③ 根据生产连续性和生产控制稳定性情况，尚可采用调整型抽样方案。

④ 对重要的检验项目当可采用简易快速的检验方法时，可选用全数检验方案。

⑤ 经实践检验有效的抽样方案。

5）在制定检验批的抽样方案时，对生产方风险（或错判概率 α）和使用方风险（或漏判概率 β）可按下列规定采取：

① 主控项目：对应于合格质量水平的 α 和 β 均不宜超过5%。

② 一般项目：对应于合格质量水平的 α 不宜超过5%，β 不宜超过10%。

2. 建筑工程质量验收的划分

1）建筑工程质量验收应划分为单位（子单位）工程、分部（子分部）工程、分项工程和检验批。

2）单位工程的划分应按下列原则确定：

① 具备独立施工条件并能形成独立使用功能的建筑物及构筑物称为一个单位工程。

② 建筑规模较大的单位工程，可将其能形成独立使用功能的部分称为一个子单位工程。

3）分部工程的划分应按下列原则确定：

① 分部工程的划分应按专业性质、建筑部位确定。

② 当分部工程较大或较复杂时，可按材料种类、施工特点、施工程序、专业系统及类别等划分为若干分部工程。

4）分项工程应按主要工种、材料、施工工艺、设备类别等进行划分。

5）分项工程可由一个或若干检验批组成，检验批可根据施工及质量控制和专业验收需要按楼层、施工段、变形缝等进行划分。

6）室外工程可根据专业类别和工程规模划分单位（子单位）工程。

3. 建筑工程质量验收

1）检验批合格质量应符合下列规定：

① 主控项目和一般项目的质量经抽样检验合格。

② 具有完整的施工操作依据、质量检查记录。

2）分项工程质量验收合格应符合下列规定：

① 分项工程所含的检验批均应符合合格质量的规定。

② 分项工程所含的检验批的质量验收记录应完整。

3）分部（子分部）工程质量验收合格应符合下列规定：

① 分部（子分部）工程所含工程的质量均应验收合格。

② 质量控制资料应完整。

③ 地基与基础、主体结构和设备安装等分部工程有关安全及功能的检验和抽样检测结果应符合有关规定。

④ 观感质量验收应符合要求。

4）单位（子单位）工程质量验收合格应符合下列规定：

① 单位（子单位）工程所含分部（子分部）工程的质量均应验收合格。

② 质量控制资料应完整。

③ 单位（子单位）工程所含分部工程有关安全和功能的检测资料应完整。

④ 主要功能项目的抽查结果应符合相关专业质量验收规范的规定。

⑤ 观感质量验收应符合要求。

5）当建筑工程质量不符合要求时，应按下列规定进行处理：

① 经返工重做或更换器具、设备的检验批，应重新进行验收。

② 经有资质的检测单位检测鉴定能够达到设计要求的检验批，应予以验收。

③ 经有资质的检测单位检测鉴定达不到设计要求、但经原设计单位核算认可能够满足结构安全和使用功能的检验批，可予以验收。

④ 经返修或加固处理的分项、分部工程，虽然改变外形尺寸但仍能满足安全使用要求，可按技术处理方案和协商文件进行验收。

6）通过返修或加固处理仍不能满足安全使用要求的分部工程、单位（子单位）工程，严禁验收。

4. 建筑工程质量验收程序和组织

1）检验批及分项工程应由监理工程师（建设单位项目技术负责人）组织施工单位项目专业质量（技术）负责人等进行验收。

2）分部工程应由总监理工程师（建设单位项目负责人）组织施工单位项目负责人和技术、质量负责人等进行验收；地基与基础、主体结构分部工程的勘察、设计单位工程项目负责人和施工单位技术、质量部门负责人也应参加相关分部工程验收。

3）单位工程完工后，施工单位应自行组织有关人员进行检查评定，并向建设单位提交工程验收报告。

4）建设单位收到工程报告后，应由建设单位（项目）负责人组织施工（含分包单位）、设计、监理等单位（项目）负责人进行单位（子单位）工程验收。

5）单位工程有分包单位施工时，分包单位对所承包的工程按本标准规定的程度检查评定，总包单位应派人参加。分包工程完成后，应将工程有关资料交总包单位。

6）当参加验收各方对工程质量验收意见不一致时，可请当地建设行政主管部门或工程质量监督机构协调处理。

7）单位工程质量验收合格后，建设单位应在规定时间内将工程竣工验收报告和有关文件，报建设行政管理部门备案。

二、钢筋分项工程施工质量验收

钢筋分项工程是普通钢筋进场检验、钢筋加工、钢筋连接、钢筋安装等一系列技术工作和完成实体的总称。钢筋分项工程所含的检验批可根据施工工序和验收的需要确定。

1. 一般规定

1）当钢筋的品种、级别或规格需作变更时，应办理设计变更文件。

2）在浇筑混凝土之前，应进行钢筋隐蔽工程验收，其内容包括：

① 纵向受力钢筋的品种、规格、数量、位置等。

② 钢筋的连接方式、接头位置、接头数量、接头面积百分率等。

③ 箍筋、横向钢筋的品种、规格、数量、间距等。

④ 预埋件的规格、数量、位置等。

2. 原材料

（1）主控项目

1）钢筋进场时，应按国家现行相关标准的规定抽取试件作力学性能和重量偏差检验，校验结果必须符合有关标准的规定。

检查数量：按进场的批次和产品的抽样检验方案确定。

检验方法：检查产品合格证、出厂检验报告和进场复验报告。

2）对有抗震设防要求的结构，其纵向受力钢筋的性能应满足设计要求；当设计无具体要求时，对按一、二、三级抗震等级设计的框架和斜撑构件（含梯段）中的纵向受力钢筋应采用 HRB335E、HRB400E、HRB500E、HRBF335E、HRBF400E 或 HRBF500E 钢筋，其强度和最大力下总伸长率的实测值应符合下列规定：

① 钢筋的抗拉强度实测值与屈服强度实测值的比值不应小于1.25。

② 钢筋的屈服强度实测值与强度标准值的比值不应大于1.3。

③ 钢筋的最大力下总伸长率不应小于9%。

检查数量：按进场的批次和产品抽样检验方案确定。

检验方法：检查进场复验报告。

3）当发现钢筋脆断、焊接性能不良或力学性能显著不正常等现象时，应对该批钢筋进行化学成分检验或其他专项检验。

检验方法：检查化学成分等专项检验报告。

（2）一般项目

钢筋应平直、无损伤、表面不得有裂纹、油污、颗粒状或片状老锈。

检查数量：进场时和使用前全数检查。

检验方法：观察。

3. 钢筋加工

（1）主控项目

1）受力钢筋的弯钩和弯折应符合下列规定：

① HPB235级钢筋末端应作180°弯钩，其弯弧内直径不应小于钢筋直径的2.5倍，弯钩的弯后平直部分长度不应小于钢筋直径的3倍。

② 当设计要求钢筋末端需作135°弯钩时，HRB335级、HRB400级钢筋的弯弧内直径不应小于钢筋直径的4倍，弯钩的弯后平直部分长度应符合设计要求。

③ 钢筋作不大于90°的弯折时，弯折处的弯弧内直径不应小于钢筋直径的5倍。

检查数量：按每工作班同一类型钢筋、同一加工设备抽查不应少于3件。

检验方法：金属直尺检查。

2）除焊接封闭式箍筋外，箍筋的末端应作弯钩，弯钩形式应符合设计要求：当设计无具体要求时，应符合下列规定：

① 箍筋弯钩的弯弧内直径除应满足受力钢筋的弯钩规定外，尚应不小于受力钢筋直径。

② 箍筋弯钩的弯折角度：对一般结构，不应小于90°；对有抗震等要求的结构，应为135°。

③ 箍筋弯后平直部分长度：对一般结构，不宜小于箍筋直径的5倍；对有抗震等要求的结构，不应小于箍筋直径的10倍。

检查数量：按每工作班同一类型钢筋、同一加工设备抽查不应少于3件。

检验方法：金属直尺检查。

3）钢筋调直后应进行力学性能和重量偏差的检验，其强度应符合有关标准的规定。盘卷钢筋和直条钢筋调直后的断后伸长率、重量负偏差应符合表6-1的规定。

表 6-1　盘卷钢筋和直条钢筋调直后的断后伸长率、重量负偏差要求

钢筋牌号	断后伸长率 A(%)	单位长度重量偏差（%）		
		直径 6～12mm	直径 14～20mm	直径 22～50mm
HPB235、HPB300	≥21	≤10	—	
HRB335、HRBF335	≥16	≤8	≤6	≤5
HRB400、HRBF400	≥15			
RRB400	≥13			
HRB500、HRBF500	≥14			

注：1. 断后伸长率 A 的量测标距为 5 倍钢筋公称直径。

2. 重量负偏差（%）按公式（$W_0 - W_d$）/W_0 × 100 计算，其中 W_0 为钢筋理论重量（kg/m），W_d 为调直后钢筋的实际重量（kg/m）。

3. 对直径为 28mm～40mm 的带肋钢筋，表中断后伸长率可降低 1%；对直径大于 40mm 的带肋钢筋，表中断后伸长率可降低 2%。

采用无延伸功能的机械设备调直的钢筋，可不进行本条规定的检验。

检查数量：同一厂家、同一牌号、同一规格调直钢筋，重量不大于 30t 为一批；每批见证取样 3 个试件。

检验方法：3 个试件先进行重量偏差检验，再取其中 2 个试件经时效处理后进行力学性能检验。检验重量偏差时，试件切口应平滑且与长度方向垂直，且长度不应小于 500mm；长度和重量的量测精度分别不应低于 1mm 和 1g。

（2）一般项目

1）钢筋宜采用无延伸装置的机械设备进行调直，也可采用冷拉方法调直。当采用冷拉方法调直时，HPB235、HPB300 光圆钢筋的冷拉率不宜大于 4%；HRB335、HRB400、HRB500、HRBF335、HRBF400、HRBF500 及 RRB400 带肋钢筋的冷拉率不宜大于 1%。

检查数量：按每工作班同一类型钢筋、同一加工设备抽查不应少于 3 件。

检验方法：观察、金属直尺检查。

2）钢筋加工的形状、尺寸应符合设计要求，其偏差应符合表6-2的规定。

检查数量：按每工作班同一类型钢筋、同一加工设备抽查不应少于 3 件。

检验方法：金属直尺检查。

表 6-2　钢筋加工的允许偏差

项　目	允许偏差/mm
受力钢筋顺长度方向全长的净尺寸	±10
弯起钢筋的弯折位置	±20
箍筋内净尺寸	±5

4. 钢筋连接

（1）主控项目

1）纵向受力钢筋的连接方式应符合设计要求。

检查数量：全数检查。

检验方法：观察。

2）在施工现场，应按国家现行标准《钢筋机械连接通用技术规程》JGJ 107—2003、《钢筋焊接及验收规程》JGJ 18—2003的规定抽取钢筋机械连接接头、焊接接头试件作力学性能检验，其质量应符合有关规程的规定。

检查数量：按有关规程确定。

检验方法：检查产品合格证、接头力学性能试验报告。

（2）一般项目

1）钢筋的接头宜设置在受力较小处。同一纵向受力钢筋不宜设置两个或两个以上接头。接头末端至钢筋弯起点的距离不应小于钢筋直径的10倍。

检查数量：全数检查。

检验方法：观察，金属直尺检查。

2）在施工现场，应按国家现行标准《钢筋机械连接通用技术规程》JGJ 107—2003、《钢筋焊接及验收规程》JGJ 18—2003的规定对钢筋机械连接接头、焊接接头的外观进行检查，其质量应符合有关规程的规定。

检查数量：全数检查。

检验方法：观察。

3）当受力钢筋采用机械连接接头或焊接接头时，设置在同一构件内的接头宜相互错开。

纵向受力钢筋机械连接接头及焊接接头连接区段的长度为35倍d（d为纵向受力钢筋的较大直径）且不小于500mm，凡接头中点位于该连接区段长度内的接头均属于同一连接区段。同一连接区段内，纵向受力钢筋机械连接及焊接的接头面积百分率为该区段内有接头的纵向受力钢筋截面面积与全部纵向受力钢筋截面面积的比值。

同一连接区段内，纵向受力钢筋的接头面积百分率应符合设计要求；当设计无具体要求时，应符合下列规定：

① 在受拉区不宜大于50%。

② 接头不宜设置在有抗震设防要求的框架梁端、柱端的箍筋加密区；当无法避开时，对等强度高质量机械连接接头，不应大于50%。

③ 直接承受动力荷载的结构构件中，不宜采用焊接接头；当采用机械连接接头时，不应大于50%。

检查数量：在同一检验批内，对梁、柱和独立基础，应抽查构件数量的

10%，且不少于 3 件；对墙和板，应按有代表性的自然间抽查 10% 且不少于 3 间；对大空间结构，墙可按相邻轴线间高度 5m 左右划分检查面，板可按纵横轴线划分检查面，抽查 10%，且均不少于 3 面。

检验方法：观察，金属直尺检查。

4）同一构件中相邻纵向受力钢筋的绑扎搭接接头宜相互错开。绑扎搭接接头中钢筋的横向净距不应小于钢筋直径，且不应小于 25mm。

钢筋绑扎搭接接头连接区段的长度为 $1.3l_1$（l_1 为搭接长度），凡搭接接头中点位于该连接区段长度内的搭接接头均属于同一连接区段。同一连接区段内，纵向钢筋搭接接头面积百分率为该区段内有搭接接头的纵向受力钢筋截面面积与全部纵向受力钢筋截面面积的比值（见图 6-1）。

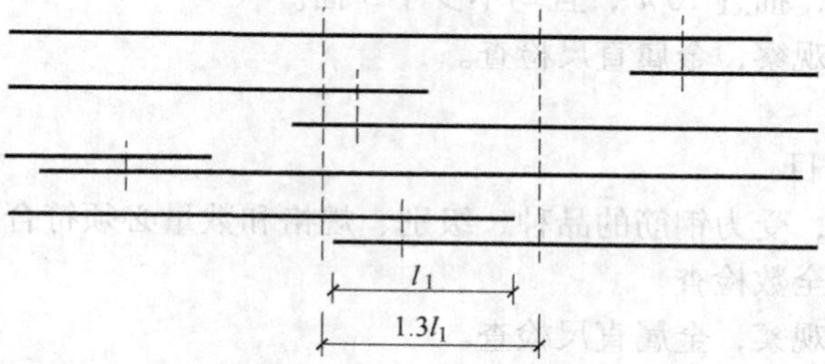

图 6-1　钢筋绑扎搭接接头连接区段及接头面积百分率

图 6-1 中所示搭接接头同一连接区段内的搭接钢筋为两根，当各钢筋直径相同时，接头面积百分率为 50%。

同一连接区段内，纵向受拉钢筋搭接接头面积百分率应符合设计要求；当设计无具体要求时，应符合下列规定：

① 对梁类、板类及墙类构件，不宜大于 25%。

② 对柱类构件，不宜大于 50%。

③ 当工程中确有必要增大接头面积百分率时，对梁类构件，不应大于 50%；对其他构件，可根据实际情况放宽。

纵向受力钢筋绑扎搭接接头的最小搭接长度应符合表 5-2 的规定。

检查数量：在同一检验批内，对梁、柱和独立基础，应抽查构件数量的 10%，且不少于 3 件；对墙和板，应按有代表性的自然间抽查 10%，且不少于 3 间；对大空间结构，墙可按相邻轴线间高度 5m 左右划分检查面，板可按纵、横轴线划分检查面，抽查 10%，且均不少于 3 面。

检验方法：观察，金属直尺检查。

5）在梁、柱类构件的纵向受力钢筋搭接长度范围内，应按设计要求配置箍筋。当设计无具体要求时，应符合下列规定：

① 箍筋直径不应小于搭接钢筋较大直径的0.25倍。

② 受拉搭接区段的箍筋间距不应大于搭接钢筋较小直径的5倍，且不应大于100mm。

③ 受压搭接区段的箍筋间距不应大于搭接钢筋较小直径的10倍，且不应大于200mm。

④ 当柱中纵向受力钢筋直径大于25mm时，应在搭接接头两个端面外100mm范围内各设置两个箍筋，其间距宜为50mm。

检查数量：在同一检验批内，对梁、柱和独立基础，应抽查构件数量的10%，且不少于3件；对墙和板，应按有代表性的自然间抽查10%，且不少于3间；对大空间结构，墙可按相邻轴线间高度5m左右划分检查面，板可按纵、横轴线划分检查面，抽查10%，且均不少于3面。

检验方法：观察，金属直尺检查。

5. 钢筋安装

（1）主控项目

钢筋安装时，受力钢筋的品种、级别、规格和数量必须符合设计要求。

检查数量：全数检查。

检验方法：观察，金属直尺检查。

（2）一般项目

钢筋安装位置的偏差应符合表6-3的规定。

检查数量：在同一检验批内，对梁、柱和独立基础，应抽查构件数量的10%，且不少于3件；对墙和板，应按有代表性的自然间抽查10%，且不少于3间；对大空间结构，墙可按相邻轴线间高度5m左右划分检查面，板可按纵、横轴线划分检查面，抽查10%，且均不少于3面。

表6-3 钢筋安装位置的允许偏差和检验方法

项目			允许偏差/mm	检验方法
绑扎钢筋网	长、宽		±10	金属直尺检查
	网眼尺寸		±20	金属直尺量连续三档，取最大值
绑扎钢筋骨架	长		±10	金属直尺检查
	宽、高		±5	金属直尺检查
受力钢筋	间距		±10	金属直尺量两端、中间各一点
	排距		±5	取最大值
	保护层厚度	基础	±10	金属直尺检查
		柱、梁	±5	金属直尺检查
		板、墙、壳	±3	金属直尺检查

（续）

项目		允许偏差/mm	检验方法
绑扎箍筋、横向钢筋间距		±20	金属直尺量连续三档，取最大值
钢筋弯起点位置		20	金属直尺检查
预埋件	中心线位置	5	金属直尺检查
	水平高差	+3，0	金属直尺和塞尺检查

注：1. 检查预埋件中心线位置时，应沿纵、横两个方向量测，并取其中的较大值。

2. 表中梁类、板类构件上部纵向受力钢筋保护层厚度的合格点率应达到90%及以上，且不得有超过表中数值1.5倍的尺寸偏差。

第二节 现场整理

一、文明施工常识

1. 现场管理

1）成立现场管理领导班子，由工地主要负责人主抓，其成员需有明确分工，各尽其职。场内管理应配置专（兼）职管理人员，场外保洁应随时进行。

2）按照施工总平面布置图设置各项临时设施。堆放大宗材料、成品、半成品和机具设备，不得侵占场内道路及安全防护等设施。

3）将整个施工现场划分成若干责任区，并指定责任人，做到当日工完场清。

4）文明施工管理领导小组定期组织有关人员认真检查，及时填写检查记录，不合格处应限期整改。

5）现场按有关规定悬挂各种标语、标牌，各种规章制度要醒目。

6）施工现场的场地、道路要平整、坚实、畅通，有回旋余地，有可靠的排水措施。

7）建筑物内外的零散碎料和垃圾渣土应及时清理。楼梯踏步、休息平台、阳台处等悬挑结构上不得堆放料具和杂物。在施工作业面，工人操作应做到活完料净脚下清。

施工现场应当设置各类必要的职工生活设施，并符合卫生、通风、照明等要求。职工的膳食、饮水供应等应当符合卫生要求。

2. 料具管理

1）施工现场各种材料和机具应严格按照施工总平面布置图指定位置分类堆放整齐。

2）施工现场的材料保管，应根据材料性能采取必要的防雨、防潮、防晒、防火、防损坏等措施。专人保管，并建立严格的领退手续。

3）合理使用施工材料。施工现场应有用料计划，按计划进料，使材料不积压，减少退料。

4）施工现场应设立垃圾站，及时集中分拣、回收、利用、清运。垃圾清运出现场必须到批准的消纳场地倾倒，严禁乱倒乱卸。

5）钢材须按规格、品种、型号、长度分别挂牌堆放，底垫木不小于20cm。码放要整齐，做到一头齐一条线。盘条要靠码整齐；成品、半成品及剩余料应分类码放，不得混堆。

6）做好现场施工机具的维护保养工作。

二、环境保护常识

1）车辆出门时应冲洗干净，不得带泥沙上路。

2）场内道路畅通、平坦、整洁、无积水，排水系统完善。现场物品不准乱堆乱放且无散落物。

3）施工中的垃圾，从专用垃圾通道中运输或采用容器吊运并及时处理。

4）散水泥和其他易飞扬的细颗粒散体材料应尽量安排库内存放，如露天存放应用篷布覆盖，运输和装卸时要防止遗洒飞扬。

5）搅拌机设封闭机棚并安装除尘装置。

6）施工现场每天洒水两次，以防止尘土飞扬。

7）冲洗搅拌机用水要引入沉淀池，沉淀池要加盖，定期掏挖。厕所污水要经过化粪池处理后才可排放。

8）禁止将有毒有害废弃物用作土方回填，以免污染地下水和环境。

9）施工现场提倡文明施工建立健全控制人为噪声的管理制度。尽量减少人为的大声喧哗，装卸料要轻上轻下，以减少撞击声。

10）对于强噪声设备要设有专用车间，并尽量采取降噪措施。

11）办理有关施工许可证件，严格控制强噪声作业时间。

复习思考题

1. 如何对建筑工程质量验收进行划分？
2. 建筑工程质量验收合格应符合哪些规定？
3. 如何做好施工质量的自检、互检和交接检？
4. 建筑工程质量验收程序是什么？
5. 钢筋分项工程质量检验包括哪些项目？
6. 在浇筑混凝土之前，应进行钢筋隐蔽工程验收，其内容包括哪些？
7. 文明施工包括哪些内容？

试题库

知识要求试题

一、判断题（对画√，错画×）

1. 绘制建筑施工图既要执行《房屋建筑制图统一标准》，又要执行《建筑制图标准》。（ ）

2. 无论图纸的幅面多大，图框至图纸边缘（除装订边）的尺寸总是一样大。（ ）

3. 无论什么样的图纸都必须设会签栏，且都放在图样的左上角。（ ）

4. 1:50 的比例小于 1:100 的比例。（ ）

5. 当整张图采用一个比例时，可将比例统一注写在标题栏内。（ ）

6. 根据专业的需要，同一图样可选用两种比例。（ ）

7. 像 1:33，1:75，1:125 等，这些《标准》中没有的比例在任何时候都不能使用。（ ）

8. 断面的剖切符号应由剖切位置线及投射方向线组成。（ ）

9. 如果编号在剖切位置线的左边，表示按从左向右的方向进行投影（观看）。（ ）

10. 索引符号与详图符号均以细实线圆表示。（ ）

11. 索引出的详图，若采用标准图，应在索引符号水平直径的延长线上加注该标准图册的编号。（ ）

12. 索引符号如用于索引剖视详图，应在被剖切的部位绘制剖切位置线，并以引出线引出索引投射方向。（ ）

13. 同时引出几个相同部分的引出线，宜互相平行，也可画成集中于一点的放射线。（ ）

14. 多层构造引出线，应通过被引出的第一层。（ ）

15. 多层构造引出线，文字说明宜注写在水平线的上方，由上至下的说明顺序应与左至右的层次相互一致。（ ）

16. 连接符号两端靠图样一侧应标注大写拉丁字母表示连接编号。 ( )

17. 对称符号由两对对称线和两端的两对平行线组成。 ( )

18. 指北针可用大直径圆绘制，但其尾部的宽度仍为3mm。 ( )

19. 竖向编号应用大写拉丁字母，从上至下顺序编写。 ( )

20. 如果定位轴线的编号圆圈内标注成2/E，则表示E轴线之后的第二根附加轴线。 ( )

21. 折线形平面图仍按普通平面图中定位轴线的编号方法进行编号。 ( )

22. 图形较小无法画出建筑材料图例时，也无需加文字说明。 ( )

23. 自编建筑材料图例不得与《标准》所列的图例重复。绘制时，应在适当位置画出该材料图例，并加以说明。 ( )

24. 当视图用第一角画法绘制不易表达时，可用镜像投影法绘制，但应在图名后注写“镜像”二字，或画出镜像投影识别符号。 ( )

25. 每个视图一般均应标注图名。图名宜标注在视图的下方或一侧，并在图名下用粗实线绘一条横线，其长度约为50mm。 ( )

26. 使用详图符号作图名时，符号下不再画线。 ( )

27. 当建筑平面图大而复杂时可以分区绘制，但应绘制组合示意图，并指出该区在建筑平面图中的位置。 ( )

28. 同一工程不同专业的总平面图，在图样上的布图方向可以不一致，应根据各自的需要确定。 ( )

29. 底面图与镜像图是一回事。 ( )

30. “JM” 表示近面钢筋。 ( )

31. “YM” 表示近面钢筋。 ( )

32. 若在断面图中不能表达清楚钢筋的布置，应在断面图外增加钢筋大样图。 ( )

33. 构件配筋图中受力钢筋的尺寸按外皮尺寸标注。 ( )

34. 箍筋的长度尺寸，应指箍筋的外皮尺寸。 ( )

35. 弯起钢筋的高度尺寸应指钢筋的外皮尺寸。 ( )

36. 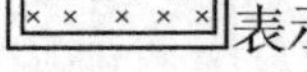表示自然土壤。 ( )

37. 表示石膏板。 ( )

38. 公共建筑及综合性建筑，总高不超过24m的为多层，超过24m的为高层。 ( )

39. 基础埋在地下，因而不属于建筑的组成部分。 ( )

40. 由于基础埋置于地下，属于建筑的隐蔽部分，安全程度要求较高。 ( )

41. 基础应具有足够的强度、刚度及耐久性，并能抵抗地下各种不良因素的侵袭。 ( )

42. 地坪是建筑底层房间与下部土层相接触的部分，它不承担任何荷载。 ( )

43. 地面必须具有良好的耐磨、防潮及防水、保温的性能。 ( )

44. 楼梯是楼房建筑中联系上下各层的垂直交通设施，疏散楼梯须单独设立。 ( )

45. 单厂排架结构中，架与柱的连接为刚性连接。 ( )

46. 单厂排架结构中，柱与基础的连接为刚性连接。 ( )

47. 支撑系统的作用是保证厂房结构和构件的承载力、稳定性和刚度，并传递部分水平荷载。 ( )

48. 力对物体的作用，是不会在产生外效应的同时产生内效应的。 ( )

49. 力对物体作用的外效应，是使物体产生形变。 ( )

50. 力对物体作用的内效应，是使物体产生形变。 ( )

51. 力对物体作用的外效应，是使物体的运动状态发生改变。 ( )

52. 力对物体作用的内效应，是使物体的运动状态发生改变。 ( )

53. 凡是受二力作用的构件就是二力构件。 ( )

54. 凡是受二力作用而平衡的构件就是二力构件。 ( )

55. 只有受二力作用的直杆才是二力构件。 ( )

56. 变形的二力构件无论是否处于平衡，都不能称为二力构件。 ( )

57. 任何物体在两个等值、反向、共线的力作用下都将处于平衡。 ( )

58. 刚体在两个等值、反向、共线的力作用下都将处于平衡。 ( )

59. 变形体在两个等值、反向、共线的力作用下都将处于平衡。 ( )

60. 作用与反作用定律只适用于刚体。 ( )

61. 作用与反作用定律不适用于变形体。 ( )

62. 作用与反作用定律既适用于刚体也适用于变形体。 ( )

63. 作用于刚体上力的三要素为：力的大小、方向和作用线。 ( )

64. 作用于变形体上力的三要素为：力的大小、方向和作用线。 ( )

65. 作用于变形体上力的三要素必定为：力的大小、方向和作用点。 ( )

66. 力沿其作用线移动后不会改变力对物体的外效应，但会改变力对物体的内效应。 ( )

67. 力可在刚体上沿其作用线移动，不会改变力对其作用的效应。 ( )

68. 力沿其作用线移动时，力对点的矩不变。 ( )

69. 力可在变形体上沿其作用线移动，不会改变力对其作用的效应。 ( )

70. 力在变形体上沿其作用线移动，会改变力对其作用的效应。 ( )

71. 力对任意点的力矩恒为零。 （ ）

72. 力对其作用线上的任意点的力矩恒为零。 （ ）

73. 两个大小相等、作用线不重合的反向平行力之间的距离称为力臂。 （ ）

74. 力偶对物体作用的外效应也就是力偶使物体单纯产生转动。 （ ）

75. 力偶对物体作用的外效应也就是力偶使物体不单纯产生转动，还产生移动。 （ ）

76. 力偶对物体上任意点之矩恒等于力偶矩。 （ ）

77. 力偶在任意轴上的投影恒等于零。 （ ）

78. 力偶可以合成一个合力。 （ ）

79. 力偶不能与一个力等效。 （ ）

80. 固定铰支座约束力过铰的中心，方向未知，故常用过铰中心的两个正交分力表示。 （ ）

81. 当固定铰支座连接二力构件时，其约束力作用线的位置可由二力平衡条件确定，故用一个力表示。 （ ）

82. 在求解平衡问题时，受力图中固定铰支座未知约束力的指向可以任意假设。 （ ）

83. 平面一般力系向作用面内任一点简化一般能得到一个力和一个力偶，该力为原力系的合力，该力偶为原力系的合力偶。 （ ）

84. 平面一般力系向作用面内任一点简化一般能得到一个合力和一个合力偶。 （ ）

85. 平面一般力系向作用面内任一点简化一般能得到一个力和一个力偶，该力为原力系的主矢，该力偶为原力系的主矩。 （ ）

86. 刚体受同一平面的三个不平行的力作用而处于平衡时，这三个力的作用线必交于一点。 （ ）

87. 力在坐标轴上的投影是代数量。 （ ）

88. 力在坐标轴上的投影是矢量。 （ ）

89. 阻碍物体运动的其他物体称为该物体的约束。 （ ）

90. 内力是杆件在外力作用下相联两部分之间的作用力。 （ ）

91. 弯起钢筋的弯起段用来承受弯矩和剪力产生的梁斜截面上的主拉应力。 （ ）

92. 受力钢筋为光圆钢筋时，两端需要弯钩，而带肋钢筋两端不必设弯钩。 （ ）

93. 受力钢筋无论是光圆钢筋还是带肋钢筋，两端都必须设弯钩。 （ ）

94. 构件配筋图中注明的尺寸一般是指钢筋外轮廓尺寸（也称外皮尺寸），

即从钢筋外皮到外皮量得的尺寸。（ ）

95. 料牌是钢筋加工和绑扎的依据，它随着工艺流程的传送，最后系在加工好的钢筋上，作为钢筋安装工作中区别各工程项目、各类构件和不同钢筋的标志。（ ）

96. 手工除锈的方法有钢丝刷除锈、喷砂法除锈两种。（ ）

97. 对于工程量小或临时在工地加工钢筋，常采用手工调直钢筋。（ ）

98. 机械调直是利用钢筋调直机或卷扬机把弯曲的钢筋调直使其达到钢筋加工的要求。（ ）

99. 机械调直有调直机调直、卷扬机冷拉调直。（ ）

100. 钢筋切断有手工切断、机械切断和克子切断。（ ）

101. 使用钢筋切断机切断时，钢筋可在调直前切断。（ ）

102. 钢筋弯曲成形的方法有手工和机械两种，其操作顺序是：试弯——划线——弯曲成形。（ ）

103. 手工弯曲直径 12mm 以下的钢筋，通常使用手摇扳手，一次可弯 1～4 根钢筋。（ ）

104. 当钢筋弯曲 135°～180°时，弯曲点线距扳柱外边缘的距离约为 2 倍钢筋直径。（ ）

105. 在任何情况下，受拉钢筋的搭接长度不应小于 300mm；受压钢筋的搭接长度不应小于 200mm。（ ）

106. 在钢筋焊接施工中，主要有钢筋电阻点焊、闪光对焊、电弧焊、电渣压力焊及气压焊等几种焊接方法。（ ）

107. 钢筋多头点焊机适用于不同规格焊接网的成批生产。（ ）

108. 点焊脱落的原因可能是通电时间太长。（ ）

109. 电弧焊的接头形式包括帮条焊、搭接焊、坡口焊、窄间隙焊和熔槽帮条焊 5 种。（ ）

110. 钢筋机械连接是指通过钢筋与连接件的机械咬合作用或钢筋端面的承压作用，将一根钢筋中的力传到另一根钢筋的连接方法。（ ）

111. 钢筋机械连接的方式有套筒挤压连接、锥螺纹连接、墩粗直螺纹连接、滚扎直螺纹连接、熔融金属充填连接和水泥灌浆充填连接等。（ ）

112. 钢筋挤压连接挤压操作应符合下列要求：应按标记检查钢筋插入套筒内的深度，钢筋端头离套筒长度中点宜超过 10mm。（ ）

113. 钢筋锥螺纹连接是先将钢筋需要连接的端部加工成锥形螺纹，利用钢筋端部的锥形螺纹与内壁带有相同内螺纹的连接套筒相互拧紧后，靠锥形螺纹相互咬合形成接头的连接。（ ）

114. 钢筋冷拉的速度宜快，待拉到规定长度或控制应力后立即放松。（ ）

115. 钢筋冷拉应先冷拉后焊接。（ ）

116. 钢筋冷拉应在低于 -20℃的环境中进行。（ ）

117. 钢筋冷拔工艺流程为：钢筋剥皮—扎头—拔丝。（ ）

118. 钢筋扎头要求达到圆度均匀，长度约 300mm，直径比拔丝模小 0.5 ~ 0.8mm，钢筋每冷拔一次应轧头一次。（ ）

119. 钢筋加工操作人员应经过专业培训、考核合格取得建设主管部门颁发的操作证后，方可持证上岗，学员应在专人指导下进行工作。（ ）

120. 如果施工场地狭小，可在模板或脚手架上集中堆放钢筋。（ ）

121. 操作人员在进入施工现场前，必须进行安全生产、安全技术措施和安全操作规程等方面的教育。（ ）

122. 面层带有颗粒状或片状分离现象呈深褐色或黑色的钢筋可以使用。（ ）

123. 钢筋加工作业后，应堆放好成品，清理场地，切断电源，锁好开关箱，做好钢筋加工机械的保养工作。（ ）

124. 钢筋调直时，送料前应将不直的钢筋端头切除。（ ）

125. 使用钢筋切断机切断钢筋时，接送料的工作台面应和切刀下部保持水平，工作台的长度可根据加工材料长度确定。（ ）

126. 切断机运转中可用手直接清除切刀附近的断头和杂物。（ ）

127. 弯曲钢筋放置方向要和挡轴、工作盘旋转方向一致，不得相反，在变换工作盘旋转方向时，倒顺开关必须按照开关批示牌上“正（倒）转—停—倒（正）转”的步骤进行操作。（ ）

128. 弯曲机弯曲钢筋时可直接从“正—倒”或“倒—正”扳动开关。（ ）

129. 采用钢筋绑扎连接时，钢筋绑扎接头位置以及搭接长度应符合国家现行《混凝土结构工程施工质量验收规范》GB 50204—2002 的规定。（ ）

130. 轴心受拉及小偏心受拉杆件的纵向受力钢筋不得采用绑扎搭接接头。（ ）

131. 当受拉钢筋的直径 $d>28$mm 及受压钢筋的直径 $d>32$mm 时，不宜采用绑扎搭接接头。（ ）

132. 钢筋采用绑扎搭接接头时必须满足《混凝土结构设计规范》GB 50010—2001的规定。（ ）

133. 钢筋搭接的位置与搭接长度必须满足《混凝土结构工程施工质量验收规范》GB 50204—2002 中的规定。（ ）

134. 钢筋绑扎采用 15～19 号铁丝。（ ）

135. 钢筋绑扎时钢筋交叉点应采用铁丝扎牢。（ ）

136. 箍筋直径不应小于搭接钢筋较大直径 0.3 倍。（ ）

137. 受拉搭接区段的箍筋间距不应大于搭接钢筋较小直径的4 倍。（ ）

138. 受压区搭接区段的箍筋间距不应大于搭接钢筋较小直径的 10 倍且不应大于 20mm。（ ）

139. 当柱中纵向受力钢筋直径大于 25mm 时，应在搭接接头两个端面外 100mm 范围内各设置两个箍筋，其间距宜为 50mm。（ ）

140. 受力钢筋的焊接接头在构件的受压区不宜大于 25%。（ ）

141. 受力钢筋焊接接头在构件的受拉区不宜大于 50%。（ ）

142. 条形基础横向受力钢筋直径一般为 6～16mm，间距为120～250mm。（ ）

143. 柱子的箍筋间距不应大于 40mm 并不大于构件横截面的短边尺寸。（ ）

144. 梁主要是受弯构件。（ ）

145. 梁中弯起钢筋的弯起角度一般为 45°或 60°，当梁高大于 80mm 时宜用 30°。（ ）

146. 梁和根均为受压构件。（ ）

147. 构造柱要在基础中锚固并予先砌墙后浇筑混凝土。（ ）

148. 若根据计算梁中箍筋不需要设置时就不设置。（ ）

149. 柱子中不得采用内拆角箍筋。（ ）

150. 板中不一定要设置分布钢筋。（ ）

151. 悬臂雨篷的钢筋是绑扎在构件上层的。（ ）

152. 在钢筋混凝土结构中钢筋主要承受压力，混凝土主要承受拉力。（ ）

153. 在钢筋混凝土构件中，混凝土保护层越厚越好。（ ）

154. 板的上部钢筋为保证其有效高度和位置宜做成直钩伸至板底，当板厚大于 120mm 时可做成圆钩。（ ）

155. 钢筋按强度分光面钢筋和变形钢筋两种。（ ）

156. 板中弯起钢筋的弯起角度不小于 30°，当板厚≤120mm 且承受的动力荷载不大时为方便施工可采用分离式配筋。（ ）

157. 预制构件的吊环钢筋长度一般应埋入构件不小于 30*d*。（ ）

158. 基础中纵向受力钢筋混凝土保护层不应小于 35mm，当无垫层时不应小于 70mm。（ ）

159. 绑扎骨架中光圆钢筋时均应在末端做弯钩。（ ）

160. 量度差值是指在钢筋下料时应去除的数值。 （ ）
161. 钢筋下料尺寸应该按钢筋中线长度计算。 （ ）
162. 钢筋除锈的方法有多种，常用的有手工除锈、钢筋除锈机和酸法除锈。 （ ）
163. 钢筋的接头宜设置在受力较小处，同一受力钢筋不宜设置两个或两个以上接头。 （ ）
164. 基础是起承重的作用。 （ ）
165. 钢筋冷拉不可在负温下进行。 （ ）
166. 两根不同直径钢筋可以搭接。 （ ）
167. 钢筋冷拉的方法只有控制应力法。 （ ）
168. 钢筋弯曲成形的顺序是：划线——弯曲成形——试弯。 （ ）
169. 钢筋网片的钢筋网眼尺寸允许偏差为 ±20mm。 （ ）
170. 钢筋网片的几何尺寸，其长度和宽度的允许偏差为 ±20mm。 （ ）
171. 现浇框架中，受力钢筋的排距允许偏差是 ±15mm。 （ ）
172. 绑扎双层钢筋时先绑扎立模板一侧的钢筋。 （ ）
173. 地基承受建筑物的全部荷载，是建筑物的主要组成部分。 （ ）
174. 建筑物的绝对标高是建筑物的实际标高。 （ ）
175. 钢筋做不大于 90° 的弯折时弯折处的弯弧直径不应小于钢筋直径的 5 倍。 （ ）
176. 为了增加钢筋与混凝土的锚固作用，任何钢筋末端都应做成弯钩。 （ ）
177. 钢筋接头有绑扎接头和焊接接头，宜优先选用绑扎接头。 （ ）
178. 独立基础为双向受力，短边方向的受力筋一般放在长边受力筋上面。 （ ）
179. 柱中配置箍筋的作用是抗剪。 （ ）
180. 板内弯起钢筋的作用主要是抗剪。 （ ）
181. 当梁高大于 700mm 时，应在梁的两侧沿高度方向每隔 300 ~ 400mm 设置直径不小于 12mm 的受力筋。 （ ）
182. 当梁高小于 150mm 时，可用单肢箍筋。 （ ）
183. 板内分布钢筋的截面积不应小于单位长度上受力筋截面面积的 15%。 （ ）
184. 当梁的截面高度大于 800mm 时，箍筋直径不宜小于 6mm。 （ ）
185. 梁内弯起钢筋弯起后在受拉区的锚固长度不小于 $20d$。 （ ）
186. 当板厚大于 150mm 时，板内受力间距不应大于 300mm。 （ ）
187. 柱内全部纵向受力筋的配筋率不宜超过 5%。 （ ）

188. 钢筋放样的工作顺序应与施工现场保持一致，与绑扎安装的顺序相适应。 （ ）

189. 上下柱钢筋搭接的搭接根数及搭接长度一律按上柱钢筋决定。 （ ）

190. 对于新购置的弯曲机在弯曲钢筋时往往要比规定额小一级。 （ ）

191. 框架梁中牛腿及柱帽钢筋应设置在柱的纵向钢筋内侧。 （ ）

192. HRB 是热轧带肋钢筋的代号。 （ ）

193. HPB 是热轧光圆钢筋的代号。 （ ）

194. 钢筋不要同酸、盐、油等物品放在一起。 （ ）

195. 焊工只要技术熟练，可以不持证上岗。 （ ）

196. 钢筋工的施工方案主要包括布置钢筋加工的施工作业进度计划、钢筋加工的工艺流程和施工方法、技术质量、安全措施等四个阶段的工作内容。 （ ）

197. 钢筋作业进度计划可采用横道图和网络图来表达。 （ ）

198. 施工机械操作人员必须进行技术培训，经过考试合格取得岗位证书后方可独立操作。 （ ）

199. 宽度大于 1m 的水平钢筋网采用四点起吊。 （ ）

200. 跨度小于 6m 的钢筋骨架采用两点起吊。 （ ）

201. 跨度大、刚度差的钢筋骨架应采用横吊梁四点起吊。 （ ）

202. 为了防止钢筋网和钢筋骨架在运输和安装过程中发生变形，应采取临时加固措施。 （ ）

203. 同种级别不同直径钢筋替换时，应采用等强度代换方法。 （ ）

204. 梁板构件钢筋保护层厚度偏差合格率不小于 90%。 （ ）

205. 除梁板外，其他构件钢筋保护层厚度偏差合格率不小于 80%。 （ ）

206. 立柱子钢筋并与插筋绑扎时，在搭接长度内绑扎点不少于三个。 （ ）

207. 大钢筋骨架运输时一般钢筋网的分块面积为 6～20m^2 为宜。 （ ）

208. 钢筋焊接网运输时每捆重量不应超过 3t。 （ ）

209. 进场钢筋焊接网宜按施工要求堆放并应明显标志。 （ ）

210. 对钢筋骨架采用临时加固措施，采用较多的是八字形的剪力撑。 （ ）

211. 对于柱子，先绑扎钢筋后立模板。 （ ）

212. 对于梁，先立模板后绑扎钢筋。 （ ）

213. 现浇柱与基础连接选用的插筋，其箍筋应比柱的箍筋小一个柱筋直径以便连接。 （ ）

214. 基础中纵向受力钢筋的保护层厚度不应小于 50mm。 （ ）

215. 基础浇筑完毕后，把基础上预留墙柱插筋扶正、理顺，保证插筋位置准确。 （ ）

216. 矩形简支梁的钢筋既可在梁的模板内绑扎，也可以在梁模板上口绑扎成形后再入模。 （ ）

217. 板钢筋绑扎程序为：清理模板——模板上划线——绑扎下部受力筋——绑负弯短钢筋。 （ ）

218. 柱钢筋绑扎的程序为：立柱筋——画箍筋间距线——绑扎箍筋。 （ ）

219. 混凝土结构中常用钢材有钢筋和钢丝两类。 （ ）

220. 钢筋抽检方法同规格同炉罐（批）量不多于80t为一批钢筋。 （ ）

221. 钢筋冷拉目的是提高钢材的屈服点。 （ ）

222. 钢筋机械连接方法有套筒冷压接头和锥形螺纹钢筋接头。 （ ）

223. 电渣压力焊接适用于混凝土结构中竖向或斜向钢筋焊接接头。 （ ）

224. 钢筋常用的代换方法有等强度、等面积代换。 （ ）

225. 目前建筑用的钢筋按强度分为HPB235、HRB335、HRB400、HRB500级钢筋。 （ ）

226. 钢筋混凝土中钢筋保护层的厚度没有规定，薄厚都可以。 （ ）

227. 钢筋代换后一定要满足构造要求。 （ ）

228. 钢筋弯曲成形允许偏差全长±10mm。 （ ）

229. 弯起钢筋弯起点位移允许偏差是30mm。 （ ）

230. 箍筋边长允许偏差是±5mm。 （ ）

231. 钢筋冷弯试验是一种较严格的检验，能揭示钢材内部是不是存在组织不均匀、内应力和夹杂物等缺陷。 （ ）

232. 变形钢筋在结构中使用，不需要作弯钩。 （ ）

233. 钢筋混凝土板内的上部负筋，是为了避免板受力后在支座上部出现裂缝而设置的受拉钢筋。 （ ）

234. 在构件的受拉区域内，HPB235级钢筋绑扎连接的末端不做弯钩，HRB335级钢筋则要做弯钩。 （ ）

235. 受力钢筋的绑扎接头，在构件的受压区不得超过25%。 （ ）

236. 严禁将两头已弯钩成形的钢筋在除锈机中操作。 （ ）

237. 绑扎钢筋一般采用20~22号铁丝作为绑丝。 （ ）

238. 钢筋除锈是为了保证钢筋与混凝土的粘结力。 （ ）

239. 未经调直或平直的曲折钢筋，会影响受力性能，在钢筋混凝土构件中是不允许使用的。 （ ）

240. 钢筋工程属于隐蔽工程验收范围，因此必须在被混凝土隐蔽前进行

验收。（ ）

241. 钢筋的骨架可以代替梯子上下攀登进行操作。（ ）

242. 钢筋网片的钢筋间距允许偏差是 ±20mm。（ ）

243. 钢筋网片的几何尺寸，其长度和宽度的允许偏差为 ±20mm。（ ）

244. 现浇框架受力钢筋的排距允许偏差是 ±15mm。（ ）

245. 现浇框架的箍筋间距允许偏差为 ±20mm。（ ）

246. 混凝土保护层的作用之一是保证钢筋不被锈蚀。（ ）

247. 现浇框架预埋件的中心位移允许偏差是 5mm。（ ）

248. 柱子的箍筋间距不应大于 40mm，并不大于构件横截面的短边尺寸。（ ）

249. 当构件受力时，混凝土与钢筋相邻材料产生相同的变形，钢筋在混凝土中会产生滑动。（ ）

250. 钢筋冷拔的操作工序是：除锈剥皮——钢筋轧头——拔丝——外观检查——力学试验——成品验收。（ ）

251. 纵向钢筋一般不在受拉区截断，如需截断，应经设计部门同意。（ ）

252. 在绑扎钢筋接头时，一定要把接头先行绑好，然后再和其他钢筋绑扎。（ ）

253. 除设计有特殊要求外，柱和梁的箍筋应与主筋垂直。（ ）

254. 钢筋除锈不得用酸洗。（ ）

255. 建筑工程质量验收应划分为单位（子单位）工程、分部（子分部）工程、分项工程和检验批。（ ）

256. 两根不同直径的钢筋不搭接。（ ）

257. 不允许两台焊机使用一个开关。（ ）

258. 对进厂（场）的钢筋除应检查其标牌、外观、尺寸外，还应按规定采取试样检验。（ ）

259. 遇 4 级以上强风时，不准进行高处作业。（ ）

260. 施工人员认为施工图设计不合理，可以对其更改。（ ）

二、选择题（将正确答案的序号填入括号内）

（一）单选题

1. 房屋建筑制图的基本标准是（ ）。

A.《房屋建筑制图统一标准》 B.《建筑制图标准》

C.《建筑结构制图标准》 D.《房屋建筑制图基本标准》

2.《房屋建筑制图统一标准》的代号是（ ）。

A. GB/T 50104　　B. GB/T 50105
C. GB/T 50106　　D. GB/T 50001

3. A1 图纸的幅面尺寸是（　）。
A. 841mm×1189mm　　B. 594mm×841mm
C. 420mm×594mm　　D. 297mm×420mm

4. A3 图纸的图框至图纸边缘（除装订边）的尺寸是（　）mm。
A. 25　　B. 15　　C. 10　　D. 5

5. 房屋建筑的平面图、立面图、剖面图通常采用（　）的比例绘制。
A. 1:50　　B. 1:100　　C. 1:150　　D. 1:200

6. 代号“GB/T 50104—2001”中的“T”代表汉语中的（　）。
A. 土建　　B. 图样　　C. 土木工程　　D. 推荐

7. 剖切位置线应以（　）绘制。
A. 粗实线　　B. 中实线　　C. 细实线　　D. 加粗实线

8. 剖切位置线的长度宜为（　）mm。
A. 2~4　　B. 4~6　　C. 6~10　　D. 8~10

9. 剖切符号（　）采用阿拉伯数字按顺序依次进行编号。
A. 应　　B. 不应　　C. 宜　　D. 不宜

10. 剖切符号宜按（　）的顺序依次进行编号。
A. 由左至右，由下至上　　B. 由右至左，由下至上
C. 由左至右，由上至下　　D. 由右至左，由上至下

11. 建筑剖面图的剖切符号宜标注在（　）上。
A. 总平面图　　B. 标准层平面图　　C. 底层平面图　　D. 二层平面图

12. 索引符号的圆的直径为（　）mm。
A. 6　　B. 8　　C. 10　　D. 14

13. 详图符号的圆的直径为（　）mm。
A. 6　　B. 8　　C. 10　　D. 14

14. 索引出的详图，如与被索引的详图同在一张图样内，应在索引符号的（　）。
A. 上半圆中用阿拉伯数字注明该详图的编号，在下半圆中间画一段水平中实线
B. 上半圆中用阿拉伯数字注明该详图的编号，在下半圆中间画一段水平细实线
C. 下半圆中用阿拉伯数字注明该详图的编号，在上半圆中间画一段水平细实线
D. 直接在圆中用阿拉伯数字注明该详图的编号

15. 索引出的详图，如与被索引的详图不在同一张图样内，应在索引符号的（　）。

A. 上半圆中用阿拉伯数字注明该详图的编号，在下半圆中用阿拉伯数字注明该详图所在图样的编号

B. 下半圆中用阿拉伯数字注明该详图的编号，在上半圆中用阿拉伯数字注明该详图所在图样的编号

C. 直接在圆中用阿拉伯数字注明该详图的编号

D. 直接在圆中用阿拉伯数字注明该详图的编号，同时在附近注明该详图所在图样的编号

16. 详图符号的圆应以直径为（　　）绘制。

A. 14mm 的粗实线　　B. 16mm 的粗实线

C. 14mm 的细实线　　D. 16mm 的细实线

17. 对称符号中，每对平行线的长度和间距宜分别为（　　）mm。

A. 2～3，6～10　　B. 2～3，4～6

C. 6～10，2～3　　D. 6～10，4～6

18. 连接符号应以（　　）表示需连接的部位。

A. 粗实线　　B. 波浪线　　C. 细实线　　D. 折断线

19. 多层构造引出线，文字说明宜注写在（　　）。

A. 水平线的上方　　B. 水平线的下方

C. 垂直线的上方　　D. 垂直线的下方

20. 指北针圆的直径宜为（　　）mm，用细实线绘制；指针尾部的宽度宜为 3mm。

A. 16　　B. 20　　C. 24　　D. 30

21. 定位轴线应用（　　）绘制。

A. 细线　　B. 细点画线　　C. 中点画线　　D. 双点画线

22. 平面图上横向定位轴线的编号，应用（　　）顺序编写，竖向编号应用大写拉丁字母，从下至上顺序编写。

A. 阿拉伯数字，从左至右　　B. 阿拉伯数字，从右至左

C. 大写拉丁字母，从左至右　　D. 大写拉丁字母，从右至左

23. 定位轴线的编号圆圈的直径宜为（　　）mm。

A. 6～8　　B. 8～10　　C. 10～12　　D. 10

24. 2 号轴线之后的第一根附加轴线，在定位轴线的编号圆圈内应写成（　　）。

A. 1/2　　B. 2/1　　C. 1/02　　D. 2/01

25. 如果定位轴线的编号圆圈内标注成 2/01，则表示（　　）。

A. 2 号轴线之后的第一根附加轴线

B. 2 号轴线之前的第一根附加轴线

C. 1 号轴线之后的第二根附加轴线

D. 1号轴线之前的第二根附加轴线

26. 圆形平面图中定位轴线的编号，其径向轴线宜用（　　）表示，从（　　）开始，按（　）顺序编写。

A. 阿拉伯数字，左下角，逆时针

B. 阿拉伯数字，右下角，逆时针

C. 大写拉丁字母，左下角，逆时针

D. 大写拉丁字母，左下角，顺时针

27. 圆形平面图中定位轴线的编号，其圆周轴线宜用（　　）表示，按（　　）顺序编写。

A. 阿拉伯数字，从内向外　　B. 大写拉丁字母，从内向外

C. 阿拉伯数字，从外向内　　D. 大写拉丁字母，从外向内

28. 两个相邻的涂黑图例（如混凝土构件、金属件）间，应留有空隙，其宽度不得小于（　　）mm。

A. 0.2　　B. 0.5　　C. 0.7　　D. 1.0

29. 我国的工程制图采用的是第（　　）角画法。

A. 一　　B. 二　　C. 三　　D. 四

30. 图1中正确的镜像识别符号是（　　）。

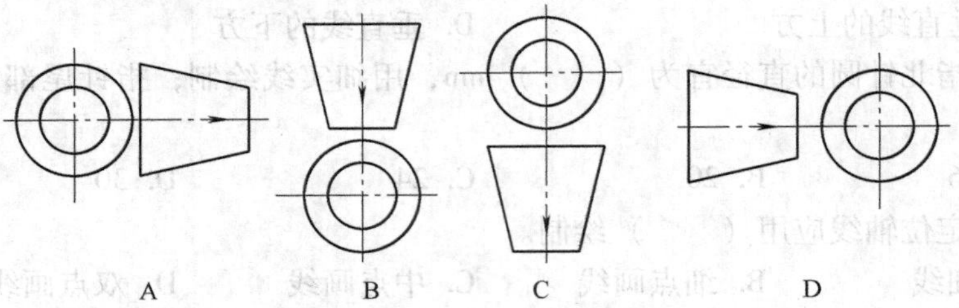

图 1

31. 图2中，1-1断面画法正确的是（　　）。

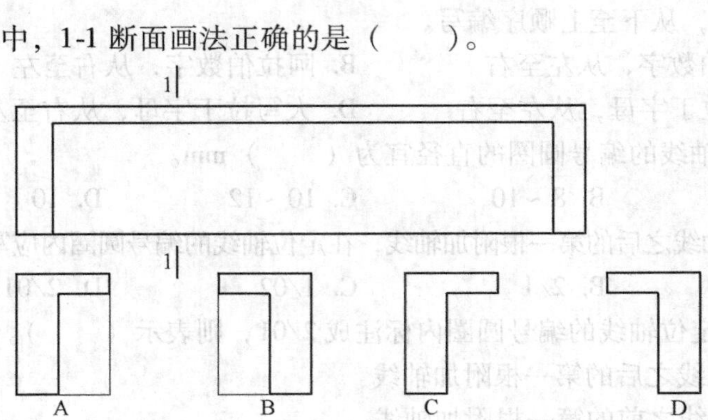

图 2

32. 下列关于尺寸单位的说法中，不正确的是（ ）。
A. 平面图上的尺寸以米为单位
B. 平面图上的尺寸以毫米为单位
C. 总平面图上的尺寸以米为单位
D. 标高以米为单位
33. 尺寸数字下面的线称为（ ）。
A. 尺寸界线 B. 尺寸起止符号
C. 尺寸线 D. 尺寸底线
34. 尺寸起止符号应用（ ）线画。
A. 粗 B. 中 C. 细 D. 虚
35. 尺寸起止符号与尺寸线成（ ）夹角。
A. 45° B. -45° C. 30° D. -30°
36. 标高符号为（ ）。
A. 任意三角形 B. 等腰三角形
C. 等边三角形 D. 等腰直角三角形
37. 下列标高中，错误的是（ ）。
A. +3.600 B. -1.200 C. ±0.00 D. ±0.000
38. 我国把青岛黄海平均海平面作为定位（ ）的零点。
A. 绝对标高 B. 相对标高 C. 建筑标高 D. 结构标高
39. "WB" 表示（ ）。
A. 空心板 B. 槽形板 C. 屋面板 D. 密肋板
40. "MB" 表示（ ）。
A. 楼梯板 B. 槽形板 C. 屋面板 D. 密肋板
41. "TB" 表示（ ）。
A. 平台板 B. 楼梯板 C. 挡雨板 D. 屋面板
42. "QB" 表示（ ）。
A. 檐口板 B. 天沟板
C. 墙板 D. 吊车安全走道板
43. "DDL"表示（ ）。
A. 吊车梁 B. 单轨吊车梁 C. 轨道连接 D. 车挡
44. "DGL"表示（ ）。
A. 吊车梁 B. 单轨吊车梁 C. 轨道连接 D. 车挡
45. "DL"表示（ ）。
A. 吊车梁 B. 单轨吊车梁 C. 轨道连接 D. 车挡
46. "LL"表示（ ）。

A. 基础梁　B. 圈梁　C. 过梁　D. 连系梁

47. “GL” 表示（　　）。

A. 基础梁　B. 圈梁　C. 过梁　D. 连系梁

48. “QL” 表示（　　）。

A. 基础梁　B. 圈梁　C. 过梁　D. 连系梁

49. “JL” 表示（　　）。

A. 基础梁　B. 圈梁　C. 过梁　D. 连系梁

50. “TL” 表示（　　）。

A. 楼梯梁　B. 框架梁　C. 框支梁　D. 屋面框架梁

51. “KL” 表示（　　）。

A. 楼梯梁　B. 框架梁　C. 框支梁　D. 屋面框架梁

52. “KZL” 表示（　　）。

A. 楼梯梁　B. 框架梁　C. 框支梁　D. 屋面框架梁

53. “WKL” 表示（　　）。

A. 楼梯梁　B. 框架梁　C. 框支梁　D. 屋面框架梁

54. “CT” 表示（　　）。

A. 承台　B. 设备基础　C. 桩　D. 挡土墙

55. “SJ” 表示（　　）。

A. 承台　B. 设备基础　C. 桩　D. 挡土墙

56. “ZH” 表示（　　）。

A. 承台　B. 设备基础　C. 桩　D. 挡土墙

57. “DQ” 表示（　　）。

A. 承台　B. 设备基础　C. 桩　D. 挡土墙

58. “CJ” 表示（　　）。

A. 天窗架　B. 柱间支撑　C. 垂直支撑　D. 水平支撑

59. “ZC” 表示（　　）。

A. 天窗架　B. 柱间支撑　C. 垂直支撑　D. 水平支撑

60. “CC” 表示（　　）。

A. 天窗架　B. 柱间支撑　C. 垂直支撑　D. 水平支撑

61. “SC” 表示（　　）。

A. 天窗架　B. 柱间支撑　C. 垂直支撑　D. 水平支撑

62. “WJ” 表示（　　）。

A. 屋架　B. 托架　C. 框架　D. 刚架

63. “TJ” 表示（　　）。

A. 屋架　B. 托架　C. 框架　D. 刚架

64.“KJ”表示（　　）。

A. 屋架　　B. 托架　　C. 框架　　D. 刚架

65.“GJ”表示（　　）。

A. 屋架　　B. 托架　　C. 框架　　D. 刚架

66.“T”表示（　　）。

A. 梯　　B. 雨篷　　C. 阳台　　D. 梁垫

67.“YP”表示（　　）。

A. 梯　　B. 雨篷　　C. 阳台　　D. 梁垫

68.“YT”表示（　　）。

A. 梯　　B. 雨篷　　C. 阳台　　D. 梁垫

69.“LD”表示（　　）。

A. 梯　　B. 雨篷　　C. 阳台　　D. 梁垫

70.“M”表示（　　）。

A. 预埋件　　B. 钢筋网　　C. 钢筋骨架　　D. 基础

71.“W”表示（　　）。

A. 预埋件　　B. 钢筋网　　C. 钢筋骨架　　D. 基础

72.“G”表示（　　）。

A. 预埋件　　B. 钢筋网　　C. 钢筋骨架　　D. 基础

73.“J”表示（　　）。

A. 预埋件　　B. 钢筋网　　C. 钢筋骨架　　D. 基础

74. 在构件结构施工图中，为了突出表示钢筋的配置情况，把钢筋画成（　　）。

A. 粗实线　　B. 中实线　　C. 细实线　　D. 加粗实线

75. 在构件结构施工图中，构件的外形轮廓画成（　　）。

A. 粗实线　　B. 中实线　　C. 细实线　　D. 加粗实线

76.（　　）必须用粗双点长画线绘制。

A. 定位轴线　　B. 预应力钢筋线

C. 对称线　　D. 中心线

77.（　　）必须用细双点长画线绘制。

A. 垂直支撑　　B. 预应力钢筋线

C. 原有结构轮廓线　　D. 对称线

78. Φ表示（　　）钢筋。

A. HPB235（Q235）

B. HRB335（20MnSi）

C. HRB400（20MnSiV、20MnSiNb、20MnTi）

D. RRB400（K20MnSi）

79. Φ表示（　　）钢筋。
A. HPB235（Q235）
B. HRB335（20MnSi）
C. HRB400（20MnSiV、20MnSiNb、20MnTi）
D. RRB400（K20MnSi）
80. Φ表示（　　）钢筋。
A. HPB235（Q235）
B. HRB335（20MnSi）
C. HRB400（20MnSiV、20MnSiNb、20MnTi）
D. RRB400（K20MnSi）
81. Φ^{R} 表示（　　）钢筋。
A. HPB235（Q235）
B. HRB335（20MnSi）
C. HRB400（20MnSiV、20MnSiNb、20MnTi）
D. RRB400（K20MnSi）
82. Φ^{S} 表示（　　）。
A. 钢绞线　　B. 光面钢丝
C. 螺旋肋钢丝　　D. 刻痕钢丝
83. Φ^{P} 表示（　　）。
A. 钢绞线　　B. 光面钢丝
C. 螺旋肋钢丝　　D. 刻痕钢丝
84. Φ^{H} 表示（　　）。
A. 钢绞线　　B. 光面钢丝
C. 螺旋肋钢丝　　D. 刻痕钢丝
85. Φ^{I} 表示（　　）。
A. 钢绞线　　B. 光面钢丝
C. 螺旋肋钢丝　　D. 刻痕钢丝
86. 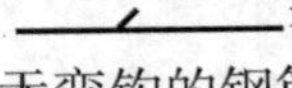表示（　　）。
A. 无弯钩的钢筋端部　　B. 带半圆形钩的钢筋端部
C. 带螺纹的钢筋端部　　D. 无弯钩的钢筋搭接
87. 表示（　　）。
A. 无弯钩的钢筋端部　　B. 带半圆形钩的钢筋端部
C. 带螺纹的钢筋端部　　D. 无弯钩的钢筋搭接
88. 表示（　　）。
A. 无弯钩的钢筋端部　　B. 带半圆形钩的钢筋端部

C. 带螺纹的钢筋端部　　D. 无弯钩的钢筋搭接

89. 表示（　　）。

A. 无弯钩的钢筋端部　　B. 带半圆形钩的钢筋端部

C. 带螺纹的钢筋端部　　D. 无弯钩的钢筋搭接

90. 表示（　　）。

A. 带半圆弯钩的钢筋搭接　　B. 带直钩的钢筋搭接

C. 花篮螺纹钢筋接头　　D. 机械连接的钢筋接头

91. 表示（　　）。

A. 带半圆弯钩的钢筋搭接　　B. 带直钩的钢筋搭接

C. 花篮螺纹钢筋接头　　D. 机械连接的钢筋接头

92. 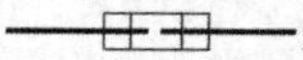表示（　　）。

A. 带半圆弯钩的钢筋搭接　　B. 带直钩的钢筋搭接

C. 花篮螺纹钢筋接头　　D. 机械连接的钢筋接头

93. 表示（　　）。

A. 带半圆弯钩的钢筋搭接　　B. 带直钩的钢筋搭接

C. 花篮螺纹钢筋接头　　D. 机械连接的钢筋接头

94. 表示（　　）。

A. 单面焊接的钢筋接头　　B. 双面焊接的钢筋接头

C. 用帮条单面焊接的钢筋接头　　D. 用帮条双面焊接的钢筋接头

95. 表示（　　）。

A. 单面焊接的钢筋接头　　B. 双面焊接的钢筋接头

C. 用帮条单面焊接的钢筋接头　　D. 用帮条双面焊接的钢筋接头

96. 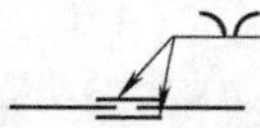表示（　　）。

A. 单面焊接的钢筋接头　　B. 双面焊接的钢筋接头

C. 用帮条单面焊接的钢筋接头　　D. 用帮条双面焊接的钢筋接头

97. 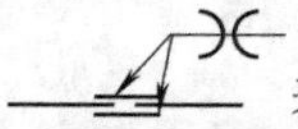表示（　　）。

A. 单面焊接的钢筋接头　　B. 双面焊接的钢筋接头

C. 用帮条单面焊接的钢筋接头　　D. 用帮条双面焊接的钢筋接头

98. 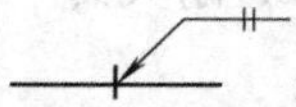表示（　　）。

A. 接触对焊的钢筋接头（闪光焊、压力焊）

B. 坡口平焊的钢筋接头

C. 坡口立焊的钢筋接头

D. 用角钢或扁钢做连接板焊接的钢筋接头

99. 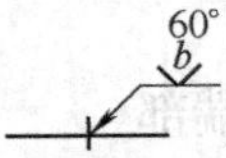

表示（　　）。

A. 接触对焊的钢筋接头（闪光焊、压力焊）
B. 坡口平焊的钢筋接头
C. 坡口立焊的钢筋接头
D. 用角钢或扁钢做连接板焊接的钢筋接头

100. 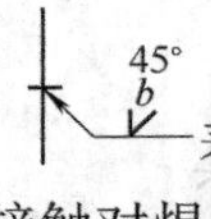

表示（　　）。

A. 接触对焊的钢筋接头（闪光焊、压力焊）
B. 坡口平焊的钢筋接头
C. 坡口立焊的钢筋接头
D. 用角钢或扁钢做连接板焊接的钢筋接头

101. 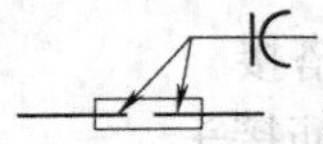 表示（　　）。

A. 接触对焊的钢筋接头（闪光焊、压力焊）
B. 坡口平焊的钢筋接头
C. 坡口立焊的钢筋接头
D. 用角钢或扁钢做连接板焊接的钢筋接头

102. 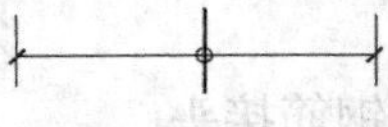 图中，两端带斜短划线的横穿细线，表示（　　）。

A. 每组相同的钢筋的起止范围
B. 每组相同的钢筋及起止范围
C. 钢筋的长度
D. 构件的尺寸

103. 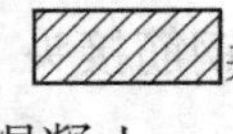 表示（　　）。

A. 混凝土　　　　B. 钢筋混凝土
C. 粘土　　　　D. 普通粘土砖

104.  表示（　　）。

A. 砂、灰土　　B. 普通砖　　C. 空心砖　　D. 耐火砖

105.  表示（　　）。

A. 墙体　　B. 隔断　　C. 栏杆　　D. 单层固定窗

106.  表示（　　）。

A. 墙体　　B. 隔断　　C. 栏杆　　D. 单层固定窗

107.  表示（　　）。

A. 墙体　　B. 隔断　　C. 栏杆　　D. 单层固定窗

108. 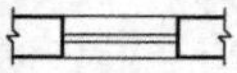表示（　　）。

A. 墙体　　B. 隔断　　C. 栏杆　　D. 单层固定窗

109. 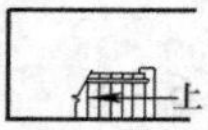表示（　　）。

A. 底层楼梯　　B. 中间层楼梯　　C. 顶层楼梯　　D. 各层楼梯

110. 表示（　　）。

A. 检查孔　　B. 孔洞　　C. 墙预留洞　　D. 空门洞

111. 表示（　　）。

A. 检查孔　　B. 孔洞　　C. 墙预留洞　　D. 空门洞

112. 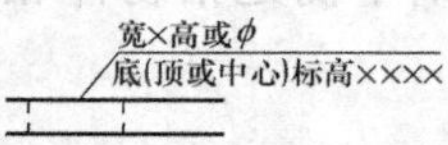

表示（　　）。

A. 检查孔　　B. 孔洞　　C. 墙预留洞　　D. 空门洞

113. 表示（　　）。

A. 检查孔　　B. 孔洞　　C. 墙预留洞　　D. 空门洞

114. 表示（　　）。

A. 单扇平开门　　B. 推拉门

C. 对开折叠门　　D. 单扇双面弹簧门

115. 表示（　　）。

A. 单扇平开门　　B. 推拉门

C. 对开折叠门　　D. 单扇双面弹簧门

116. 表示（　　）。

A. 单扇平开门　　B. 推拉门

C. 对开折叠门　　D. 单扇双面弹簧门

117. 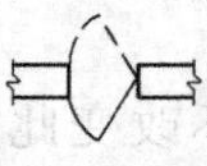表示（　　）。

A. 单扇平开门　　B. 推拉门

C. 对开折叠门　　D. 单扇双面弹簧门

118. 竖向承重构件是用粘土砖、粘土多孔砖或钢筋混凝土小型砌块砌筑的墙体，水平承重构件是钢筋混凝土楼板或屋面板。这样的建筑属于（　　）。

A. 框架结构　　B. 砌体结构

C. 钢筋混凝土板墙结构　　D. 大跨度空间结构

119. 在多层和高层建筑中，由钢筋混凝土或钢材制成的梁、板、柱承重，墙体只起围护和分隔作用。这样的建筑属于（　　）。

A. 框架结构　　B. 砌体结构
C. 钢筋混凝土板墙结构　　D. 大跨度空间结构

120. 多层建筑是指（　　）层的建筑。

A. 1~2　　B. 1~3　　C. 4~6　　D. 6~8

121. 高层建筑是指（　　）层的建筑。

A. ≥10　　B. ≥12　　C. ≥9　　D. ≥20

122. 超高层建筑是指层数为（　　）层以上，建筑总高度在（　　）m 以上的建筑。

A. 30，80　　B. 40，100　　C. 50，150　　D. 60，200

123. 平衡是物体机械运动的一种特殊形式，所谓平衡是指物体相对于地球（　　）的状态。

A. 处于静止
B. 保持直线运动
C. 处于静止或保持直线运动
D. 保持匀速直线运动或处于静止

124. 在力的作用下大小和形状都保持不变的物体，在力学中称之为（　　）。

A. 刚体　　B. 构件　　C. 变形体　　D. 不变体系

125. 力使物体的机械运动状态发生改变，这一作用称为力的（　　）效应。

A. 运动　　B. 内　　C. 外　　D. 机械

126. 力对物体的作用效应取决于力的大小、方向和（　　）三个要素。

A. 作用点　　B. 作用线
C. 作用点或作用线　　D. 作用点和作用线

127. 大小相等，方向相反，且作用在同一条直线上的两个力，是使（　　）处于平衡的充分和必要条件。

A. 刚体　　B. 变形体
C. 刚体和变形体　　D. 任何物体

128. 作用在（　　）上的力，可沿其作用线移动，而不改变此力的作用效应。

A. 刚体　　B. 变形体
C. 刚体和变形体　　D. 任何物体

129. 约束力的方向总是与约束所限制物体的运动方向（　　）。

A. 相同　　B. 相反　　C. 无关　　D. 垂直

130. 力在坐标轴上的投影是（　　）。

A. 代数量　　　　　　　　　　　　　B. 矢量

C. 矢量或标量　　　　　　　　　　　D. 不确定的量

131. 力使物体产生（　　）效应的物理量，用力矩来度量。

A. 移动　　　　　　　　　　　　　　B. 绕某一点转动

C. 转动和移动　　　　　　　　　　　D. 加速移动

132. 力对点的矩是一个（　　）。

A. 代数量　　　　　　　　　　　　　B. 矢量

C. 矢量或者标量　　　　　　　　　　D. 无法确定的量

133. 当力的作用线通过（　　）时，力对点的矩为零。

A. 物体形心　　B. 物体重心　　C. 矩心　　D. 坐标原点

134. 力偶对其作用面内任一点之矩恒等于（　　）。

A. 零　　　　　　　　　　　　　　　B. 力偶矩

C. 力矩　　　　　　　　　　　　　　D. 力偶矩的大小但转向不定

135. 力偶在任一轴上的投影恒等于（　　）。

A. 力的大小的两倍　　　　　　　　　B. 零

C. 力偶矩　　　　　　　　　　　　　D. 其中一个力的大小

136. 钢筋混凝土柱子用沥青麻丝填实于杯形基础内时，可简化成（　　）。

A. 固定铰　　　　　　　　　　　　　B. 可动铰

C. 固定端　　　　　　　　　　　　　D. 固定端或固定铰

137. 图3所示两物体 A、B 受力 $\boldsymbol{F}_1$ 和 $\boldsymbol{F}_2$ 作用，且 $\boldsymbol{F}_1=\boldsymbol{F}_2$，假设两物体间的接触面光滑，则（　　）。

A. A 物体平衡　　　　　　　　　　B. B 物体平衡

C. 两物体都平衡　　　　　　　　　　D. 两物体都不平衡

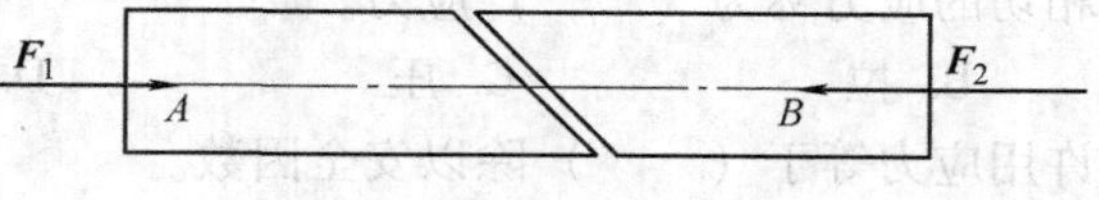

图　3

138. 作用于刚体上的力，可以平移到刚体上的任一点，但必须同时附加一力偶矩，此附加力偶矩等于（　　）的矩。

A. 原力对新作用点　　　　　　　　　B. 新力对原作用点

C. 原力对任意点　　　　　　　　　　D. 新力坐标原点

139. 对物体的移动和转动都起限制作用的约束，称为（　　）约束，其约束力可用一对正交分力和一个力偶来表示。

A. 固定铰　　B. 固定端　　C. 可动铰　　D. 滑动支承

140. 当梁插入墙少许，可简化为（　　）约束。

A. 滑动支承　　B. 固定端　　C. 可动铰　　D. 固定铰

141. 钢筋混凝土柱子用细石混凝土浇注于杯形基础内，可简化为（　　）约束。

A. 可动铰　　B. 滑动支承　　C. 固定铰　　D. 固定端

142. 钢筋混凝土梁中的纵向受力筋，其主要作用是承受由（　　）在梁内产生的（　　）。

A. 弯矩、拉应力　　B. 弯矩、压应力

C. 剪力 、拉应力　　D. 弯矩和剪力、主拉应力

143. 图 4 所示滑轮 O 在力 F 和力偶矩为 M 的力偶作用下处于平衡，这说明（　　）。

A. 固定铰 O 处的约束力与力 F 平衡

B. 固定铰 O 处有一个约束力偶与力偶 M 平衡

C. 固定铰 O 处的约束力和力 F 组成力偶与力偶 M 平衡

D. 力偶 M 与力 F 平衡。

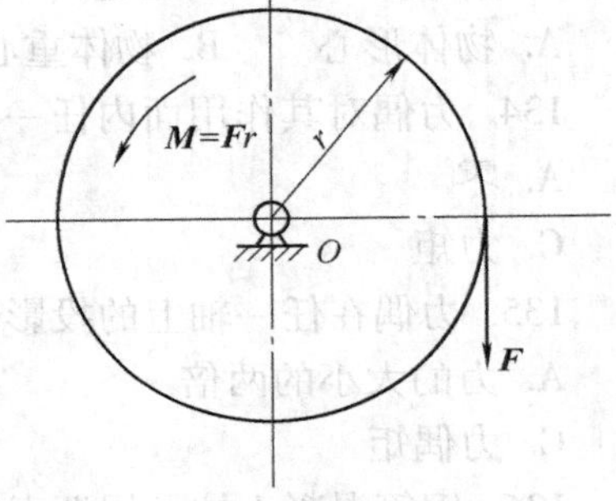

图 4

144. 构件的强度是指其抵抗（　　）的能力。

A. 变形　　B. 破坏　　C. 弯曲　　D. 屈服

145. 塑性材料失效的形式是（　）。

A. 弯曲　　B. 屈服　　C. 脆断　　D. 断裂

146. 脆性材料失效的形式是（　）。

A. 弯曲　　B. 断裂　　C. 扭断　　D. 屈服

147. 与截面相切的应力称为（　　）应力。

A. 正　　B. 拉　　C. 压　　D. 剪切

148. 材料的许用应力等于（　　）除以安全因数。

A. 工作应力　　B. 许用应力　　C. 最大应力　　D. 极限应力

149. 以下是光圆钢筋的是（　）。

A. HRB335 级　　B. HPB235 级　　C. HRB400 级　　D. RRB400 级

150. 钢丝的直径小于（　）。

A. 3mm　　B. 4mm　　C. 5mm　　D. 6mm

151. 在普通低合金钢钢筋中，合金元素总质量分数小于（　）。

A. 2%　　B. 3%　　C. 5%　　D. 6%

152. 在低碳钢钢筋中，碳的质量分数小于（　）。

A. 0. 15%　　B. 0. 25%　　C. 0. 35%　　D. 0. 45%

153. 热轧钢筋分批验收时，同直径、同炉号的一批钢筋，重量不超过（　）。
A. 10t　B. 20t　C. 40t　D. 60t

154. 热轧钢筋验收时，每个炉号的钢筋碳的质量分数差不得超过（　）。
A. 0.02%　B. 0.04%　C. 0.06%　D. 0.08%

155. 对屈服现象不明显的钢筋，规定以产生（　）残余变形时的应力作为屈服强度。
A. 0.1%　B. 0.2%　C. 0.3%　D. 0.4%

156. 冷拉钢筋分批验收时，同级别、同直径的钢筋重量应不超过（　）。
A. 10t　B. 20t　C. 40t　D. 60t

157. 冷拉钢筋的验收中，计算冷拉钢筋的屈服强度、抗拉强度时，应采用（　）的截面面积。
A. 冷拉前　B. 冷拉后
C. 冷拉前或冷拉后　D. 冷拉前和冷拉后的平均值

158. 钢筋的强度标准值应具有不小于（　）的保证率。
A. 80%　B. 85%　C. 90%　D. 95%

159. 吊具中的夹头，连接力最强的是（　）。
A. 骑马式　B. 压板式　C. 拳握式　D. 楔块式

160. 吊具中的夹头，在施工中应用最广的是（　）。
A. 骑马式　B. 压板式　C. 拳握式　D. 楔块式

161. 称为"铁扁担"的是（　）。
A. 钢丝绳　B. 夹头　C. 卡环　D. 横吊梁

162. 为了使钢筋冷拉时受力均匀，要求卷扬机的牵引速度一般小于（　）m/min。
A. 1　B. 0.5　C. 2　D. 3

163. 随着钢筋中含碳量的增加，钢筋的强度（　）。
A. 提高　B. 降低　C. 不变　D. 影响不大

164. 随着钢筋中含碳量的增加，钢筋的塑性（　）。
A. 提高　B. 降低　C. 不变　D. 影响不大

165. 随着钢筋中含碳量的增加，钢筋的冲击韧度（　）。
A. 提高　B. 降低　C. 不变　D. 影响不大

166. 随着钢筋中含碳量的增加，钢筋的焊接性能（　）。
A. 提高　B. 降低　C. 不变　D. 影响不大

167. 硅的主要作用是提高钢筋的（　）。
A. 强度　B. 韧性　C. 塑性　D. 焊接性能

168. 硅对钢筋的韧性（　）。

A. 提高 B. 降低 C. 不影响 D. 影响不大

169. 硅对钢筋的塑性（　　）。

A. 提高 B. 降低 C. 不影响 D. 影响不大

170. 锰可（　）钢筋的强度。

A. 提高 B. 降低 C. 不影响 D. 影响不大

171. 锰可（　　）钢筋的硬度。

A. 提高 B. 降低 C. 不影响 D. 影响不大

172. 锰可改善钢筋的（　）。

A. 热加工性质 B. 韧性 C. 塑性 D. 焊接性能

173. 锰含量较高时，将显著降低钢筋的（　）。

A. 热加工性质 B. 韧性 C. 塑性 D. 可焊性

174. 钢筋的磷含量提高，其（　）增大。

A. 冷脆性 B. 韧性 C. 塑性 D. 可焊性

175. 直径在（　　）以内的热轧光圆钢筋为盘圆（盘条）形式。

A. 8mm B. 10mm C. 12mm D. 6mm

176. （　　）又称为调质钢筋。

A. 热轧钢筋 B. 冷拉钢筋

C. 冷拔钢筋 D. 热处理钢筋

177. 在碳素钢钢筋中，碳的质量分数大于（　）为高碳钢。

A. 0.3% B. 0.5% C. 0.6% D. 0.7%

178. 在40SiMnV中，40指（　　）的含量。

A. 硅 B. 锰 C. 钒 D. 碳

179. 构件配筋图中注明的尺寸一般是指（　　）。

A. 钢筋内轮廓尺寸 B. 钢筋外皮尺寸

C. 钢筋内皮尺寸 D. 钢筋轴线尺寸

180. 钢筋被严重锈蚀就会（　），从而降低构件的承载力。

A. 降低混凝土的强度 B. 影响与混凝土的粘结

C. 提高混凝土的强度 D. 降低钢筋的强度

181. 弯曲时，下列允许操作的选项是（　）。

A. 通常使用手摇扳手，一次可以弯1~4根钢筋

B. 机械弯曲时，在运转过程中更换心轴，加润滑油或保养

C. 脚手架上弯制粗钢筋

D. 弯曲钢筋放置方向可和挡轴、工作盘旋转方向不一致。

182. 在任何情况下，受拉钢筋的搭接长度不应小于（　　）。

A. 300mm B. 200mm C. 100mm D. 25mm

183. 当点焊不同直径的钢筋时，（   ）。

A. 焊接骨架较小，钢筋直径小于或等于 10mm 时，大小钢筋直径之比应大于 3

B. 若较小钢筋直径为 12 ~16mm 时，大小钢筋直径之比，不宜大于 2

C. 焊接网较小，钢筋直径可大于较大钢筋直径的 0.6 倍

D. 焊接网较小，钢筋直径应大于较大钢筋直径的 0.8 倍

184. 钢筋冷拉是指在（   ），以超过钢筋屈服强度的拉力拉伸钢筋，使钢筋产生塑性变形，以达到调直钢筋、除锈、提高强度、节约钢材的目的。

A. 低温下　　B. 高温下　　C. 常温　　D. 特定温度下

185. 冷拔的工艺流程为（   ）。

A. 钢筋扎头、剥皮、拔丝　　B. 钢筋剥皮、扎头、拔丝

C. 钢筋拔丝、剥皮、扎头　　D. 钢筋扎头、拔丝、剥皮

186. 弯曲机弯曲钢筋时，心轴和同心轴是同时转动的，（   ），这是与人工弯曲的一个最大区别。

A. 会带动钢筋向前滑动　　B. 不会带动钢筋向前滑动

C. 与钢筋没有关系　　D. 会增加钢筋的阻力

187. 在任何情况下，受压钢筋的搭接长度不应小于（   ）mm。

A. 100　　B. 200　　C. 300　　D. 400

188. 绑扎搭接接头中钢筋的横向净距不应小于钢筋直径，且不应小于（   ）mm。

A. 15　　B. 20　　C. 25　　D. 30

189. GJ5— 40 型钢筋切断机切断直径为 8mm 的钢筋时，每次可切断（   ）根。

A. 15　　B. 10　　C. 7　　D. 5

190. 悬挑构件的主筋布置在构件的（   ）。

A. 下部　　B. 上部　　C. 中部　　D. 上部和下部

191. 当梁的跨度小于 4m 时，架立钢筋（   ）。

A. 可以不设　　B. 直径不宜小于 10mm

C. 直径不宜小于 12mm　　D. 直径不宜小于 8mm

192. 当梁的跨度为 4 ~6m 时，架立钢筋直径不宜小于（   ）mm。

A. 4　　B. 6　　C. 8　　D. 10

193. 钢材中，磷能（   ）钢材的塑性、韧性、焊接性。

A. 显著提高　　B. 显著降低　　C. 略微提高　　D. 略微降低

194. 螺纹钢筋直径是指它的（   ）。

A. 内缘直径　　B. 外缘直径

C. 当量直径　　D. 当量直径和内线直径

195. 拉力试验包括（　）。

A. 屈服点、抗拉强度

B. 抗拉强度和伸长率

C. 屈服点、抗拉强度、伸长率

D. 冷拉、冷拔、冷轧、调直四种

196. 板的上部钢筋为保证其有效高度和位置，宜做成直钩伸至板底，当板厚（　）mm 时，可做成圆的。

A. >80　　B. >200　　C. 120　　D. 150

197. 梁柱中箍筋和构造筋保护层厚度不应小于（　）mm。

A. 20　　B. 15　　C. 10　　D. 5

198. 厚度大于 100mm 的墙板，保护层厚度为（　）mm。

A. 30　　B. 25　　C. 20　　D. 15

199. 现浇板中，受力钢筋的直径不小于（　）mm。

A. 4　　B. 4~6　　C. 6　　D. 8

200. 钢筋混凝土梁中，弯起钢筋的角度一般为（　）。

A. 30°　　B. 45°　　C. 45°或60°　　D. 60°

201. 箍筋的间距不应大于（　）mm。

A. 200　　B. 300　　C. 400　　D. 500

202. HPB235 级钢筋末端的弯钩应做成（　）。

A. 180°　　B. 90°　　C. 135°　　D. 90°或 135°

203. 成形钢筋变形的原因是（　）。

A. 成形时变形　　B. 堆放不合格

C. 地面不平　　D. 钢筋质量不好

204. 钢筋混凝土板的配筋构造有（　）。

A. 受力钢筋和分布钢筋

B. 受力钢筋和构造钢筋

C. 受力钢筋

D. 受力钢筋、构造钢筋和分布钢筋

205. 用 HPB235 级钢筋或冷拔低碳钢丝制作的箍筋，其末端应做弯钩，弯钩的弯曲直径应大于受力钢筋直径，且不小于箍筋直径的（　）倍。

A. 2　　B. 2.5　　C. 3　　D. 3.5

206. 当混凝土强度为 C20 时，HPB235 级钢筋（纵向受力筋）最小搭接长度为（　）。

A. 45d　　B. 25d　　C. 35d　　D. 30d

207. HPB235 级光面钢筋末端应做（　　）弯钩。

A. 135°　　B. 180°　　C. 90°　　D. 90°或 180°

208. 弯起钢筋中间部位弯折处的弯曲直径不应小于钢筋直径的（　）倍。

A. 25　　B. 5　　C. 10　　D. 4

209. 弯曲调整值是一个在钢筋下料时应（　）的值。

A. 扣除　　B. 增加　　C. 随便　　D. 都不是

210. 用于电渣压力焊的焊剂使用前，须经恒温烘培（　）h。

A. 3　　B. 24　　C. 1～2　　D. 12

211. 加工钢筋时，箍筋内净尺寸允许偏差为（　　）mm。

A. ±2　　B. ±3　　C. ±5　　D. ±10

212. 使用型号为 GW40 弯曲机时，可弯曲钢筋直径范围为（　）mm。

A. 6～40　　B. 25～50　　C. 6～50　　D. 6～25

213. 手摇扳适于弯制直径在（　）mm 以下的钢筋。

A. 8　　B. 10　　C. 12　　D. 16

214. 钢筋冷拉不宜在低于（　）的环境下进行。

A. −10℃　　B. −20℃　　C. 0℃　　D. −15℃

215. HPB235 级钢筋 180°弯钩时，弯弧内直径大于等于（　　）*d*。

A. 2.5　　B. 3.5　　C. 2　　D. 3

216. 同一纵向受力钢筋绑扎接头的末端至钢筋弯起点的距离不应小于（　）*d*。

A. 5　　B. 10　　C. 15　　D. 50

217. 钢筋安装完毕后，它的上面（　）。

A. 可以放脚手架　　B. 铺上木板后可以行走

C. 不准走人和堆放重物　　D. 铺上木板可行车

218. 用砂浆垫块保证主筋保护层的厚度，垫块应绑在主筋（　）。

A. 外侧　　B. 内侧　　C. 之间　　D. 箍筋之间

219. 双排网片的定位应用（　）。

A. 砂浆垫块　　B. 塑料卡片

C. 支撑筋或拉筋　　D. 箍筋

220. 钢筋绑扎后，外形尺寸不合格采取的措施是（　　）。

A. 用小橇杠扳正　　B. 用锤子敲正

C. 将尺寸不准的部位松动重绑扎　　D. 可以不绑扎

221. 钢筋绑扎箍筋间距的允许偏差是（　　）mm。

A. ±20　　B. ±15　　C. ±10　　D. ±5

222. 混凝土强度等级低于 C20 时，HPB235 和 HRB335 级钢筋最小搭接长度分别为（　）。

A. 45d 和 55d　　B. 25d 和 35d

C. 35d 和 45d　　D. 55d 和 45d

223. 对于双向双层板钢筋，为确保筋体位置准确要垫（　）。

A. 木块　　B. 垫块　　C. 铁马凳　　D. 钢筋笼

224. 简支板下部纵向受力钢筋伸入支座长度不应小于（　）。

A. 5d　　B. 10d

C. 5d 且不小于 50mm　　D. 5d 且小于 100mm

225. 钢筋搭接长度的末端与钢筋弯曲处的距离不得小于钢筋直径的（　　）倍。

A. 20　　B. 15　　C. 10　　D. 50

226. 钢筋冷拉后需要切断，（　）。

A. 宜立刻切断　　B. 不宜立刻切断

C. 没有时间要求　　D. 视钢筋规格而定

227. 钢筋冷拉操作时，操作人员应在冷拉线（　）。

A. 上部　　B. 前端　　C. 尾端　　D. 两侧

228. 一个电源开关刀可以接（　）个用电器。

A. 4　　B. 3　　C. 2　　D. 1

229. 在同一垂直面遇有上下交叉作业时，必须设有安全隔离层，下方操作人员必须（　）。

A. 穿工作服　　B. 戴安全帽　　C. 戴防护手套　　D. 系安全带

230. 使用钢筋弯曲机时，应注意钢筋直径与弯曲机的变速齿轮相适应。当钢筋直径小于 18mm 时可安装（　）。

A. 快速齿轮　　B. 中速齿轮　　C. 慢速齿轮　　D. 都可以

231. 切断钢筋短料时，手握的一端长度不得小于（　）cm。

A. 80　　B. 60　　C. 40　　D. 20

232. 在高空作业时，同一块脚手板上可以站（　　）人操作。

A. 4　　B. 3　　C. 2　　D. 1

233. 高空作业的脚手板的宽度不得小于（　　）cm。

A. 40　　B. 20　　C. 10　　D. 15

234. 钢筋绑扎，分项工程质量检验，主筋的间距允许偏差为（　）mm。

A. ±20　　B. ±15　　C. ±10　　D. ±5

235. 钢筋搭接，搭接处应用铁丝扎紧。扎结部位在搭接部分的中心和两端，共（　　）处。

A. 1　　B. 2　　C. 3　　D. 5

236. 绑扎独立柱时，箍筋间距的允许偏差为 ±20mm，其检查方法是（　）。

A. 用尺连续量三档，取其最大值

B. 用尺连续量三档，取其平均值

C. 用尺连续量三档，取其最小值

D. 随机量一档，取其数值

237. 受力钢筋的排距允许偏差为（　　）mm。

A. ±20　B. ±15　C. ±10　D. ±5

238. 建筑安装工程的分项工程主要按（　　）分。

A. 工种　B. 主要建筑部位

C. 施工分包　D. 楼层

239. 钢筋工在施工中要看懂（　　）。

A. 总平面图

B. 土建施工图

C. 结构施工图

D. 土建施工图和结构施工图

240. 焊接进口钢筋的焊工，应持有（　　），并应在焊接某种进口钢筋前进行焊接试验和检验，合格后方准焊接。

A. 施工计划表　B. 班组计划表

C. 交接手续　D. 焊工合格证

241. 钢筋在加工使用前，必须核对有关试验报告（记录），如不符合要求，则（　　）。

A. 请示工长　B. 酌情使用

C. 增加钢筋数量　D. 停止使用

242. 钢筋焊接时，熔接不好，焊不牢有粘点现象，其原因是（　　）。

A. 电流过大　B. 电流过小　C. 压力过小　D. 压力过大

243. 绑扎钢筋一般用20号铁丝，每吨钢筋用量按（　　）计划。

A. 30kg　B. 5kg　C. 10kg　D. 15kg

244. 浇筑混凝土时，应派钢筋工（　　），以确保钢筋位置准确。

A. 在现场值班　B. 施工交接

C. 现场交接　D. 向混凝土工提出要求

245. 钢筋弯起点位移的允许偏差为（　　）mm。

A. 30　B. 20　C. 15　D. 10

246. 高处作业人员的身体，要经（　　）合格后才准上岗。

A. 自我感觉　B. 班组公认　C. 医生检查　D. 工长允许

247. 钢筋对焊的质量检查，每批检查（　　）% 的接头，并不得小于10个。

A. 20　B. 15　C. 10　D. 5

248. 钢筋对焊接头处的钢筋轴线偏移，不得大于（　　），同时不得大于2mm。

A. 0.5d（d为钢筋直径）　　B. 0.3d

C. 0.2d　　D. 0.1d

249. 焊接接头处的钢筋折弯角度不得大于（　　），否则切除重焊。

A. 5°　　B. 4°　　C. 3°　　D. 2°

250. 夜间施工，在金属容器内行灯照明的安全电压不超过（　　）V。

A. 220　　B. 380　　C. 36　　D. 12

251. 钢筋绑扎的分项工程质量检验，受力钢筋间距允许偏差为（　　）mm。

A. ±20　　B. ±15　　C. ±10　　D. ±5

252. 当柱中全部纵向受力筋的配筋率超过3%时，箍筋直径不宜小于（　　）mm。

A. 12　　B. 10　　C. 8　　D. 6

253. 钢筋调直机是用来调直（　　）mm以下的钢筋。

A. ϕ14　　B. ϕ12　　C. ϕ10　　D. ϕ8

254. 对焊接头作拉伸试验时，（　　）个试件的抗拉强度均不得低于该级别钢筋的规定抗拉强度值。

A. 4　　B. 3　　C. 2　　D. 1

255. 若电源电压降低到（　　）时，应停止焊接。

A. 12%　　B. 10%　　C. 8%　　D. 6%

256. 施工现场使用氧气瓶、乙炔瓶和焊接火钳，三者距离不得小于（　　）m。

A. 10　　B. 8　　C. 5　　D. 3

257. 分部工程一般应（　　）。

A. 按建筑的主要部位划分　　B. 按土建和安装划分

C. 按主要工程工种划分　　D. 按土建、安装、装修划分

258. 冷拉钢筋试验取样数量为每批（　　）个。

A. 6　　B. 2　　C. 4　　D. 3

259. 在受力钢筋直径30倍范围内（不小于500mm），一根钢筋（　　）个接头。

A. 只能有1　　B. ≤2　　C. ≤3　　D. ≤4

260. 对梁钢筋接头检验时，允许偏差的检查数量为（　　）。

A. 在同一检验批内，按构件数的10%抽查，但不能少于3件

B. 在同一检验批内，按构件数的10%抽查，但不能少于6件

C. 在同一检验批内，按构件数的20%抽查，但不能少于3件

D. 在同一检验批内，按构件数的20%抽查，但不能少于6件

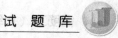

（二）多选题（下列各题中，选对一个得0.5分，全部选对得满分，选错一个不得分）

1. 绘制结构施工图时要执行的制图标准有（　　）。

A. 《房屋建筑制图统一标准》

B. 《建筑制图标准》

C. 《建筑结构制图标准》

D. 《房屋建筑制图基本标准》

2. 图纸的图框至图纸边缘（除装订边）的尺寸是10mm的图纸有（　　）。

A. A0　　B. A1　　C. A2　　D. A3

3. 下列比例中属于常用比例的有（　　）。

A. 1:20　　B. 1:30　　C. 1:40　　D. 1:50

4. 剖面图或断面图，若与被剖切图样不在同一张图内，可（　　）。

A. 在剖切位置线的顶端注明其所在图样的编号

B. 在剖切位置线的另一侧注明其所在图样的编号

C. 在剖切位置线的附近侧注明其所在图样的编号

D. 在图上集中说明

5. 在圆圈内直接注写数字的情况有（　　）。

A. 索引出的详图，如与被索引的详图同在一张图样内，在索引符号内

B. 索引出的详图，如与被索引的详图同在一张图样内，在详图符号内

C. 零件、钢筋、杆件、设备等的编号圆圈

D. 定位轴线的编号圆圈

6. 引出线应以细实线绘制，宜采用水平线或与水平方向成（　　）的直线，或经以上角度再折成水平线。

A. 30°　　B. 45°　　C. 60°　　D. 75°

7. 引出线的文字说明宜注写在水平线的（　　）。

A. 上方　　B. 下方　　C. 端部　　D. 起点

8. 指北针头部应注（　　）字。

A. "指北针"　　B. "北"　　C. "S"　　D. "N"

9. 平面图上定位轴线的编号，宜标注在图样的（　　）。

A. 上方　　B. 下方　　C. 左侧　　D. 右侧

10. 拉丁字母的（　　）不得用做轴线编号。

A. I　　B. U　　C. O　　D. Z

11. 定位轴线的字母数量不够用时，可用（　　）的形式。

A. Aa　　B. A—A　　C. AA　　D. A1

12. 比例的字高宜比图名的字高（　　）。

A. 大一号　　B. 大二号　　C. 小一号　　D. 小二号

13. 复杂平面图中采用分区编号时分区号宜采用（　　）表示。

A. 罗马字母　　B. 阿拉伯数字

C. 大写拉丁字母　　D. 小写拉丁字母

14. 某详图同时适用于1号轴线和3号轴线时，可按图5中选项（　　）的形式表示。

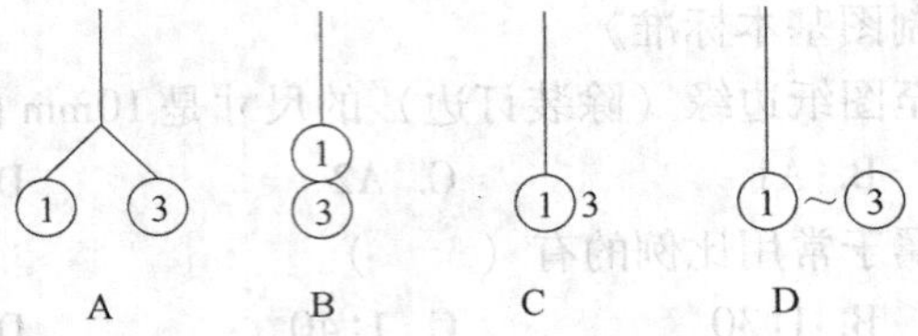

图 5

15. 关于常用建筑材料图例，下列说法中正确的有（　　）。

A.《标准》中只规定了常用建筑材料的图例画法，制图时可以根据需要自行设立图例

B. 制图时必须严格按照《标准》中规定的常用建筑材料图例的画法绘制建筑材料图例

C.《标准》中对常用建筑材料图例的尺度比例未作具体规定，使用时可根据图样大小而定

D. 图例线应间隔均匀，疏密适度

16. 两个相同的图例相接时，图例线应（　　）。

A. 连续绘制，且方向不变　　B. 错开

C. 使倾斜方向相反　　D. 采用不同的比例

17. 下列情况：（　　）可不加图例，但应加文字说明。

A. 一张图样内的图样只用一种图例时

B. 图形较小无法画出建筑材料图例时

C. 需画出的建筑材料图例面积过大时，可在断面轮廓线内，沿轮廓线作局部表示

D. 找不到规定的建筑材料图例时

18. 下列关于尺寸单位的说法中，正确的有（　　）。

A. 平面图上的尺寸以米为单位

B. 平面图上的尺寸以毫米为单位

C. 总平面图上的尺寸以米为单位

D. 标高以米为单位

19. 建筑图中尺寸起止符号可用（　　）等形式表示。

A. 45°短斜线　B. 小圆点　C. 单面箭头　D. 双面箭头

20. 下列标高中，正确的有（　）。

A. +3.000　B. -2.000　C. ±0.00　D. ±0.000

21. “GB” 表示（　）。

A. 盖板　B. 挡雨板　C. 沟盖板　D. 檐口板

22. “YB” 表示（　）。

A. 盖板　B. 挡雨板　C. 沟盖板　D. 檐口板

23. 在结构图中，（　）应用粗实线绘制。

A. 主钢筋线　B. 图名下划线　C. 剖切线　D. 箍筋线

24. 在结构图中，（　）应用中实线绘制。

A. 墙身轮廓线　B. 标注引出线　C. 基础轮廓线　D. 箍筋线

25. 在结构图中，（　）应用细实线绘制。

A. 构件的轮廓线　B. 标注引出线

C. 墙身轮廓线　D. 索引符号

26. （　）必须用粗单点长划线绘制。

A. 柱间支撑　B. 垂直支撑

C. 设备基础轴线图中的中心线　D. 预应力钢筋线

27. （　）必须用细单点长划线绘制。

A. 柱间支撑　B. 定位轴线　C. 对称线　D. 中心线

28. 在结构平面图中配置双层钢筋时，底层钢筋的弯钩应（　）。

A. 向上　B. 向下　C. 向左　D. 向右

29. 在结构平面图中配置双层钢筋时，顶层钢筋的弯钩应（　）。

A. 向上　B. 向下　C. 向左　D. 向右

30. 钢筋混凝土墙体配双层钢筋时，在配钢筋立面图中，远面钢筋的弯钩应（　）。

A. 向上　B. 向下　C. 向左　D. 向右

31. 钢筋混凝土墙体配双层钢筋时，在配钢筋立面图中，近面钢筋的弯钩应（　）。

A. 向上　B. 向下　C. 向左　D. 向右

32. 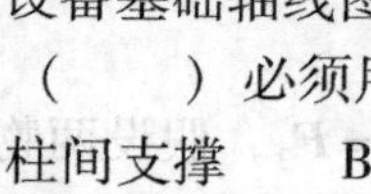 图中粗实线表示（　）。

A. 每组相同的钢筋　B. 每组相同的箍筋

C. 每组相同的环筋　D. 一根粗钢筋

33. 下列属于构筑物的有（　）。

A. 办公楼　B. 水池　C. 支架　D. 烟囱

34. （　　）属于大跨度空间结构。这种结构一般用在大跨度的公共建筑中，通常又称为空间结构，它包括悬索、网架、拱、壳体等形式。

A. 悬索结构　B. 网架结构　C. 壳体结构　D. 框架结构

35. 建筑物的围护结构有（　）。

A. 外墙体　B. 楼板　C. 屋顶　D. 楼梯

36. 屋顶的功能有（　　）。

A. 承重　B. 保温（隔热）　C. 防潮　D. 防水

37. 门的作用主要是（　）。

A. 采光　B. 交通　C. 疏散　D. 通风

38. 窗的作用主要是（　）。

A. 采光　B. 交通　C. 疏散　D. 通风

39. 单层厂房横向排架包括（　）等构件。

A. 屋架（或屋面梁）　B. 柱子

C. 基础　D. 支撑系统

40. 纵向连系构件包括（　）。

A. 屋架（或屋面梁）　B. 吊车梁

C. 连系梁　D. 大型屋面板

41. 图6所示两物体 A、B 受力 $\boldsymbol{F}_1$ 和 $\boldsymbol{F}_2$ 作用，且 $\boldsymbol{F}_1=\boldsymbol{F}_2$，假设两物体间的接触面光滑，则（　）。

A. A 物体不平衡　B. B 物体不平衡

C. 两物体都平衡　D. 两物体都不平衡

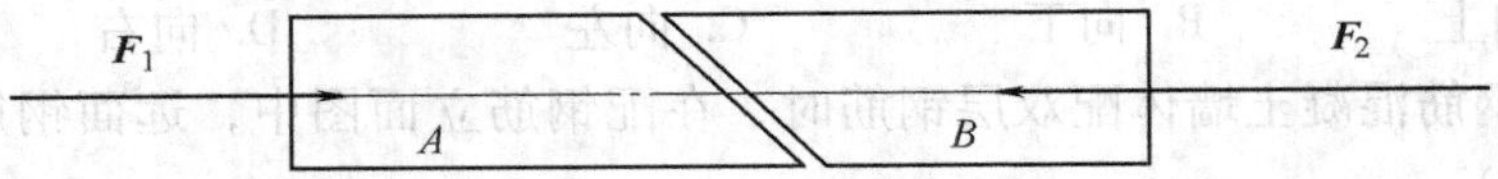

图 6

42. 图7所示三角架 ABC，杆 AB、BC 的自重不计，根据力的可传性，若将 AB 杆上的力 F 沿作用线移到 BC 杆上，则 A、C 处的约束力（　　）。

A. A 处、C 处都变　B. A 处变

C. A、C 处都不变　D. C 处变

43. 图8所示三铰刚架，在 D 处受力偶矩为 M 的力偶作用，若将该力偶移到 E 点，则支座 A、B 的约束力（　）。

A. A、B 处都变化　B. A、B 处都不变

C. A 处变　D. B 处变

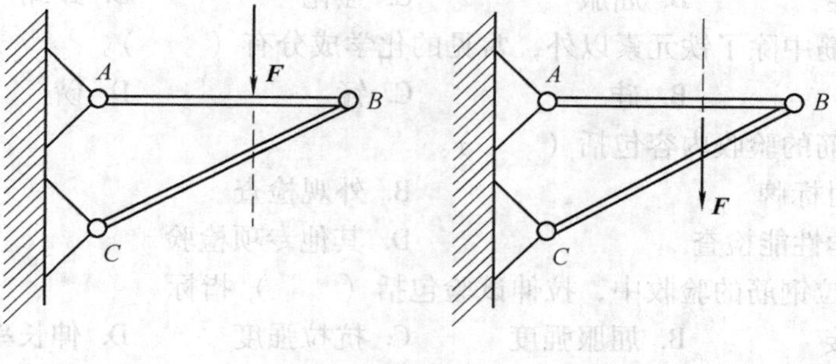

图 7

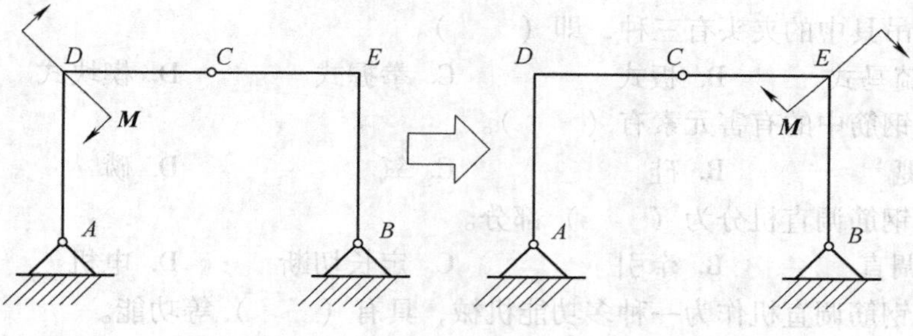

图 8

44. 可动铰支座的约束力过铰的中心，并（　　）支承面，指向未知。

A. 垂直于　　B. 平行于　　C. 相切于　　D. 正交于

45. 垂直于截面的应力可能为（　　）应力。

A. 正　　B. 拉　　C. 压　　D. 剪

46. 以下是变形钢筋的是（　　）。

A. HRB335 级　　B. HPB235 级

C. HRB400 级　　D. RRB400 级

47. 钢丝按生产工艺分为（　　）。

A. 粗钢丝　　B. 细钢丝　　C. 碳素钢丝　　D. 低碳钢丝

48. 钢筋按钢筋外形分类，有（　　）。

A. 光面圆钢筋　　B. 变形钢筋

C. 钢丝及钢绞线　　D. 碳素钢钢筋

49. 钢筋按生产工艺分为（　　）。

A. 热轧钢筋　　B. 热处理钢筋

C. 冷轧带肋钢筋　　D. 冷拉钢筋

50. 钢筋的应力-应变曲线中，钢筋经历了（　　）阶段。

A. 弹性　B. 屈服　C. 强化　D. 颈缩

51. 钢筋中除了铁元素以外，常见的化学成分有（　　）。

A. 碳　B. 硅　C. 锰　D. 磷

52. 钢筋的验收内容包括（　　）。

A. 查对标牌　B. 外观检查

C. 力学性能检查　D. 其他专项检验

53. 冷拉钢筋的验收中，拉伸试验包括（　　）指标。

A. 焊接　B. 屈服强度　C. 抗拉强度　D. 伸长率

54. 钢筋中的常见的合金元素有（　　）。

A. 锰　B. 铝　C. 钛　D. 钒

55. 吊具中的夹头有三种，即（　　）。

A. 骑马式　B. 板式　C. 拳握式　D. 楔块式

56. 钢筋中的有害元素有（　　）。

A. 氮　B. 硅　C. 氧　D. 磷

57. 钢筋调直机分为（　　）部分。

A. 调直　B. 牵引　C. 定长切断　D. 电机

58. 钢筋调直机作为一种多功能机械，具有（　　）等功能。

A. 冷拉　B. 切断　C. 钢筋除锈　D. 调直

59. 钢筋冷拉需要的基本设备有（　　）等几个部分。

A. 拉力装置　B. 测量装置　C. 承力结构　D. 钢筋夹具

60. 钢筋冷拉中的常见的拉力装置有（　　）。

A. 冷拉用卷扬机　B. 长行程液压拉伸机

C. 丝杠冷拉机　D. 阻力轮冷拉机

61. 常见的钢筋冷拉夹具有（　　）。

A. 槽式夹具　B. 楔块式夹具

C. 月牙式夹具　D. 偏心式夹具

62. 常见的钢筋冷拉测量装置有（　　）。

A. 弹簧测力器　B. 千斤顶测力装置

C. 电子秤测力装置　D. 示力仪

63. 常用的手工除锈工具有（　　）。

A. 钢丝刷　B. 除锈沙盘　C. 大锤　D. 钳子

64. 磷含量较高的钢筋，其（　　）降低。

A. 冷脆性　B. 韧性　C. 塑性　D. 焊接性

65. 硫会降低钢筋的（　　）。

A. 热加工性　B. 韧性　C. 塑性　D. 焊接性

66. 钢筋配料单的内容包括（　　）。

A. 工程及构件名称　　B. 钢筋编号

C. 钢筋接头　　D. 加工根数

67. 钢筋下料长度为各段外皮尺寸之和（　　）。

A. 减去弯曲处的量度差　　B. 加上两端弯钩的增长值

C. 加上弯曲处的量度差　　D. 减去弯钩的增长值

68. 钢筋除锈方法有（　）。

A. 手工除锈　　B. 机械除锈

C. 钢丝刷除锈　　D. 酸洗除锈

69. 点焊过热的原因有（　）。

A. 通电时间太短　　B. 变压器级数过低

C. 电流过小　　D. 上下电极不对中心

70. 防止焊点脱落的措施有（　）。

A. 降低变压器级数　　B. 延长通电时间

C. 减小弹簧压力或调小气压　　D. 缩短通电时间

71. 为了保证钢筋冷拉后强度有所提高，同时又具有一定的塑性，就需要合理地控制（　　）。

A. 冷拉力　　B. 冷拉率

C. 冷拉的方向　　D. 冷拉时间

72. 有下列情况之一时，应对挤压机的挤压力进行标定（　）。

A. 新挤压设备使用前

B. 旧挤压设备大修前

C. 挤压设备使用超过一年

D. 挤压的接头数超过 5000 个

73. 下列作业情况时应先切断电源的有（　　）。

A. 改变焊机接头

B. 更换焊件、改接二次回路

C. 焊机转移作业地点

D. 焊机检修

74. 钢筋保护层的最小厚度的确定要考虑以下因素（　）。

A. 混凝土强度等级　　B. 环境类别

C. 构件种类　　D. 荷载大小

75. 钢筋代换的基本方法（　　）。

A. 等强度代换　　B. 等面积代换

C. 按配筋率代换　　D. 等长度代换

76. 冷拉钢筋的基本方法有（ ）。

A. 控制冷拉应力法　　B. 控制冷拉率

C. 千斤顶法　　D. 自锚法

77. 钢筋常用机械连接方法有（ ）。

A. 套筒冷压接头　　B. 锥形螺纹钢筋接头

C. 闪光对焊接头　　D. 电渣压力焊接头

78. 钢筋与混凝土能共同工作，关键靠两者之间的粘结力。这种粘结力的产生来自以下几个方面的原因：（ ）。

A. 因为混凝土收缩将钢筋紧紧握裹而产生的摩擦力

B. 因为混凝土颗粒的化学作用而产生的混凝土与钢筋之间的胶合力

C. 由于钢筋表面凹凸不平，与混凝土之间产生的机械咬合力

D. 钢筋与混凝土的性能相似，强度接近

79. 钢筋拉伸试验主要测以下几个指标（ ）。

A. 屈服强度　　B. 抗拉强度　　C. 伸长率　　D. 冷弯

80. 绑扎梁和柱的箍筋时，除了设计特殊要求外，还应有以下要求（ ）。

A. 应与受力筋垂直设置

B. 箍筋弯钩叠合处应沿受力钢筋方向错开设置

C. 应采用封闭式箍筋

D. 应采用开口式箍筋

81. 受拉焊接网绑扎接头的搭接长度的确定跟以下因素有关的是（ ）。

A. 钢筋类型　　B. 混凝土强度等级

C. 焊接方式　　D. 钢筋直径

82. 钢筋电弧焊接头主要形式有（ ）。

A. 搭接接头　　B. 帮条接头

C. 坡口焊接头　　D. 单面焊缝

83. 施工现场质量管理应包含内容有（ ）。

A. 相应的施工技术标准　　B. 健全的质量管理体系

C. 施工质量检验制度　　D. 施工现场组织管理制度

84. 建筑工程中应进行现场验收的材料有（ ）。

A. 建筑工程中采用的辅助材料

B. 建筑工程中采用的建筑构配件

C. 建筑工程中采用的成品

D. 建筑工程中采用的器具和设备

85. 建筑工程中涉及安全、功能的有关产品，应按各专业工程质量验收规范规定进行复验，并应经（ ）检查认可。

A. 监理工程师

B. 建设行政主管部门负责人

C. 施工现场质量管理员

D. 建设单位技术负责人

86. 施工过程中各工序应按施工技术标准进行质量控制，每道工序完成后，应进行（ ）。

A. 自检　　B. 互检

C. 交接检　　D. 施工企业技术主管检查

87. 建筑工程相关各专业工种之间，应进行交接检验，并形成记录。未经（ ）检查认可，不得进行下道工序施工。

A. 监理工程师

B. 建设行政主管部门负责人

C. 施工现场质量管理员

D. 建设单位技术负责人

88. 建筑工程施工质量应按（ ）要求进行验收。

A. 建筑工程施工应符合工程勘察、设计文件的要求

B. 参加工程施工质量验收的各方人员应具备规定的资格

C. 建设单位负责人的标准

D. 检验批的质量应按主控项目和一般项目验收

89. 检验批的质量应按（ ）验收。

A. 主控项目　　B. 关键项目

C. 一般项目　　D. 非关键项目

90. 检验批的质量检验，应根据检验项目的特点，抽样方案在（ ）中进行选择：

A. 计量、计数或计量-计数等抽样方案

B. 一次、二次或多次抽样方案

C. 对重要的检验项目当可采用简易快速的检验方法时，可选用全数检验方案

D. 随机抽样方案

91. 单位工程的划分应按（ ）的原则确定。

A. 具备独立施工条件并能形成独立使用功能的建筑物及构筑物为一个单位工程

B. 建筑规模较大的单位工程，可将其能形成独立使用功能的部分为一个子单位工程

C. 建设单位的分包意愿，将一个分包工程作为一个单位工程

D. 施工企业成本核算方式，将一个独立工程队所完成的工程量作为一个单位工程

92. 分部工程的划分应按（　　）的原则确定。

A. 当工程较大或较复杂时，可按施工班组完成的工程任务划分为若干分部工程

B. 当工程较大或较复杂时，可按施工程序、专业系统及类别等划分为若干分部工程

C. 当工程较大或较复杂时，可按材料种类、施工特点等划分为若干分部工程

D. 应按专业性质、建筑部位划分为若干分部工程

93. 分项工程可由一个或若干检验批组成，检验批可根据施工及质量控制和专业验收需要按（　　）等进行划分。

A. 楼层　　B. 施工段　　C. 工作面　　D. 变形缝

94. 分部（子分部）工程质量验收合格应符合（　　）的规定。

A. 分部（子分部）工程所含工程的质量均应验收合格

B. 分部（子分部）工程所含工程的质量90%应验收合格

C. 地基与基础、主体结构和设备安装等分部工程有关安全及功能的检验和抽样检测结果应符合有关规定

D. 质量控制资料应完整

95. 单位（子单位）工程质量验收合格应符合（　　）的规定。

A. 单位（子单位）工程所含分部（子分部）工程的质量验收合格概率达到0.95

B. 单位（子单位）工程所含分部（子分部）工程的质量均应验收合格

C. 单位（子单位）工程所含分部工程有关安全和功能的检测资料应完整

D. 主要功能项目的抽查结果应符合相关专业质量验收规范的规定

96. 当建筑工程质量不符合要求时，应按（　　）规定进行处理。

A. 经返工重做或更换器具、设备的检验批，应重新进行验收

B. 经有资质的检测单位检测鉴定能够达到设计要求的检验批，应予以验收

C. 经有资质的检测单位检测鉴定达不到设计要求、但经原设计单位核算认可能够满足结构安全和使用功能的检验批，可予以验收

D. 经返工后，经施工单位质量管理员检验达到设计要求，应予以验收

97. 建筑工程质量验收程序和组织（　　）。

A. 检验批及分项工程应由监理工程师（建设单位项目技术负责人）组织施工单位项目专业质量（技术）负责人等进行验收

B. 分部工程应由监理工程师组织施工单位技术、质量负责人等进行验收

C. 建设单位收到工程报告后，应由建设单位（项目）负责人组织施工（含分包单位）、设计、监理等单位（项目）负责人进行单位（子单位）工程验收

D. 当参加验收各方对工程质量验收意见不一致时，可请当地建设行政主管部门或工程质量监督机构协调处理

98. 钢筋分项工程是普通钢筋（　　）等一系列技术工作和完成实体的总称。

A. 钢筋生产　B. 进场检验　C. 钢筋加工　D. 钢筋安装

99. 钢筋分项工程所含的检验批可根据（　　）的需要确定。

A. 施工工序　B. 施工段

C. 验收　D. 质量检查人员的时间安排

100. 在浇筑混凝土之前，应进行钢筋隐蔽工程验收，其内容包括（　　）。

A. 纵向受力钢筋的品种、规格、数量、位置等

B. 钢筋的连接方式，受力特性，接头质量等

C. 箍筋、横向钢筋的品种、规格、数量、间距等

D. 预埋件的规格、数量、位置等

101. 钢筋进场时，应按现行国家标准《钢筋混凝土用钢 第1部分：热轧光圆钢筋》GB 1499.1—2008等的规定抽取试件作力学性能检验，其质量检验方法包括（　　）。

A. 检查产品合格证　B. 出厂检验报告

C. 同类工程使用合格证明　D. 进场复验报告

102. 钢筋加工时受力钢筋的弯钩和弯折应符合（　　）的规定。

A. HPB235级钢筋末端应作180°弯钩，其弯弧内直径不应小于钢筋直径的2.5倍，弯钩的弯后平直部分长度不应小于钢筋直径的3倍

B. HPB235级钢筋末端应作180°弯钩，其弯弧内直径按钢筋工负责人规定执行

C. 当设计要求钢筋末端需作135°弯钩时，HRB335级、HRB400级钢筋的弯弧内直径不应小于钢筋直径的4倍，弯钩的弯后平直部分长度应符合设计要求

D. 钢筋作不大于90°的弯折时，弯折处的弯弧内直径不应小于钢筋直径的5倍

103. 箍筋的末端应作弯钩（除焊接封闭式箍筋外），弯钩形式应符合设计要求；当设计无具体要求时，应符合（　　）的规定。

A. 箍筋弯钩的弯弧内直径除应满足受力钢筋的弯钩规定外，尚应不小于受力钢筋直径

B. 箍筋弯钩的弯折角度：对一般结构，不应小于90°；对有抗震等要求的结构，应为135°

C. 箍筋弯钩的弯弧内直径只需满足受力钢筋的弯钩规定

D. 箍筋弯后平直部分长度：对一般结构，不宜小于箍筋直径的5倍；对有抗震等要求的结构，不应小于箍筋直径的10倍

104. 受力钢筋采用机械接头或焊接接头连接时，同一连接区段内，纵向受力钢筋的接头面积百分率应符合设计要求；当设计无具体要求时，应符合（　　）的规定。

A. 在受压区不宜大于50%

B. 在受拉区不宜大于50%

C. 接头不宜设置在有抗震设防要求的框架梁端、柱端的箍筋加密区；当无法避开时，对等强度高质量机械连接接头，不应大于50%

D. 直接承受动力荷载的结构构件中，不宜采用焊接接头；当采用机械连接接头时，不应大于50%

105. 钢筋绑扎搭接接头连接时，同一连接区段内，纵向受拉钢筋搭接接头面积百分率应符合设计要求；当设计无具体要求时，应符合（　）的规定。

A. 对梁类、板类及墙类构件，不宜大于25%

B. 对建筑工程的所有构件，应满足建设单位负责人的要求

C. 对柱类构件，不宜大于50%

D. 当工程中确有必要增大接头面积百分率时，对梁类构件，不应大于50%；对其他构件，可根据实际情况放宽

106. 在梁、柱类构件的纵向受力钢筋搭接长度范围内，应按设计要求配置箍筋。当设计无具体要求时，应符合（　）规定。

A. 箍筋直径不应小于搭接钢筋较大直径的0.25倍

B. 箍筋直径不应小于搭接钢筋较大直径的0.5倍

C. 受拉搭接区段的箍筋间距不应大于搭接钢筋较小直径的5倍，且不应大于100mm

D. 受压搭接区段的箍筋间距不应大于搭接钢筋较小直径的10倍，且不应大于200mm

107. 施工现场按有关规定应悬挂（　　）。

A. 各种警示标语　　B. 施工标牌

C. 现场规章制度　　D. 宣传标语

技能要求试题

一、箍筋的制作

1. 考件图样（见图9）

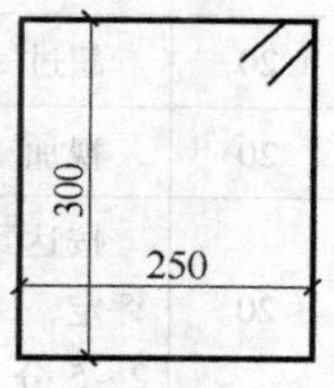

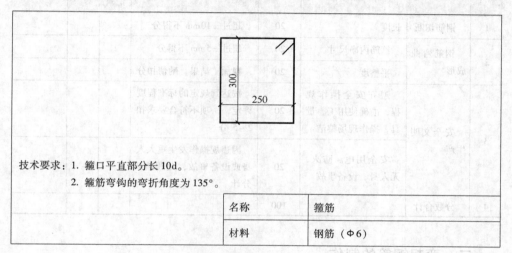

技术要求：1. 箍口平直部分长10d。
2. 箍筋弯钩的弯折角度为135°。

名称	箍筋
材料	钢筋（Φ6）

图9　箍筋

2. 准备要求

1）材料：Φ6线材1根，长6m。

2）设备：手动切断机，工作台。

3）工具：手摇扳手；2m盒尺；粉笔；铁钉。

3. 考核内容

（1）考核要求

1）个人独立完成下料和制作。

2）按下料长度（1100mm）将6m长的钢筋切断成5段。钢筋的断口不得有马蹄形或弯曲现象。

3）将5根钢筋弯曲成形，钢筋形状正确，平面没有翘曲现象。钢筋的内皮尺寸要满足要求（±5mm）。

（2）时间定额　0.5h。

（3）安全文明生产

1）正确执行安全技术操作规程。

2）按企业有关文明生产的规定，做到工作地整洁，工件、工具摆放整齐。

4. 配分、评分标准（时间定额每超过1min扣1分，每提前5min加1分，最高加5分）（见表1）

表1 箍筋制作配分、评分标准

序号	作业项目	考核内容	配分	评分标准	考核记录	扣分	得分
1	钢筋切断	长度	20	超过±10mm不得分			
2	钢筋弯曲成形	箍筋内净尺寸	20	超过±5mm不得分			
		平整度	20	视加工结果，酌情扣分			
3	安全文明生产	遵守安全操作规程，准确使用工、量具，操作现场整洁	20	按达到规定的标准程度评定，一项不符合要求扣2~5分			
		安全用电。防火，无人身、设备事故	20	因违规操作发生重大人身或设备事故，此题按0分计			
4	分数合计		100				

二、弯起钢筋的制作

1. 考件图样（见图10）

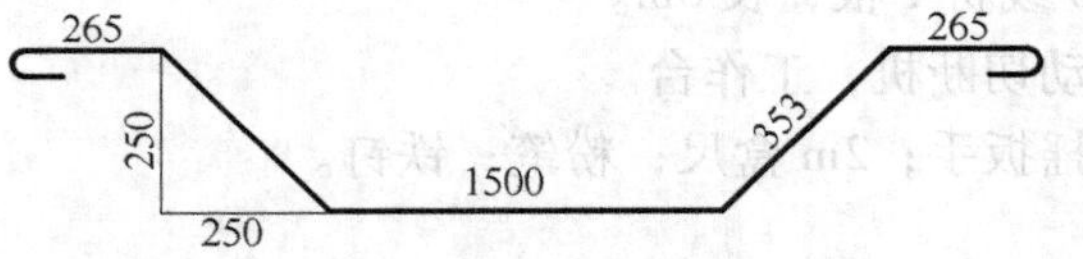

技术要求：1. 弯起角度为135°。

2. 钢筋下料长度为2883mm。

3. 钢筋端部为180°弯钩。

名称	弯起钢筋
材料	钢筋Φ14

图10 弯起钢筋

2. 准备要求

1）材料：Φ14 线材 1 根，长 6m。

2）设备：手动切断机，工作台。

3）工具：手摇扳手；2m 盒尺；粉笔；铁钉。

3. 考核内容

（1）考核要求

1）个人独立完成下料和制作。

2）钢筋的断口不得有马蹄形或弯曲现象。

3）钢筋形状正确，平面平整没有翘曲现象。

4）弯起点位置符合加工要求（±20mm）。

（2）时间定额 0.5h。

（3）安全文明生产

1）正确执行安全技术操作规程。

2）按企业有关文明生产的规定，做到工作地整洁，工件、工具摆放整齐。

三、矩形截面简支梁钢筋绑扎（一）

1. 考件图样（见图 11）

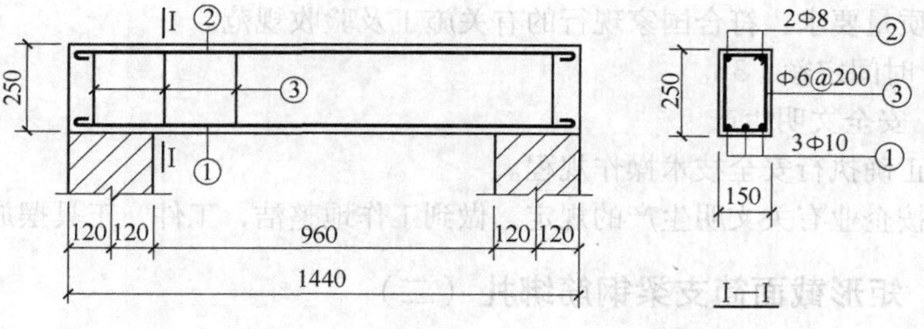

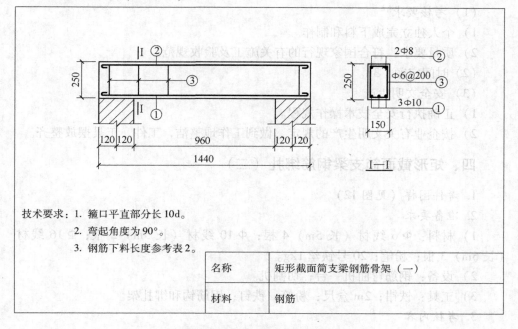

技术要求：1. 箍口平直部分长 10d。
2. 弯起角度为 90°。
3. 钢筋下料长度参考表 2。

名称	矩形截面简支梁钢筋骨架（一）
材料	钢筋

图 11 矩形截面简支梁钢筋骨架（一）

表2　钢筋配料单

钢筋编号	简　图	符号	直径/mm	下料长度/mm	单位根数	合计根数
1		Φ	10	1515	3	3
2		Φ	8	1490	2	2
3	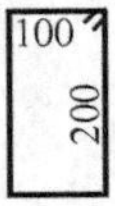	Φ	6	700	7	7

2. 准备要求

1）材料：Φ6 线材（长 6m）1 根；Φ8 线材（长 3m）1 根；Φ10 线材（长 5m）1 根；粉笔；20 号铁丝 1kg。

2）工具：手动切断机；钢筋扳手；钢筋弯曲操作台；角尺；盒尺；粉笔；钢筋钩和绑扎架。

3. 考核内容

（1）考核要求

1）个人独立完成下料和制作。

2）质量要求：符合国家现行的有关施工及验收规范。

（2）时间定额　3h。

（3）安全文明生产

1）正确执行安全技术操作规程。

2）按企业有关文明生产的规定，做到工作地整洁，工件、工具摆放整齐。

四、矩形截面简支梁钢筋绑扎（二）

1. 考件图样（见图 12）

2. 准备要求

1）材料：Φ6 线材（长 5m）4 根；Φ10 线材（长 5m）2 根；Φ16 线材（长 6m）3 根；粉笔；20 号铁丝 1kg。

2）设备：钢筋弯曲机一台；切割机。

3）工具：铁钳；2m 盒尺；粉笔；铁钉；钢筋钩和绑扎架。

3. 考核内容

（1）考核要求

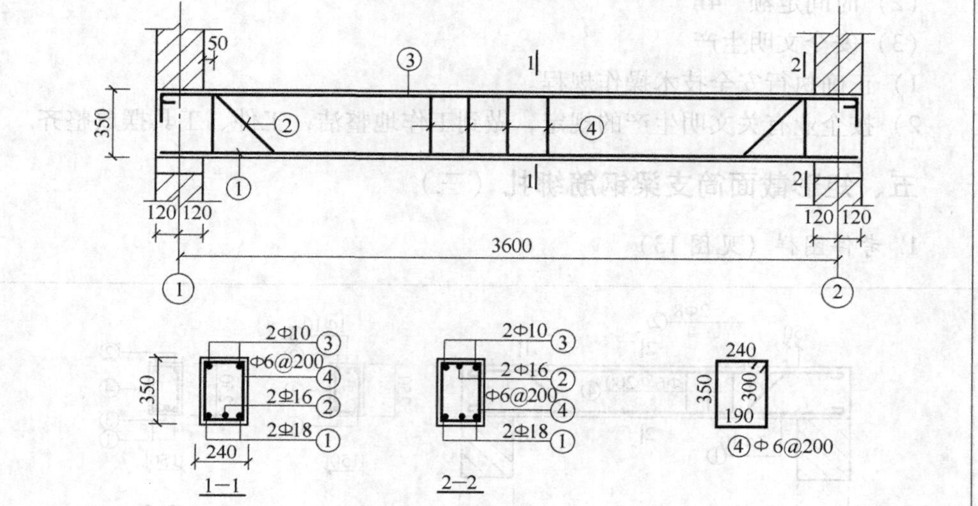

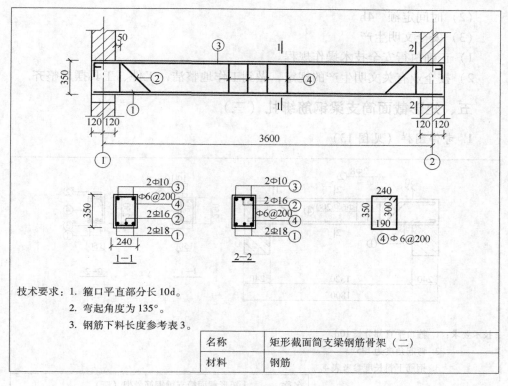

技术要求：1. 箍口平直部分长 10d。

2. 弯起角度为 135°。

3. 钢筋下料长度参考表 3。

名称	矩形截面简支梁钢筋骨架（二）
材料	钢筋

图 12 矩形截面简支梁钢筋骨架（二）

表 3 钢筋配料单

构件名称	钢筋编号	简图	符号	直径/mm	下料长度/mm	单位根数	合计根数
L1	1		Φ	16	3790	2	2
	2	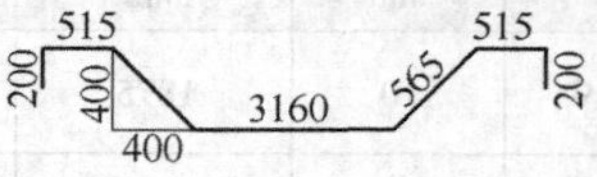	Φ	16	5624	1	1
	3		Φ	10	5115	2	2
	4	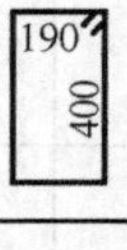	Φ	6	1280	17	17

1）个人独立完成下料和制作。

2）质量要求：符合国家现行的有关施工及验收规范。

（2） 时间定额　4h。

（3） 安全文明生产

1） 正确执行安全技术操作规程。

2） 按企业有关文明生产的规定，做到工作地整洁，工件、工具摆放整齐。

五、矩形截面简支梁钢筋绑扎（三）

1. 考件图样（见图 13）

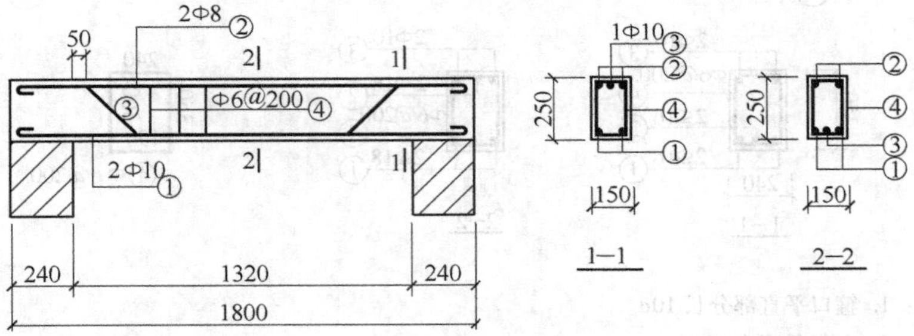

技术要求：1. 箍口平直部分长 10d。
2. 弯起角度为 135°。
3. 钢筋下料长度参考表 4。

名称	矩形截面简支梁钢筋骨架（三）
材料	钢筋

图 13　矩形截面简支梁钢筋骨架（三）

表 4　钢筋配料单

构件名称	钢筋编号	简　图	符号	直径/mm	下料长度/mm	单位根数	合计根数
L1	1	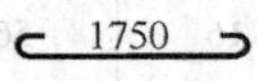	Φ	10	1875	2	2
	2	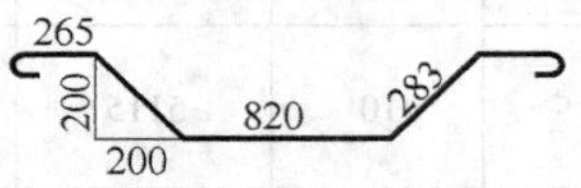	Φ	10	2021	1	1
	3		Φ	8	1875	2	2
	4	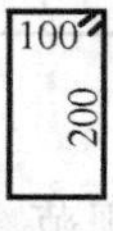	Φ	6	700	9	9

2. 准备要求

1）材料：Φ6 线材；Φ8 线材；Φ10 线材；粉笔；20 号铁丝 1kg。

2）设备：钢筋弯曲机一台；切割机。

3）工具：铁钳；2m 盒尺；粉笔；铁钉；钢筋钩和绑扎架。

3. 考核内容

（1）考核要求

1）个人独立完成下料和制作。

2）质量要求：符合国家现行的有关施工及验收规范。

（2）时间定额　4h。

（3）安全文明生产

1）正确执行安全技术操作规程。

2）按企业有关文明生产的规定，做到工作地整洁，工件、工具摆放整齐。

六、楼板钢筋的绑扎

1. 考件图样（见图 14）

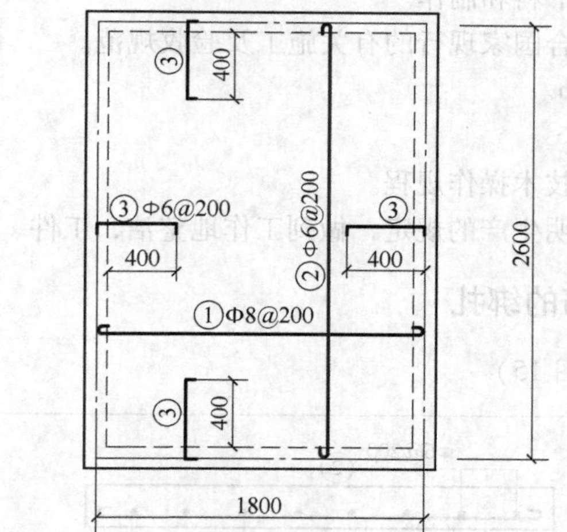

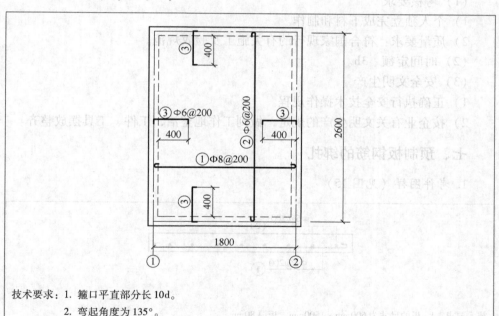

技术要求：1. 箍口平直部分长 10d。
2. 弯起角度为 135°。
3. 板厚 80mm。
4. 钢筋下料长度参考表 5。

名称	楼板钢筋网
材料	钢筋

图 14　楼板钢筋网

表5 钢筋配料单

构件名称	钢筋编号	简图	符号	直径/mm	下料长度/mm	单位根数	合计根数
B1	1	1800	Φ	8	1900	14	14
	2	2600	Φ	6	2675	10	10
	3	400	Φ	6	496	48	48

2. 准备要求

1）材料：Φ6 线材（长 6m）9 根；Φ8 线材（长 6m）5 根；粉笔；20 号铁丝 3kg。

2）设备：钢筋弯曲机一台；切割机。

3）工具：铁钳；2m 盒尺；钢筋钩。

3. 考核内容

（1）考核要求

1）个人独立完成下料和制作。

2）质量要求：符合国家现行的有关施工及验收规范。

（2）时间定额 3h。

（3）安全文明生产

1）正确执行安全技术操作规程。

2）按企业有关文明生产的规定，做到工作地整洁，工件、工具摆放整齐。

七、预制板钢筋的绑扎

1. 考件图样（见图15）

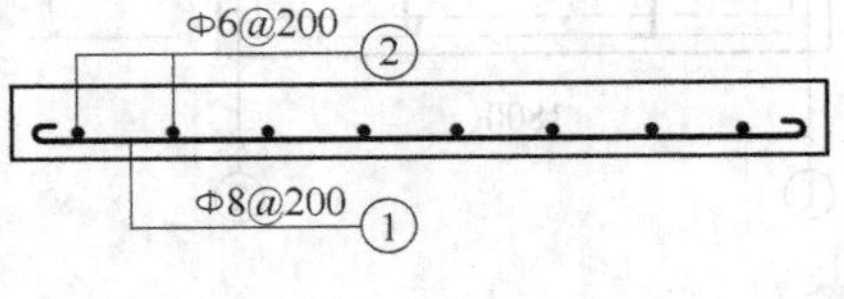

技术要求：1. 板的尺寸为600mm×1500mm，板厚80mm。

2. 钢筋下料长度参考表6。

名称	预制板钢筋网
材料	钢筋（Φ6、Φ8）

图15 预制板钢筋网

表 6　钢筋配料单

构件名称	钢筋编号	简　图	符号	直径/mm	下料长度/mm
B1	1	580	Φ	8	680
	2	1480	Φ	6	1555

2. 准备要求

1）材料：Φ6 线材；Φ8 线材；粉笔；20 号铁丝 1kg。

2）设备：切割机。

3）工具：钢筋扳手；钢筋弯起操作台；铁钳；2m 盒尺；钢筋钩。

3. 考核内容

（1）考核要求

1）个人独立完成下料和制作。

2）计算钢筋根数。

3）质量要求：符合国家现行的有关施工及验收规范。

（2）时间定额　2h。

（3）安全文明生产

1）正确执行安全技术操作规程。

2）按企业有关文明生产的规定，做到工作地整洁，工件、工具摆放整齐。

八、雨篷钢筋的绑扎

1. 考件图样（见图 16）

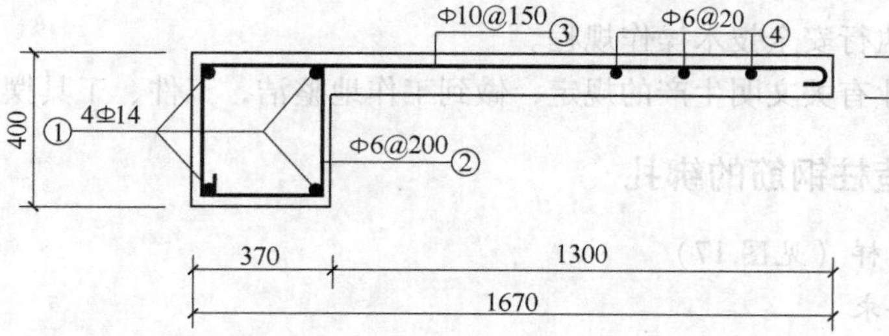

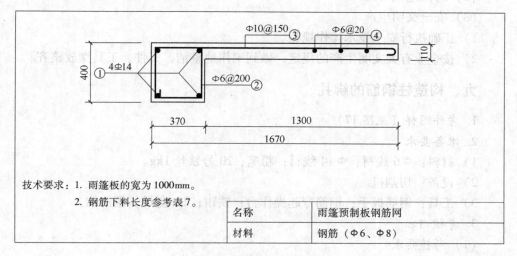

技术要求：1. 雨篷板的宽为 1000mm。

2. 钢筋下料长度参考表 7。

名称	雨篷预制板钢筋网
材料	钢筋（Φ6、Φ8）

图 16　雨篷预制板钢筋网

表7 钢筋配料单

构件名称	钢筋编号	简图	符号	直径/mm	下料长度/mm
B1	1		Φ	14	1450
	2		Φ	6	1440
	3		Φ	10	2125
	4		Φ	6	1555

2. 准备要求

1）材料：Φ6 线材；Φ10 线材；Φ14 线材粉笔；20 号铁丝 1kg。

2）设备：切割机。

3）工具：钢筋扳手；钢筋弯起操作台；铁钳；2m 盒尺；钢筋钩。

3. 考核内容

（1）考核要求

1）个人独立完成下料和制作。

2）计算钢筋根数。

3）质量要求：符合国家现行的有关施工及验收规范。

（2）时间定额　3h。

（3）安全文明生产

1）正确执行安全技术操作规程。

2）按企业有关文明生产的规定，做到工作地整洁，工件、工具摆放整齐。

九、构造柱钢筋的绑扎

1. 考件图样（见图 17）

2. 准备要求

1）材料：Φ6 线材；Φ14 线材；粉笔；20 号铁丝 1kg。

2）设备：切割机。

3）工具：钢筋扳手；钢筋弯起操作台；铁钳；2m 盒尺；钢筋钩。

3. 考核内容

（1）考核要求

1）个人独立完成下料和制作。

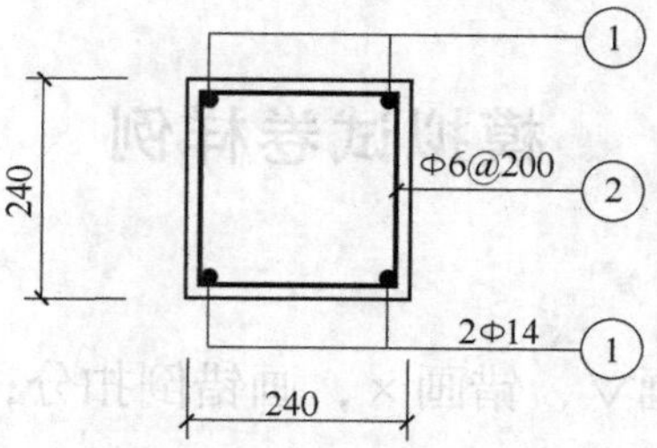

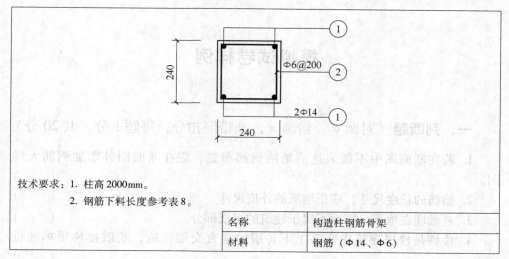

技术要求：1. 柱高 2000mm。

2. 钢筋下料长度参考表 8。

名称	构造柱钢筋骨架
材料	钢筋（Φ14、Φ6）

图 17　构造柱钢筋骨架

表 8　钢筋配料单

构件名称	钢筋编号	简　图	符号	直径/mm	下料长度/mm
B1	1	1950	Φ	14	2125
	2	190 / 190	Φ	6	860

2）计算钢筋根数。

3）质量要求：符合国家现行的有关施工及验收规范。

（2）时间定额　2h。

（3）安全文明生产

1）正确执行安全技术操作规程。

2）按企业有关文明生产的规定，做到工作地整洁，工件、工具摆放整齐。

模拟试卷样例

一、判断题（对画√，错画×，画错倒扣分；每题1分，共20分）

1. 若在断面图中不能表达清楚的钢筋布置，应在断面图外增加钢筋大样图。（　）
2. 箍筋的长度尺寸，应指箍筋的外皮尺寸。（　）
3. 基础埋在地下，因而不属于建筑的组成部分。（　）
4. 楼梯是楼房建筑中联系上下各层的垂直交通设施，疏散楼梯须单独设立。（　）
5. 凡是受二力作用而平衡的构件就是二力构件。（　）
6. 弯起钢筋的弯起段用来承受弯矩和剪力产生的梁斜截面上的主拉应力。（　）
7. 料牌是钢筋加工和绑扎的依据，它随着工艺流程的传送，最后系在加工好的钢筋上，作为钢筋安装工作中区别各工程项目、各类构件和不同钢筋的标志。（　）
8. 手工除锈的方法有：钢丝刷除锈、喷砂法除锈两种。（　）
9. 在钢筋焊接施工中，只有闪光对焊、电弧焊、电渣压力焊等几种焊接方法。（　）
10. 钢筋挤压连接挤压操作应符合下列要求：应按标记检查钢筋插入套筒内的深度，钢筋端头离套筒长度中点不宜超过15mm。（　）
11. 钢筋冷拉应先冷拉后焊接。（　）
12. 钢筋加工操作人员只要技术熟练即可上岗。（　）
13. 轴心受拉及小偏心受拉杆件的纵向受力钢筋不得采用绑扎搭接接头。（　）
14. 钢筋绑扎时钢筋交叉点应采用铁丝扎牢。（　）
15. 钢筋混凝土保护层越厚越好。（　）
16. 钢筋的接头宜设置在受力较小处，同一受力钢筋不宜设置两个或两个以上接头。（　）
17. 钢筋网片的钢筋网眼尺寸允许偏差为±20mm。（　）
18. 钢筋接头有绑扎接头和焊接接头，宜优先选用绑扎接头。（　）
19. 立柱子钢筋并与插筋绑扎，在搭接长度内绑扎点不少于三个。（　）

20. 施工人员认为施工图设计不合理，可以对其更改。（　）

二、选择题（将正确答案的序号填入括号内；每小题1分，共80分）

（一）单选题

1. A1 图纸的幅面尺寸是（　）。

A. 841×1189　B. 594×841　C. 420×594　D. 297×420

2. 下列不属于建筑总平面图常用比例的是（　）。

A. 1∶100　B. 1∶500　C. 1∶1000　D. 1∶2000

3. 建筑剖面图的剖切符号宜标注在（　）上。

A. 总平面图　B. 标准层平面图

C. 底层平面图　D. 二层平面图

4. 详图符号的圆应以直径为（　）绘制。

A. 14mm 的粗实线　B. 16mm 的粗实线

C. 14mm 的细实线　D. 16mm 的细实线

5. 平面图上横向定位轴线的编号，应用（　）顺序编写，竖向编号应用大写拉丁字母，从下至上顺序编写。

A. 阿拉伯数字，从左至右　B. 阿拉伯数字，从右至左

C. 大写拉丁字母，从左至右　D. 大写拉丁字母，从右至左

6. 2 号轴线之后的第一根附加轴线，在定位轴线的编号圆圈内应写成（　）。

A. 1/2　B. 2/1　C. 1/02　D. 2/01

7. 下列关于尺寸单位的说法中，不正确的是（　）。

A. 平面图上的尺寸以米为单位

B. 平面图上的尺寸以毫米为单位

C. 总平面图上的尺寸以米为单位

D. 标高以米为单位

8. 我国把青岛黄海平均海平面作为定位（　）的零点。

A. 绝对标高　B. 相对标高　C. 建筑标高　D. 结构标高

9. "WB" 表示（　）。

A. 空心板　B. 槽形板　C. 屋面板　D. 密肋板

10. 在构件结构施工图中，为了突出表示钢筋的配置情况，把钢筋画成（　）。

A. 粗实线　B. 中实线　C. 细实线　D. 加粗实线

11. 在构件结构施工图中，构件的外形轮廓画成（　）。

A. 粗实线　B. 中实线　C. 细实线　D. 加粗实线

12. 表示（　）。

A. 混凝土　　B. 钢筋混凝土
C. 粘土　　D. 普通粘土砖

13. 大小相等，方向相反，且作用在同一条直线上的两个力，是使（　　）处于平衡的充分和必要条件。

A. 刚体　　B. 变形体
C. 刚体和变形体　　D. 任何物体

14. 力偶对其作用面内任一点之矩恒等于（　）。

A. 零　　B. 力偶矩
C. 力矩　　D. 力偶矩的大小但转向不定

15. 钢筋混凝土柱子用沥青麻丝填实于杯形基础内时，可简化成（　　）。

A. 固定铰　　B. 可动铰
C. 固定端　　D. 固定端或固定铰

16. 钢筋混凝土梁中的纵向受力筋，其主要作用是承受由（　　）在梁内产生的（　　）。

A. 弯矩、拉应力　　B. 弯矩、压应力
C. 剪力、拉应力　　D. 弯矩和剪力、主拉应力

17. 构件的强度是指其抵抗（　　）的能力。

A. 变形　　B. 破坏　　C. 弯曲　　D. 屈服

18. 材料的许用应力等于（　　）除以安全因数。

A. 工作应力　　B. 许用应力　　C. 最大应力　　D. 极限应力

19. 在普通低合金钢钢筋中，合金元素总量小于（　　）%。

A. 2　　B. 3　　C. 5　　D. 6

20. 对屈服现象不明显的钢筋，规定以产生（　　）残余变形时的应力作为屈服强度。

A. 0.1%　　B. 0.2%　　C. 0.3%　　D. 0.4%

21. 随着钢筋中含碳量的增加，钢筋的焊接性能（　　）。

A. 提高　　B. 降低　　C. 不变　　D. 影响不大

22. 构件配筋图中注明的尺寸一般是指（　　）。

A. 钢筋内轮廓尺寸　　B. 钢筋外皮尺寸
C. 钢筋内皮尺寸　　D. 钢筋轴线尺寸

23. 在任何情况下，受拉钢筋的搭接长度不应小于（　　）mm。

A. 100　　B. 200　　C. 300　　D. 400

24. 当梁的跨度为4~6m时，架立钢筋直径不宜小于（　　）mm。

A. 4　　B. 6　　C. 8　　D. 10

25. 梁柱中钢筋和构造筋保护层厚度不应小于（　　）mm。

A. 20　　B. 15　　C. 10　　D. 5

26. 弯起钢筋中间部位弯折处的弯曲直径不应小于钢筋直径的（　　）倍。

A. 25　　B. 5　　C. 10　　D. 4

27. 加工钢筋时，箍筋内净尺寸允许偏差为（　　）mm。

A. ±2　　B. ±3　　C. ±5　　D. ±10

28. 用砂浆垫块保证主筋保护层的厚度，垫块应绑在主筋（　　）。

A. 外侧　　B. 内侧　　C. 之间　　D. 箍筋之间

29. 钢筋冷拉操作时，操作人员应在冷拉线（　　）。

A. 上部　　B. 前端　　C. 尾端　　D. 两侧

30. 钢筋安装完毕后，它的上面（　　）。

A. 可以放脚手架　　B. 铺上木板后才可行走

C. 不准走人和堆放重物　　D. 铺上木板可作行车道

31. 切断钢筋短料时，手握的一端长度不得小于（　　）cm。

A. 80　　B. 60　　C. 40　　D. 20

32. 高空作业的脚手板的宽度不得小于（　　）cm。

A. 40　　B. 20　　C. 10　　D. 15

33. 钢筋焊接时，熔接不好，焊不牢有粘点现象，其原因是（　　）。

A. 电流过大　　B. 电流过小　　C. 压力过小　　D. 压力过大

34. 当梁中配有计算需要的纵向受压钢筋时，箍筋的间距在绑扎骨架中不应大于（　　）。

A. 15d　　B. 10d　　C. 5d　　D. 3d

35. 施工现场使用氧气瓶、乙炔瓶和焊接火钳，三者距离不得小于（　　）m。

A. 10　　B. 8　　C. 5　　D. 3

36. 绑扎骨架中的（　　）应在末端做弯钩。

A. 受力钢筋　　B. 焊接骨架中的光面钢筋

C. 变形钢筋　　D. 绑扎骨架中的受压面钢筋

37. 分部工程一般应（　　）。

A. 按建筑的主要部位划分　　B. 按土建和安装划分

C. 按主要工程工种划分　　D. 按土建、安装、装修划分

38. 在受力钢筋直径30倍范围内（不小于500mm），一根钢筋（　　）个接头。

A. 只能有1　　B. ≤2　　C. ≤3　　D. ≤4

39. 墙体受力筋间距的允许偏差值为（　　）mm。

A. 5　　B. 10　　C. 15　　D. 20

40. 钢筋的接头宜设置在受力较小处。同一纵向受力钢筋不宜设置两个或两

个以上接头。接头末端至钢筋弯起点的距离不应小于钢筋直径的（　　）倍。

A. 5　　B. 10　　C. 15　　D. 20

（二）多选题

1. 绘制结构施工图时要执行的制图标准有（　　）。

A.《房屋建筑制图统一标准》　　B.《建筑制图标准》

C.《建筑结构制图标准》　　D.《房屋建筑制图基本标准》

2. 图纸的图框至图纸边缘（除装订边）的尺寸是10mm的图纸有（　　）。

A. A0　　B. A1　　C. A2　　D. A3

3. 下列比例中属于常用比例的有（　　）

A. 1∶20　　B. 1∶30　　C. 1∶40　　D. 1∶50

4. 引出线应以细实线绘制，宜采用水平线或与水平方向成（　）的直线，或经以上角度再折成水平线。

A. 30°　　B. 45°　　C. 60°　　D. 75°

5. 指北针头部应注（　　）字。

A. “指北针”　　B. “北”　　C. “S”　　D. “N”

6. 平面图上定位轴线的编号，宜标注在图样的（　　）。

A. 上方　　B. 下方　　C. 左侧　　D. 右侧

7. 拉丁字母的（　　）不得用做轴线编号。

A. I　　B. U　　C. O　　D. Z

8. 下列标高中，正确的有（　　）。

A. +3.000　　B. −2.000　　C. ±0.00　　D. ±0.000

9. 在结构图中，（　）应用粗实线绘制。

A. 主钢筋线　　B. 图名下划线

C. 剖切线　　D. 箍筋线

10. 在结构平面图中配置双层钢筋时，底层钢筋的弯钩应（　　）。

A. 向上　　B. 向下　　C. 向左　　D. 向右

11. 屋顶的功能有（　　）。

A. 承重　　B. 保温（隔热）

C. 防潮　　D. 防水

12. 门的作用主要是（　　）。

A. 采光　　B. 交通　　C. 疏散　　D. 通风

13. 垂直于截面的应力可能为（　　）应力。

A. 正　　B. 拉　　C. 压　　D. 剪

14. 以下是变形钢筋的是（　　）。

A. HRB335级　　B. HPB235级

C. HRB400 级　　　　　　　　　　D. RRB400 级

15. 钢筋中除了铁元素以外，常见的化学成分有（　　）。

A. 碳　　　　B. 硅　　　　C. 锰　　　　D. 磷

16. 钢筋的验收内容包括（　　）。

A. 查对标牌　　　　　　　　　　B. 外观检查

C. 力学性能检查　　　　　　　　D. 化学成分检验

17. 钢筋调直机作为一种多功能机械，具有（　　）。

A. 冷拉　　　　B. 除锈　　　　C. 调直　　　　D. 切断

18. 钢筋冷拉需要的基本设备有（　　）等几个部分。

A. 拉力装置　　B. 测量装置　　C. 承力结构　　D. 钢筋夹具

19. 磷含量较高的钢筋，其（　　）降低。

A. 冷脆性　　　B. 韧性　　　　C. 塑性　　　　D. 可焊性

20. 钢筋配料单的内容包括（　　）。

A. 工程及构件名称　　　　　　　B. 钢筋编号

C. 钢筋接头类型　　　　　　　　D. 加工根数

21. 钢筋下料长度为各段外皮尺寸之和（　　）。

A. 减去弯曲处的量度差　　　　　B. 加上两端弯钩的增长值

C. 加上弯曲处的量度差　　　　　D. 减去弯钩的增长值

22. 钢筋除锈方法有（　　）。

A. 手工除锈　　　　　　　　　　B. 机械除锈

C. 钢丝刷除锈　　　　　　　　　D. 酸洗除锈

23. 焊点脱落的防止措施有（　　）。

A. 降低变压器级数　　　　　　　B. 延长通电时间

C. 减小弹簧压力或调小气压　　　D. 缩短通电时间

24. 有下列情况之一时，应对挤压机的挤压力进行标定(　　)。

A. 新挤压设备使用前　　　　　　B. 旧挤压设备大修前

C. 挤压设备使用超过一年　　　　D. 挤压的接头数超过 5000 个

25. 钢筋保护层的最小厚度的确定要考虑以下因素（　　）。

A. 混凝土强度等级　　　　　　　B. 环境类别

C. 构件种类　　　　　　　　　　D. 荷载大小

26. 钢筋常用机械连接方法有（　　）。

A. 套筒冷压接头　　　　　　　　B. 锥形螺纹钢筋接头

C. 闪光对焊接头　　　　　　　　D. 电渣压力焊接头

27. 钢筋与混凝土能共同工作，关键靠两者之间的粘结力。这种粘结力的产生来自的原因有（　　）。

A. 因为混凝土收缩将钢筋紧紧握裹而产生的摩擦力
B. 因为混凝土颗粒的化学作用而产生的混凝土与钢筋之间的胶合力
C. 由于钢筋表面凹凸不平，与混凝土之间产生的机械咬合力
D. 钢筋与混凝土的性能相似，强度接近

28. 绑扎梁和柱的箍筋时，除了设计特殊要求外，还应有以下要求（ ）。
A. 应与受力筋垂直设置
B. 箍筋弯钩叠合处应沿受力钢筋方向错开设置
C. 应采用封闭式箍筋
D. 应采用开口式箍筋

29. 钢筋电弧焊接头主要形式有（ ）。
A. 搭接接头　　B. 帮条接头
C. 坡口焊接头　　D. 单面焊缝

30. 建筑工程中涉及安全、功能的有关产品，应按各专业工程质量验收规范规定进行复验，并应经（ ）检查认可。
A. 监理工程师　　B. 建设行政主管部门负责人
C. 施工现场质量管理员　　D. 建设单位技术负责人

31. 建筑工程相关各专业工种之间，应进行交接检验，并形成记录。未经（ ）检查认可，不得进行下道工序施工。
A. 监理工程师　　B. 建设行政主管部门负责人
C. 施工现场质量管理员　　D. 建设单位技术负责人

32. 检验批的质量应按（ ）验收。
A. 主控项目　　B. 关键项目　　C. 一般项目　　D. 非关键项目

33. 单位工程的划分应按（ ）的原则确定。
A. 具备独立施工条件并能形成独立使用功能的建筑物及构筑物为一个单位工程
B. 建筑规模较大的单位工程，可将其能形成独立使用功能的部分为一个子单位工程
C. 建设单位的分包意愿，将一个分包工程作为一个单位工程
D. 施工企业成本核算方式，将一个独立工程队所完成的工程量作为一个单位工程

34. 分部工程的划分应按（ ）的原则确定。
A. 当工程较大或较复杂时，可按施工班组完成的工程任务划分为若干分部工程
B. 当工程较大或较复杂时，可按施工程序、专业系统及类别等划分为若干分部工程

C. 当工程较大或较复杂时，可按材料种类、施工特点等划分为若干分部工程

D. 应按专业性质、建筑部位划分为若干分部工程

35. 分项工程可由一个或若干检验批组成，检验批可根据施工及质量控制和专业验收需要按（　　）等进行划分。

A. 楼层　　B. 施工段　　C. 工作面　　D. 变形缝

36. 分部（子分部）工程质量验收合格应符合（　　）的规定。

A. 分部（子分部）工程所含工程的质量均应验收合格

B. 分部（子分部）工程所含工程的质量 90% 应验收合格

C. 地基与基础、主体结构和设备安装等分部工程有关安全及功能的检验和抽样检测结果应符合有关规定

D. 质量控制资料应完整

37. 当建筑工程质量不符合要求时，应按（　　）规定进行处理。

A. 经返工重做或更换器具、设备的检验批，应重新进行验收

B. 经有资质的检测单位检测鉴定能够达到设计要求的检验批，应予以验收

C. 经有资质的检测单位检测鉴定达不到设计要求、但经原设计单位核算认可能够满足结构安全和使用功能的检验批，可予以验收

D. 经返工后，经施工单位质量管理员检验达到设计要求，应予以验收

38. 钢筋分项工程所含的检验批可根据（　　）的需要确定。

A. 施工工序　　B. 施工段

C. 验收　　D. 质量检查人员的时间安排

39. 在浇筑混凝土之前，应进行钢筋隐蔽工程验收，其内容包括(　　)。

A. 纵向受力钢筋的品种、规格、数量、位置等

B. 钢筋的连接方式，受力特性，接头质量等

C. 箍筋、横向钢筋的品种、规格、数量、间距等

D. 预埋件的规格、数量、位置等

40. 钢筋加工时受力钢筋的弯钩和弯折应符合（　　）的规定。

A. HPB235 级钢筋末端应作 180°弯钩，其弯弧内直径不应小于钢筋直径的 2.5 倍，弯钩的弯后平直部分长度不应小于钢筋直径的 3 倍

B. HPB235 级钢筋末端应作 180°弯钩，其弯弧内直径按钢筋工负责人规定执行

C. 当设计要求钢筋末端需作 135°弯钩时，HRB335 级、HRB400 级钢筋的弯弧内直径不应小于钢筋直径的 4 倍，弯钩的弯后平直部分长度应符合设计要求

D. 钢筋作不大于 90°的弯折时，弯折处的弯弧内直径不应小于钢筋直径的 5 倍

答案部分

一、判断题

1. √	2. √	3. ×	4. ×	5. √	6. √	7. ×	8. ×
9. ×	10. ×	11. √	12. √	13. √	14. ×	15. √	16. √
17. ×	18. ×	19. ×	20. √	21. ×	22. ×	23. √	24. √
25. ×	26. √	27. √	28. ×	29. ×	30. √	31. ×	32. √
33. √	34. ×	35. √	36. √	37. √	38. √	39. ×	40. √
41. √	42. √	43. √	44. ×	45. ×	46. √	47. √	48. ×
49. ×	50. √	51. √	52. ×	53. ×	54. √	55. ×	56. ×
57. √	58. √	59. ×	60. ×	61. ×	62. √	63. √	64. ×
65. √	66. √	67. √	68. √	69. ×	70. √	71. ×	72. √
73. ×	74. √	75. ×	76. √	77. √	78. ×	79. √	80. √
81. √	82. √	83. √	84. ×	85. √	86. √	87. √	88. ×
89. √	90. √	91. √	92. √	93. ×	94. √	95. √	96. √
97. √	98. √	99. √	100. √	101. ×	102. √	103. √	104. ×
105. √	106. √	107. √	108. √	109. √	110. √	111. √	112. √
113. √	114. ×	115. ×	116. ×	117. √	118. √	119. √	120. ×
121. √	122. ×	123. √	124. √	125. √	126. ×	127. √	128. ×
129. √	130. √	131. √	132. ×	133. √	134. ×	135. √	136. ×
137. ×	138. √	139. √	140. ×	141. √	142. √	143. √	144. √
145. ×	146. ×	147. √	148. ×	149. √	150. ×	151. √	152. ×
153. ×	154. √	155. ×	156. √	157. √	158. ×	159. √	160. √
161. √	162. √	163. √	164. √	165. ×	166. ×	167. ×	168. √
169. √	170. ×	171. ×	172. √	173. ×	174. ×	175. √	176. ×
177. ×	178. ×	179. ×	180. ×	181. ×	182. √	183. ×	184. ×
185. √	186. √	187. √	188. √	189. √	190. √	191. √	192. √
193. √	194. √	195. ×	196. √	197. √	198. √	199. √	200. √
201. √	202. √	203. ×	204. √	205. √	206. √	207. √	208. ×
209. √	210. √	211. √	212. √	213. √	214. ×	215. √	216. √

217. √	218. ×	219. √	220. ×	221. √	222. √	223. √	224. √
225. √	226. ×	227. √	228. √	229. ×	230. √	231. √	232. √
233. √	234. ×	235. √	236. √	237. √	238. √	239. √	240. √
241. ×	242. √	243. ×	244. ×	245. √	246. √	247. √	248. √
249. ×	250. √	251. √	252. √	253. √	254. ×	255. √	256. √
257. √	258. √	259. ×	260. ×				

二、选择题

（一）单选题

1. A	2. D	3. B	4. D	5. B	6. D	7. A	8. B
9. C	10. A	11. C	12. C	13. D	14. B	15. A	16. A
17. C	18. D	19. A	20. C	21. B	22. A	23. B	24. A
25. D	26. A	27. D	28. C	29. A	30. B	31. D	32. A
33. C	34. B	35. A	36. D	37. A	38. A	39. C	40. D
41. B	42. C	43. B	44. C	45. A	46. D	47. C	48. B
49. A	50. A	51. B	52. C	53. D	54. A	55. B	56. C
57. D	58. A	59. B	60. C	61. D	62. A	63. B	64. C
65. D	66. A	67. B	68. C	69. D	70. A	71. B	72. C
73. D	74. A	75. C	76. B	77. C	78. A	79. B	80. C
81. D	82. A	83. B	84. C	85. D	86. A	87. B	88. C
89. D	90. A	91. B	92. C	93. D	94. A	95. B	96. C
97. D	98. A	99. B	100. C	101. D	102. A	103. D	104. C
105. A	106. B	107. C	108. D	109. A	110. A	111. B	112. C
113. D	114. A	115. B	116. C	117. D	118. B	119. A	120. C
121. A	122. B	123. D	124. A	125. C	126. A	127. A	128. A
129. B	130. A	131. B	132. A	133. C	134. B	135. B	136. A
137. A	138. B	139. B	140. D	141. D	142. A	143. C	144. B
145. B	146. B	147. D	148. D	149. B	150. C	151. C	152. B
153. D	154. A	155. B	156. B	157. A	158. D	159. A	160. A
161. D	162. A	163. A	164. B	165. B	166. B	167. A	168. D
169. D	170. A	171. A	172. A	173. D	174. A	175. C	176. D
177. D	178. D	179. B	180. B	181. A	182. A	183. B	184. C
185. B	186. A	187. B	188. C	189. B	190. B	191. D	192. D
193. B	194. C	195. C	196. C	197. B	198. D	199. C	200. C
201. B	202. A	203. B	204. D	205. B	206. C	207. B	208. B

209. A 210. C 211. C 212. A 213. A 214. B 215. A 216. B
217. C 218. A 219. C 220. C 221. A 222. A 223. C 224. C
225. C 226. B 227. D 228. D 229. B 230. A 231. C 232. D
233. B 234. C 235. C 236. A 237. D 238. A 239. C 240. D
241. D 242. B 243. B 244. A 245. B 246. C 247. C 248. D
249. C 250. D 251. C 252. C 253. C 254. B 255. C 256. A
257. A 258. C 259. A 260. A

（二）多选题

1. AC 2. ABC 3. AD 4. BD 5. BCD
6. ABC 7. AC 8. BD 9. BC 10. ACD
11. ACD 12. CD 13. BC 14. AB 15. ACD
16. BC 17. AB 18. BCD 19. ABD 20. BCD
21. AC 22. BD 23. ABC 24. ACD 25. ABD
26. ABC 27. BCD 28. AC 29. BD 30. AC
31. BD 32. ABC 33. BCD 34. ABC 35. AC
36. ABD 37. ABCD 38. AD 39. ABC 40. BCD
41. ABD 42. ABD 43. ACD 44. AD 45. ABC
46. ACD 47. CD 48. ABC 49. ABCD 50. ABCD
51. ABCD 52. ABCD 53. BCD 54. BCD 55. ABC
56. ACD 57. ABC 58. CD 59. ACD 60. ABCD
61. ABCD 62. ABC 63. AB 64. BCD 65. AD
66. ABD 67. AB 68. ABD 69. AD 70. AC
71. AB 72. ACD 73. ABC 74. ABC 75. AB
76. AB 77. AB 78. ABC 79. ABC 80. AB
81. AB 82. ABC 83. ABC 84. BCD 85. AD
86. AB 87. AD 88. ABD 89. AC 90. ABC
91. AB 92. BCD 93. ABD 94. ACD 95. BCD
96. ABC 97. ACD 98. BCD 99. AC 100. ACD
101. ABD 102. ACD 103. ABD 104. BCD 105. ACD
106. ACD 107. ABCD

参 考 文 献

[1] 赵研. 建筑识图与构造 [M]. 北京：中国建筑工业出版社，2003.

[2] 傅钟鹏. 钢筋工手册 [M]. 2版. 北京：中国建筑工业出版社，1999.

[3] 建筑施工手册（第4版）编写组. 建筑施工手册（缩印本）[M]. 4版. 北京：中国建筑工业出版社，2003.

[4] 马玫. 国家职业资格培训教程：钢筋工（基础知识、初级）[M]. 北京：中国城市出版社，2003.

[5] 建筑专业职业技能鉴定教材编审委员会. 钢筋工（初级）[M]. 北京：中国劳动社会保障出版社，2002.

[6] 建筑专业职业技能鉴定教材编审委员会. 钢筋工（中级）[M]. 北京：中国劳动社会保障出版社，1999.

[7] 危道军. 建筑施工工艺 [M]. 北京：高等教育出版社，2002.